U0337228

大贱年

1943年卫河流域战争灾难口述史

王　选◎主编　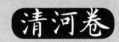

中国文史出版社

图书在版编目（CIP）数据

大贱年：1943年卫河流域战争灾难口述史.清河卷 /
王选主编. —北京：中国文史出版社，2015.12
ISBN 978-7-5034-7207-7

Ⅰ.①大… Ⅱ.①王… Ⅲ.①灾害－史料－清河县－1943
Ⅳ.①X4–092

中国版本图书馆 CIP 数据核字（2015）第 297966 号

丛书策划编辑：王文运
本卷责任编辑：牛梦岳
装 帧 设 计：王 琳　瀚海传媒

出版发行：中国文史出版社

社　　　址：北京市西城区太平桥大街 23 号　　邮编：100811
电　　　话：010－66173572　66168268　66192736（发行部）
传　　　真：010－66192703
印　　　装：北京中科印刷有限公司
经　　　销：全国新华书店
开　　　本：787mm×1092mm　1/16
印　　　张：25.25
字　　　数：360 千字
版　　　次：2017 年 9 月北京第 1 版
印　　　次：2017 年 9 月第 1 次印刷
定　　　价：860.00 元（全 12 册）

《大贱年——1943年卫河流域战争灾难口述史》
编 委 会

目 录

坝营镇

大马屯村　　　　　　　1

后坝营村　　　　　　　4

李胡村　　　　　　　　7

李家庄村　　　　　　　9

孟庄　　　　　　　　　10

前坝营村　　　　　　　13

石家庄村　　　　　　　14

孙庄　　　　　　　　　14

辛集村　　　　　　　　17

张家庄村　　　　　　　19

张屯村　　　　　　　　22

左家庄村　　　　　　　24

葛仙庄镇

城关村　　　　　　　　28

城西村　　　　　　　　29

段吕坡村　　　　　　　32

郎吕坡村　　　　　　　35

梨杭村　　　　　　　　41

马屯村　　　　　　　　42

牛城后村　　　　　　　44

申宋庄村　　　　　　　46

史家庄村　　　　　　　48

王城后村　　　　　　　49

武家那村　　　　　　　50

武宋庄　　　　　　　　52

许家那　　　　　　　　53

许二庄　　　　　　　　54

杨儒林　　　　　　　　56

尹儒林村　　　　　　　61

寨子村　　　　　　　　65

张花村　　　　　　　　67

张吕坡村　　　　　　　67

赵宋庄　　　　　　　　70

连 庄 镇

东张宽村   85
后屯村   87
后苑村   88
李井村   91
连寺村   94
前屯村   100
前苑村   105
田沙土村   107
西垒桥村   108
西张宽村   112
解家庄村   114
杨豆坞村   116
尹豆坞村   117
张豆坞村   118
张二庄   122

王官庄镇

大寨村   124
丁龙村   125
董家铺   126
后食店村   127
梁魏洼村   134
楼官庄村   135
秦家洼村   137

四家务村   139
孙洼村   142
田家村   143
王二庄村   144
王官庄四村   148
王官庄一村   150
小屯村   154
徐店   156
张侯铺   157
中食店村   158

谢 炉 镇

陈庄   161
楚太和村   162
大闫庄   165
韩双庙村   167
后杜林村   168
黄台头村   173
刘双庙村   176
前苗庄村   178
沈庄村   180
孝义屯村   184
谢葫芦营村   187
谢炉村   188
赵台头村   195

油 坊 镇

安家那村 198

北王庄村 200

董家那村 203

杜家楼村 208

后孙庄村 211

黄庄村 213

刘唐口村 214

马庄村 215

南焦庄村 218

前孙庄村 219

前魏村 221

劝礼村 222

邵庄村 223

王唐口村 225

西渡村 226

朱唐口村 231

清河县葛仙庄镇黄金庄村
调查报告 233

清河县油坊镇赵店村
调查报告 332

1943 年清河县雨、洪水、
霍乱调查结果 387

坝 营 镇

大马屯村

采访时间：2008 年 1 月 26 日

采访地点：清河县坝营镇大马屯村

采 访 人：石兴政　马金凤　颜有晶

被采访人：马廷贵（男　84 岁　属牛）

　　　　　杨金翠（女　76 岁　属猴）

马廷贵

民国 32 年，那时我十五六岁，逃荒逃到济宁州，在那待了三两年。日本人在王官庄住着，上各个村庄扫荡，找到八路军就狠打，日本人晚上上哪个村去，就有狗在哪村咬，抓劳工去修炮楼，那时日子没法过，白天日本人抓劳工修道，晚上八路军又给他扒开了。

日本人粮食柴火都向村里要，老城区有个炮楼，有个好伪军，村人都愿意到那边去修炮楼干活去，那伪军对人好，经常对干活的人说"别喝凉水啊，喝了闹肚子"。

日本人不怎么治小孩，有一回他们出来

杨金翠

"扫荡",大人跑了,没顾得上一个床上躺着的不会说话的小孩,等大人回来后看见小孩满嘴是饼干,让日本人喂的,哈哈,日本人也爱小孩,他们也想家,想家里人,一想他们也老爱哭,唉,打仗闹的啊!

有个姓杨的人被抓到日本,不知道干的是啥,日本人投降后又坐船回来了,还当了村支书。咱这边没打过大仗,净游击队,我还干过游击队员呢。

有一年从西边来了三辆日本人的汽车,一共百十口日本人,都让八路军打伏击给消灭了,那就是我在的七四一团。那时小,十三四岁,一个老八路叫丁卫原,叫我给他当勤务兵,就当了两三年,那是灾荒年之前去的。七四一团三营人,一营是骑兵连,一团 3000 多人,一个营千八百人,在村子里随便找个房子就住下了,也没被子啥的,不脱鞋就睡,挺邋遢,要不很多人得疥疮啥的。里边有机枪、迫击炮,还有"淹机枪",就是打枪时得拿水浇枪管,要不然烧得通红,呵,花样可多了。

皇协军比日本人要多,一个炮楼里,十个日本人呗,得有 100 个皇协军。武城、威县炮楼可多了,葛仙庄镇的西贾庄一溜炮楼。皇协军抢东西,天黑了换上便衣,就来村里抢东西,土匪这片没有,山东那块有老多,有高粱赵、刘黑七、王子跃、二皮脸等。

没见过日本人戴防毒面具,南京不是杀死过好多人吗?咱这儿都是小意思,民国 32 年,霍乱死的厉害,一天抬出去好几个,扎旱针,跟咱做活的针差不多,一个老头会扎针,闹霍乱时候,可忙了,老多人推着小推车来拉他扎针去,最后他累得闭门不出了,都叫他杨先生。他是俺娘家的,西贾庄,也有扎不好的,老头子一天天地扎,俺村子里也一天天抬出老多人,霍乱有传染性,一个人得了,一家人都得得。雨下了七天七夜,一直不停,延河那片洼,淹了吧都跑那去了。霍乱在大雨之后,大人得的多,又拉又吐,也有的是干霍乱,不拉不吐,就是觉得不好。扎旱针按穴眼扎,胳膊、肚子都扎一次,病重的话,就得扎得多呗,有行针,有走马针,行针就是扎上后就不动针了,走马针就是扎一下就拔出来,再扎。扎了后不出血,旱针不孬,我以前得的脑血栓瘫痪,就是让旱针治好了,真是个好东西。

灾荒年那年，旱得厉害，那时不兴浇地，靠天吃饭。得旱到七八月份，七月初二下的雨，家里种的荞麦也收了，三伏种荞麦，红秆白花，后来下雨，下了七八天，就那么滴滴答答地下。下雨那几天没人得霍乱，雨过后，受了潮，就得霍乱。那年也闹过蝗虫，灾荒年，记不住哪个月份了，谷子都快熟了，八月收谷子吧，那时都叫蝗虫给吃了，"旱了吃蚂蚱，淹了出鱼"。那时种高粱、谷子、棒子、豆子，麦子少，不兴种棉花，也有种的，很少，就是纺花，做棉衣。平常吃高粱、谷子，过个节才吃麦子，白高粱产的少，红高粱多，那时还有人用麦子换高粱呢，因为换得多，可以吃的更长一些。

那时兴买土地，钱多就多买呗，有地主、富农，哪轮得上咱开地啊。清河县油坊镇那边地势洼，河东开口子的少，高的地方淹不着，葛家庄以北高，淹不着，咱这儿淹，周围淹。民国32年，卫运河开过口子，不是人扒的，自己开的，城墙的门都飘起来了，抬出老远。一发大水，人都说水里有物（神灵），谁也不敢乱说话，有个人就是乱说话，还朝水里打了一枪，正好打中一个东西，城门立即漂了出来，吓得那人再也不那么大胆了。孙洼村东北地里不是也有一个黑坑啊，又深又黑，好几里地都看见了，咋抽水就是下不去，都说是连着东海呢，后来这坑慢慢地没了。

"尖庄开了口，淹的清河没处走"。老人家传下来的。不知道什么时候，日本人也扒开过口子，不知道什么时间。我还记得那年还闹地震呢，灾荒年连老鼠都走了。

日本人抓了劳工，下煤窑，给他干活，都是日本人招华工，到东北、北京下煤窑。北京门头沟，东北那什么八大沟、九大沟，俺大爷当时就去了，叫杨庆功，下煤窑，很多人都死在那儿了。地主家有牲口，那年哪还有功夫养猪啊。

后坝营村

采访时间：2008 年 1 月 23 日

采访地点：清河县坝营镇后坝营村

采访人：齐　飞　廖银环　张利然　栗峻峰

被采访人：张恒翠（男　74 岁　属猪）

张恒翠

我上过学，没上到高小，很小就上学了，岁数大就不上了，14 岁不上了。

民国 32 年入八路军。共产党的力量还很小，白天不见人，没那么大的力量，晚上才出来。

那时候我九岁，没出村。天气比现在冷，冰冻得很，天气旱，闹灾荒很厉害，收成不行了。天不下雨，长虫子，蚂蚱、蝗虫到处都是，用小布袋抓蚂蚱吃。那时没东西吃，大蚂蚱、小蚂蚱都有毒。

民国 32 年，那时候来水了，河里来的水。河里开口子，卫运河，从东边 20 多里地过来的水。谁知道怎么开的，那时候听说有龟，水大了就开了，止也止不住。水不大，淹了几天就走了。发大水时，平地里最深有一人深，一两天就露地了。

割不着麦子，一亩地收入 80 斤算好的了，100 斤都收不了。灾荒年死了很多人，很多人逃荒去了，要饭去了，我没出去逃荒。亲娘舅寄给我钱，我才能生活。八路军也没钱，当八路军真是不好。

那时候没少死人，都饿死的，吃糠咽菜，都逃荒了，吃枕头里的秕子，用石头碾子轧轧，吃棉花种，用它蒸干粮，吃得脸肿，解不下手来，用小棍子掏。

喝井里的水，挖一丈多就有水。发水后，井淹了，就喝河水、洼水。那时候村里打了围子，水没进村子里。水也不管是不是生的，有什么喝什么，什么水都喝。

就现在这时候享福了，那时候吃不饱饿死了，不知道有什么病，都靠着，得浮肿病，今儿吃不饱，明儿吃不饱，肚子空，饿死了。

霍乱病有，有吐有泻的，还不少。说不出什么病，都叫霍乱，没钱治，有个医生扎个旱针，吃个大药（草药）能看好。那时候没钱看病，中医扎旱针，扎穴道，手上胳膊上，扎完不冒血，一下扎进去，最长针有这么长（一拃长），跟头发丝那么细，木头的。亲眼见过得病的，得这病时日本人还在这儿，这个病快，几天的事儿。哪个村子都不少，记不清谁得这个病死了，只知道死了。家里穷，治不起。霍乱和浮肿不一样，有拉有泻的，霍乱病死的人多，不知道是不是传染，死了人都是埋在自家的地里，用薄席卷起来就埋了。

那时候村子里有个炮楼，炮楼外围有沟，沟外头是囤子，枣树枝子围起来，炮楼在村子后头，炮楼里头大多住皇协军，很少有日本人。治安军、皇协军跟着日本人。李胡庄也有一个炮楼。我9岁的时候听说日本军来了。我见过日本人，戴铁帽子，讨伐，从这里过，在这里歇歇，看着不顺心就打人，日本人指挥皇协军打人。修炮楼时从各村要民工，干得不好就打人，白天号召人去修公路，八路军黑天号召村民挖公路，要多少就得去多少，村长得支应八路军，也支应皇协军，两边都支应着。

西边几里地外修炮楼，背着棒子面去了。这几个炮楼我都去过，拿铁锹去。他们不打小孩。西边王官庄有个大炮楼，来了几匹马，日本人叫人从沟里上来，弄走了，赶着上德府（邢台），有的偷偷跑回来，俺爹岁数大，跟武大牙回来了，没进皇协军大院，没听说有被抓到日本去的。

日本人跟八路军一样穿黄布衣裳，戴铁帽子头盔，没见过穿白衣裳的日本人，宪兵队穿白衣裳，不戴口罩。

采访时间：2008年1月23日

采访地点：清河县坝营镇后坝营村

采访人：齐 飞 廖银环 张利然 栗峻峰

被采访人：张学义（男 86 岁 属猪）

张学义

我 1937 年参军，没入党，在威县加入的八路军。从山西来了个部队，是一二九师，帮助游击队打日本鬼子，我吹小号，当了十年兵，回来时候我老实，"文革"的时候要我的证明，后来我给中央寄了个信。

当了十年兵每个月才给 185 元钱。我打了成百次仗，打阎锡山，打老爷山，跟着刘伯承当号长，我的这个眼被炮片崩着了。在太行山时，我在便衣队。

1943 年我被国民党俘虏了一回，在山西赤头，当兵的要打死我，人家说优待俘虏，得照顾我。在南沈头，二十四师就在那里，王号长来了，我跑了店上了，跑回来了。石清友说我怎么回来了，我说我跑回来了，又把我关到禁闭室，说要观察几天，看我投降没投降。那时候死的人很多，我在山西阳城、洪洞，从重庆来中条山由陈赓指挥了。四个钟头的时间就从中条山撤出来了。

在章子县打老爷山，俺这个司令部缴回两门大炮，俘虏阎锡山不少人。在河南林县，打了两个礼拜。打脂肪头，叫俺消灭了一个营。1944年，那年浮肿，淌黄水，肉皮肿得裂破口淌黄水。那时候饿的，没吃的，吃野菜，都得浮肿病。在一个山上，一个人也没有，只剩一个木屋子，里面用被子盖着，烂得只剩骨头了。部队累了就宿营，把死人抬出去，在屋子里面睡。我的一个连长也在邯郸陵园里埋着。

1943 年我在太行，家里来信，没有说我的名字。第二次国共合作后，我回的家，当时日本鬼子走了。

李胡村

采访时间： 2008 年 1 月 23 日

采访地点： 清河县坝营镇李胡村

采访人： 齐 飞 廖银环 张利然 栗峻峰

被采访人： 包玉堂（男 81 岁 属兔）

包玉堂

我 1943 年在家，1944 年、1945 年到山东枣庄，下煤窑，1945 年新四军北上打枣庄，打杂牌，打日本，一打仗不能挖煤就当兵去了，当兵时才 17 岁。

闹灾荒跑出去当兵，吃不上饭，水淹，日本鬼子打仗，不能种地，没粮食。

9 岁时水淹，11 岁时也淹，日本鬼子扒开的河，运河，在临清挖的河堤，是听人说的，皇协军不让堵。这一片是八路军根据地。向北四五里地，西头是日本人的炮楼，等到 1945 年日本投降后拆了。炮楼是 1943 年、1944 年建的。日本人抢劫村民、抢钱，不给送钱就打人。

村里没有日本人，有汉奸，日本人也在这里活动，还抢牛。灾荒年没饭吃，死了很多人，抬都抬不及，饿死了，闹灾荒死了很多人。

霍乱病死了很多人，没治的，都经历过，俺村死的人没数，死了的老人的名字记不清了。症状是吐拉、昏迷不醒，一天多就死了。这病传染，传染得厉害，要不传染就不死那么多人了。大人小孩都死，全村人有 600 多口，死了 200 多口。没人治，没人管，村里的土医生治，扎旱针有扎活的，浑身乱扎。旱针很细，有长的，扎针出血，出黑血，得这个病是在发水灾之后发的。

这个地方三年发两回，接着又淹了一回，连着淹了三回。霍乱持续了几个月就过去了，当时就吃河水，水淹了没井，喝的是生水，谁烧开水呀，水淹了就没柴火了。那个时候日本人还没走，还住在炮楼里，没见过穿白衣服的日本人来过，日本人穿黄呢子衣服，没有穿白衣服的。下雨后日本人就再没来过。

决堤是在一个叫"铁窗户"的地方，在临清，日本鬼子扒开的，让八路军走不了，好打。扒开口子，水有一人来深，搭的堤把村子围一圈土。那会儿日本人没走，还住一部分，这边走得很晚，八九月份才走的。

五六月份生的蝗虫，打蝗虫，用蝗虫换麦子，八路军组织的，当地人也吃蝗虫。日本人没到村里来检查，这里是八路军的游击区。

采访时间： 2008年1月23日
采访地点： 清河县坝营镇李胡村
采访人： 齐 飞 廖银环 张利然 栗峻峰
被采访人： 王昆山（男 77岁 属猴）

王昆山

日本人来的时候我10岁，民国32年灾荒年。日本人压八路，到了王官庄。灾荒年时在票子附近，从王官庄修公路，修炮楼（在村子西南角），我挖过沟，没见过穿白衣服的日本人。河水淹才闹的灾荒，临清的河水发过来，是日本人挖开的，听别人说，是为了淹八路军。这个村的水有好几个人深。在西南炮楼有人被打死过。

那时候饿死的人多，闹霍乱转筋，光这个胡同死了30多个人，饿得慌，没吃的。饿得没吃的了就死了，我母亲（张玉莲）得霍乱病死了，死时我才十几岁，我母亲抽筋，腿、胳膊都抽，拉一拉，找医生扎针，扎舌头底下、嗓子。我母亲得病一天多就死了，我二大爷也得这病死了，发病后两三天就死了，死人后各家埋各家的。不知道这病传染不传染。这个村子里得这病的都抽筋，得这病的时候是在发大水之后，村子里得病的都是在发大水之后。霍乱持续了两个多月。霍乱这个说法是老中医先开始叫的。

村里人都喝井水，生的熟的都喝，吃枕头秕子。发大水时大约是在秋天，没有蝗灾。

我一直在这个村子里，村里有人逃荒了，我也逃了，去了山东茌平。淹了之后，日本人就没来过村子里了，日本人没有给中国人打针、吃药丸，对这个不清楚。

我见过日本飞机，没见过往下扔东西。

李家庄村

采访时间： 2008 年 1 月 26 日

采访地点： 清河县坝营镇李家庄村

采访人： 齐　飞　廖银环　张利然

被采访人： 李长村（男　83 岁　属牛）

李长村

民国 32 年我逃荒去了，秋后逃出去了。大水来了后才走的，大水从临清出来的，临清北边齐家店开的口子，日本人掘开的，日本人不让淹东边，一发大水（从西南来的），日本人在东边开口子，日本人派手下的皇协军挖开的。掘开后一天一夜水就过来了。时间一长水就深了。农历六月份发的大水，这里地洼，北边地高。那时候没有渠，水走不了。

发水后村里尽得霍乱，几天就死了，没吃的。具体时间记不得了。先是蝗虫，最后剩下四个人，其他人就逃出去了。张家庄死的人多。得病的经常吐，没听说有抽筋的。村里没有医生，谁也顾不住谁。那病都传染，传染得厉害，我家里没有人得病的。不逃出去就饿死了。

发大水之前村里下雨，之前旱，长过蝗虫。过了麦，到了五月份有的蝗虫。那时候靠天吃饭，旱了好几个月，不下雨，当时麦子小芽，不高。当时村里没有人给扎旱针的。没人了，都走了。

逃到山东枣庄、临沂，在那边逃荒的都住一个院子里，下火车后找熟人找亲家，在那边就落户了，把小孩都给人家了。

我见过日本人，给他们做工，修炮楼，天黑了做工后就回来了。日本人穿黄衣服，军衣，不穿白衣服，不戴口罩。日本人从村子里经过过，日本人不闹，皇协军打闹，（老百姓）有被抓到了日本国去的。见过日本人的飞机，没有从上边撒过东西。

孟 庄

采访时间： 2008 年 1 月 26 日

采访地点： 清河县坝营镇孟庄

采访人： 王 凯 李 爽 刘 欢

被采访人： 孟祥修（男 77 岁 属羊）

孟祥修

我上过学，我上学时也就十一二（岁），没上到毕业。旧社会，我读过有日本的书，有民国的书，有八路的书，八路军不来就读四书。

这个村原来就叫孟庄，没改村名，村里很多人，一个老师，那会儿顶七八百口子人。

日本人来，民国 32 年来的。民国 32 年是贱年，都淹了，没吃的，都逃荒，我 12（岁）过贱年，都逃荒，得转筋病，俺这村死三十来口，死得快，也报不清啥名，吃饭的一会就死，扎针扎不过来。得病死的不好受啊，有肚子疼这个症状，我父亲也得过。人都站到门梢上扎，扎过来了。

不记扎哪儿了，身上也有，腿上也有。也有扎火针的，手心、脚心、指缝，得扎出血，黑血，血稀了。也有吐的，也有拉的，也有肚子疼的，也有抽筋的，叫霍乱转筋，什么症状都有。

村里有三个会扎针的，都死了。一个姓孟的叫九神父，一个姓张的，小名叫六蒙蒙，孙庄还有一个。

水淹，河开了，一人多深，他上地里捞庄稼，碴的（方言：受凉的意思），七月不到八月，水凉，碴的。得病的有年轻的，也有老的，五十来岁，也下地捞庄稼，捞豆子嘛的。霍乱转筋也传染，六七十岁死的也不少，死了二三十口，一家有死俩的。俺这姓郑的死了一个，姓孟的死了俩，姓郑的儿子郑武魁死了，姓孟的都喊他官儿，下辈的。孟庆平爹娘都得这死的，死时六七十岁，他儿捞庄稼没死。得这个病，大夫晚来一会儿就有死的。那会儿是混乱时期，没八路军请医生，当天扎过来了，（扎针的）叫九神父，叫孟武宅。

水从东边临西来的，临清归山东管，自己开的，在铁窗户这儿开的，在临清开的，离这儿25里到河边，现在30多里，不直走了。我没去看过口子，我那时小，自己开的口子，河水大，挡不住就开了。

日本人第二年来的，开了口子后春天来的，往西南走。日本人从村里过，我看了，人多了，不带汽车，净马车拉，不知道有多少人。

水下了第二年闹义勇军，叫土匪，（头目叫）朱广远，南边原庄，归临西县，100多个人，不抢，给村里要粮食。那时日本人还没来，没成大器。

民国33年春天日本人来这儿，东孙庄、太炎庙、田庄、原庄一带有炮楼，连成一道沟，沟土都撩到庙去，土下边都是公路，垫的土。这边有八路军，那会叫八路军，济钢连，县大队保护，就在这个村里。日本人来时，贱年过去了，那年到这里，俺在东街口看的，过年开春二到四月来的。日本人来后两到三年打的孟家庄，三月初一攻打孟家庄的，日本人打八路军。

八路军100多人，游击队基干连，县大队，都是八路军，住在百姓家，天一明就走了，来回转，不激烈，一打仗八路军就跑了，日本人就打老百姓，没杀人。

孙家洼打人厉害死了，这儿没人打过。日本人翻东西，日本人跟皇协军，到后来都没大些日本人，却兴皇协军，炮楼上没几个日本人。

日本人抢咱鸡，不抢粮食，好比我是皇协军，怕家属，一块抢油、衣裳，那叫二毛子，他不是兵。日本人没抢妇女，光抢东西。

日本人进了关，待了八年，他来了就修炮楼，我那会儿十三四岁，净上炮楼干活，给盖房子、挑沟修道、做活去。给粮食？不挨打就好，去了净挨打，带干粮去，晌午不回家。在家庄炮楼上打了人，人是皇协军打的。

田庄石度九雄是最孬的日本人，在这倒没什么，后来又调到王村东炮楼，人家在下面走，他用枪打。

俺这里没当皇协军的，净外地的。俺村有个人叫郑武锐，给逮去了，判死刑，托人托的西天门的老妈妈（求情），她的儿子跟石度九雄当通讯员，在炮楼窗台上被手榴弹炸死了，他娘光上炮楼上哭，石度九雄说，我当你儿孝敬你。日本人走了，他跟着走了，老太太留这儿了。1945年投的降，咱这儿（的日本人）也是那年走的。归到王官庄去了，不知那时就走了，走得晚了点。八路军去了打了一回，王官庄来兵接走。

1945年村里有民兵了，那会儿村里800来口人，贱年前700来口，我1947年当兵，那会儿800来口人。

临清开口子那年没淹，水来时地上还冒烟呢。日本人开的口子，1943年、1944年那两年的事，要淹八路军，肯定是日本人开的，淹得不深。有人说西边来水啦，那人不信，正开着会，就出去看，结果刚出去水就来了。

民国32年长过蚂蚱，把棒子、高粱都吃没了，长蚂蚱时没了收成，棒子、谷子、豆子都吃了。打蚂蚱，打不了就挑沟里，飞的少，都是蛹子，往沟里赶，大水之后生的。淹喽待二三年又旱，井里没水，接着就是贱年。俺（这里）也是贱年，淹了就旱，不第二年就三年，没收庄稼，饿死得不少，不记得死多少，老人小孩多，年轻的都逃难了，我没逃。净吃糠，逃到山东枣庄、济宁、博平、夏津、聊城、兖州。逃难的多，都回来了。有的闺女在那里找婆家，那边人年头好点。

前坝营村

采访时间：2008 年 1 月 23 日

采访地点：清河县坝营镇前坝营村

采访人：齐 飞　廖银环　张利然　粟峻峰

被采访人：张玉桂（女　74 岁　属猪）

张玉桂

我七岁时，俺姊妹去哈尔滨，在那儿要饭，俺爹俺娘都老死在那里了，我自己回来了。我饿得要饭去了，在外面待了几个月就回来了，回来还是要饭，要饭也不给。

人都吃树叶了，没粮食，那人死得抬不及，都是饿死的。死了很多人，就变得地多人少了。我七岁出去的，八岁回来的，奶奶怕死在外边，就回来了。

灾荒年时天不下雨，没井，家里挖个坑。吃水也吃不上，不下雨，地上光土，没有雨。民国 32 年，闹灾荒那一年，那么多人得霍乱病，饿死的很多。那一年没下雨时我就走了，去逃荒了。那时候，枕头里的谷子倒出来吃了，都吃棉花籽。那时候不兴打针吃药，解手解不下来就有憋死的。

俺不记得那个日本人，那时小，不记得。在东北时，冻得连屋都不能出，见不到日本人。

俺村子当时没有老中医，老头子扎个旱针，那起先饿得人走也走不动了，吃点么也没有，捻上一点盐喝点水。从前都喝挖的那井水。

石家庄村

采访时间：2008 年 1 月 26 日

采访地点：清河县坝营镇石家庄村

采 访 人：齐 飞　廖银环　张利然

被采访人：石五彬（男　77 岁　属猴）

石五彬

　　民国 37 年我逃荒去了，十月份就出去了。我那时才 12 岁，大水淹了，东边大运河来的水，什么都没收，小日本在城里扒口子，在临清扒的口子，记不清什么时候扒的了。

　　那时有蝗虫，蚂蚱多了去了。谷子粒都被吃光了。这村走得就剩十几个人，大部分都向南逃荒去了，到山东枣庄。死的人可不少，在枣庄死的人也不少。

　　可不得霍乱，不少，有上吐下泻，可厉害了。记不清有没有抽筋。那时没有医生，中医也没有。记不清怎么治了。有扎旱针的，哪里不得劲就扎哪里。不冒血，那针不粗，精细。病传染，一个村有三五个得病的。

　　这里常淹，三年有两年淹。北边高，水上不去。

孙 庄

采访时间：2008 年 1 月 26 日

采访地点：清河县坝营镇孙庄

采 访 人：王 凯　李 爽　刘 欢

被采访人：孙百荣（男　79 岁　属蛇）

我今年79岁了，属蛇。家里穷，上不起学，就冬天上，识几个字，9岁开始上学，上到十一二（岁）。就在村里上来，十来岁就干活，先生也是本村的，那时雇老师，有几十个上学的，那时穷，谁出去上学去。

孙百荣

家里十好几个人，俺弟兄俩，叔伯弟兄多，有俩妹妹。种了20多亩地，一人二亩地，也不够吃，收得少，一亩才100来斤，家里做买卖，蒸馍馍卖。

日本1937年来的，上这儿来住，修炮楼是1942年，腊月来的，秋后九月走了，第二年说淹水，就上王官庄了，那是县城，待了没一年。

我见日本（人）了，来修炮楼，走着来的，没车，人都拉车，带着民工，外边的，这村也要。日本人没几个，中国人多，净汉奸，日本人十个八个。他们从东北来的，来了就修炮楼，我也修过。咱庄修过，外庄也修过，还上田庄修过炮楼、东北教堂。王官庄没去过，那里远，大人不叫去，雇人去的王官庄。修楼哪天都去几十个，天天去。按地要，五亩地一个人，四亩地一个人，我十二三（岁），不去不行啊。

带着干粮去干活，天黑之后回来。去得晚了，挨打，他看见你也打，炮楼都在南边沟里修，好几丈高，修了一个多月，日本人修完就走，汉奸住上了。汪精卫的治安军住这儿了，日本人没在这儿住。

汉奸有几十口子，一个排。穿的军装，黄的。第二年九月日本人就走光了，汉奸也走了。

也是要粮食，不给就抢，那时不蒸馍馍了。光种地，不是光日本人要，（日本）人给村长要，村长给家里要。治安军也抢过，他（能）干好事喽？

（日本人）没烧过房子，光是要粮食。炮楼里全是外边来的。有时也下来，到街上玩。他住长了也没事，没抢过妇女。

那年河水淹了，日本人又走了。八月发的大水，两天（后）日本人就走了。临清那边儿河里的水，那年扒开的。河西有八路军，日本人淹八路军。听说的，我那时十四五（岁）。

那时村里有当八路军的，有十个八个的，游击队也有，正规军也有，有民兵。俺姑姑家哥哥当民兵，叫日本人抓住了，在王官庄给打死了。

俺村没打过仗，八路军游击队藏着，天黑后来，都庄上的，当民兵不敢说，谁当都不知道。

日本人来时也有1000多口子人。当游击队也有十个八个的，走时1000多人。八月发的大水，开口子，都走了。水不小，一人多深的水。光下雨就下了老深的水，光记着下老大雨。水没进庄，都挡着。那是1943年，日本人汉奸在这里呵。

民国32年，灾荒年。那年多少收点，春天旱，后来淹。高粱、谷子都淹了，就高粱还露着头。长蚂蚱那会儿是六七月，大蚂蚱都飞了，不怎么吃，净小蚂蚱蛹子。收了麦子以后来蚂蚱，麦子一亩收几十斤。谷子、高粱，也有豆子，主要谷子、高粱，蚂蚱几天就过去了，天旱。

那会儿吃不好，多少有点病都死了，那年死的人多，饿得也有点病，跟得传染病一样。也没大夫，都扎旱针。扎过来就过来，扎不过来就死了。那会儿叫霍乱，（得病的人）上吐下泻。一会儿就死，也有扎过来的。见过扎针，使旱针，做活的针。都是土大夫，有时扎扎冒冒黑血，在肚子上扎。庄上扎针的有仨，都会扎，扎针的不要钱，也不买药。到那给你扎扎，那老人早没了，有一个叫孙乃清，（还有）孙贵田、孙乃豪，老大夫。

家里没得的，邻居有。刘群他娘（赵庄），姓刘，上吐下泻，一会就死，不抽筋。他家就她一个。淑琴他爷爷奶奶都死了，他家死完了，姓孙。那会也没人说传不传染。刘群他娘在家里得这病，淑琴也是在家里，不是出门得的。霍乱病也是到第二年春天就没了。

那年死多少人谁知道，住得近的知道，远的不知道。

庄上有逃难的，都逃到山东枣庄。俺家没出去，在家里也是吃树皮、树叶。过得也不够吃的，挨饿，吃糠吃菜。那会儿不抓人，光给村里要（粮）。过灾荒年之前有1000来人，之后剩多少说不清。大约死几十个，咱这儿死的人不多，威县死的人多。

水过了年才下去的，耩麦子，有高地，洼地里就淹着。

1941 年、1942 年，还没修炮楼，王官庄来抓十多人，充了军了，上石家庄那里下煤窑了。那时我十来岁，又接了两年才修炮楼，就抓劳力。上石家庄下煤窑，净抓年轻的，听说，俺街上有一个，死那里有一个，下煤窑，有病没人管就死了，埋了。孙淑梅，他是村长，被抓走了，以后人是烈属嘛，有的回来了，天黑后跑回来的，日本人没放，也有待一年半年几个月回来的，没听说抓日本去的。

1943 年发大水，临清运河发大水，咱这开过好几回，净日本人来了以后开的。在山东临清开得多，北边没怎么开过，它自己开的。1943 年这会是日本人扒开的，临清那儿，40 里地，哪个村不知道，都听街上（人）说的。往南要淹到威县，上北都远了，都到天津了。清河县都淹了，清河西边高，西边洼里也比这还高，孙洼比这边高，孝义比这里高，水朝北淌。那时咱这是八路军根据地。

辛集村

采访时间：2008 年 1 月 26 日

采访地点：清河县坝营镇辛集村

采访人：齐　飞　廖银环　张利然

被采访人：何五峰（男　82 岁　属虎）

民国 32 年闹灾荒，那时在村里，没有逃荒，家里有五口人，母亲父亲两口子。

不记得村里有多少人了，叫日本（人）闹的，没吃的，逃荒，逃荒人多，逃到山东。民国 32 年村里也下雨，记不清严重程

何五峰

度，不收庄稼。

村里发过大水是1963年，水不小，这里都淹了，水有一人多深。大运河里来的水，没人挡，水开了。河水满了，开了口子。

灾荒年，村里死人可不少，有饿死的，有得病死的，多数都是饿死的。闹瘟疫，得这病的人多，死人抬不及了。得了霍乱病，上吐下泻，没有腿抽筋。那时候有中医，但没有钱治，有扎旱针的，得霍乱时还没有大水。在农历六月份发的大水，灾荒年蚂蚱多。

见过日本人，在炮楼里有日本人，日本人抓人去修炮楼。不记得有抓到日本去的，日本人都穿黄衣服，呢子。没见过穿白衣服的日本人。戴口罩的日本人不多，也有戴防毒面具的。不知道为什么戴，戴的人不多，在过道上见过，从这里路过时见的，见过日本人的飞机，少。没见过日本人从飞机上扔东西。日本人来了没好事，老百姓都吓跑了，不记得日本人在村里杀过人，日本人没有给村民检查身体、发药。

采访时间：2008年9月3日
采访地点：临西县冬枣园乡张庄
采访人：王　瑞　陈庆庆　韩　硕
被采访人：张迎梅（女　79岁　属马）

张迎梅

我没上过学，我娘家在清河县辛集。我19岁时，六月初二来这的。灾荒年时还在清河。

灾荒年挨饿，没吃的，小孩都去挖野菜，地里有苜蓿，挖来吃，现在喂兔子。灾荒年不旱，下雨，灾荒年往南边逃荒，俺母亲、嫂子去逃荒，我才8岁，庄稼都淹了。14岁去的枣庄，八月（庄稼）淹了。那时都有豆子，往家里摘，我们那边地里强点，没这么低。下雨，下了七天七夜雨，那时也是涝。淹了都逃了，向河东去，就是运河，南边这都是御河开的。尖庄开口子在八月，是下雨以后开的。人在地里扒豆子吃。

娘家那庄死的人不少，那个庄大，有得病死的，也有饿死的。霍乱病也没有。俺们村富，有个老妈妈给扎针抓点药治病，不知得什么病。也有抓不起药的，说冻着了，就去求神，死的多。那会我八九岁了。

咱这块经常淹，三年有两年淹，淹的时候，这庄一喊，那庄就听见了，就传到辛集了。灾荒年那年淹了，开口子时也是在这时候。（人们）喊要淹了，就去地里摘豆子，逃荒的人不多，都逃到河东枣庄了。涝时，人都在房顶睡觉。

蚂蚱飞起来疙瘩疙瘩的，从南往北飞，在地里掘沟，二尺来深，蚂蚱没长翅膀都撺沟里埋了。高粱招蜜虫子，高粱长起来了，长满蜜虫子，没药，蜜死了。不能在地里走，虫子爬满身。蚂蚱多，都号召全民打蚂蚱，有灰色的，黑色的，绿头白翅的。

张家庄村

采访时间： 2008 年 1 月 26 日

采访地点： 清河县坝营镇张家庄村

采访人： 齐　飞　廖银环　张利然

被采访人： 李广才（男　80 岁　属蛇）

李广才

灾荒年我逃荒到山东茌平，12 岁时逃到山东，在山东待了三年，王义武在山东济南。

村子里发过好几次大水，记得有四次，灾荒年发过大水。运河发的大水，水大了，上游水大，憋崩了，水就溢出来了。灾荒年时，日本人在临清扒开口子，在临清塔大桥北边挖的口子（在塔对过）。那时街没垫时有一人多深，平地里站起来看不到手，有六七尺深，到了八九月份还有水没下去。六月二十四（农历）发的大水。

这个村死在外边的还有几十个。男女老少死得可不少，有病死的，有上吐下泻这种病，叫霍乱（老时候叫，现在不叫了），很严重，村里死的人不少，父亲（李庆庭）、爷爷（李春堂）都死在这种病。没钱治这个病，有老中医也不管这个事。得这病的人多得很，治不及，爷爷 80 多岁，父亲 60 多岁得这病。村里没人了，就几个老人看家，青年人都走了，得这病两天就死了，不知道是什么病，大家都说是霍乱。家里都没有动物了，牲口都没有了。这病传染得厉害。那时村里有 500 多人，不到 600 口人，至于具体死多少，基本哪家都有。老人扛不住病，一吐一拉就死了，死后各家埋各家的。发大水之前没有得病的。

有被日本人抓去干活的，抓去修炮楼了，有被抓去日本的，到日本去下煤窑，后来回来了，解放后回国的，叫李志龙，现在不在了。清河县有好几个抓去的，日本投降后就回来了。

（我）见过日本人，12 岁时给日本人干过活，日本人穿黄呢子衣服，朝鲜人穿白衣服。日本兵没有穿白衣服的，有戴白口罩的，有罩防毒面具的。（日本人）上村子来都戴面具。当时来村里戴，戴的人少，不戴的多。在街上过，有大炮还有坦克，灾荒前后都戴过面具。他们办的事没法说了，没好事，什么都抢，也抢人。日本人没有给村民打过针吃过药，见过日本人的飞机。没见过从飞机上撒过东西。光见过南北地飞过（翅膀两边有红的），日本人留下来的东西，国家都收走了。（日本人）没有给老百姓检查过身体。

采访时间：2008 年 1 月 26 日
采访地点：清河县坝营镇张家庄村
采访人：齐 飞 廖银环 张利然
被采访人：李华亭（男 78 岁 属马）

灾荒年我逃荒去了，秋天去的，当时家里有七口人，六亩地，粮食不够吃就逃荒去了，人们大多都逃荒，在这地方没法活。日本人来挑道，鬼子我想不住，老了。

1956年发过大水。灾荒年日本鬼子扒的口子，河堤给淹了，家里给淹了。日本人在临清运河扒的口子，大桥北老旧城门，大水都经这。日本人要淹死人就扒开口子，后来没淹死人，把庄稼淹没了。有一人多深，五六尺。发大水的时候我已经走了，我走到油坊，看到水涨很高，有运河连起来。

李华亭

霍乱病我听说过，我妈得这病，村里有个人给抓药治，免费，就给治好了。那山东人少。上吐下泻的也有，连拉带吐。在山东那得这病，这病传染，咱村我闹不清，我当时出去了。

我见过日本人，给他们盖炮楼，油坊有炮楼，我是长工，晚上给他们搞破坏，日本人什么都不给我们。干不好就打一回，修炮楼每天都出工，村里摊派，俺村有一个到日本国，叫李志龙，回来死的，到日本挖煤，哪一年去的我闹不清，那时好像还没解放，日本投降时回来的。日本人都穿绿色衣裳，大皮鞋走路咔咔响，没见过穿白衣服，戴口罩的日本人。

俺没听说过有人肉饺子这一回事。

采访时间：2008年1月26日
采访地点：清河县坝营镇张家庄村
采 访 人：齐　飞　廖银环　张利然
被采访人：张本道（男　83岁　属牛）

张本道

民国32年，我逃荒到济南，17岁的时候去的济南。在家吃不上饭，灾荒年时村里没人了。那时天旱，没收东西，最后剩七个人，都饿死了。家里有父母亲、奶奶、四个兄妹，都逃荒到山东济南，打工要饭，吃花生饼。村里都饿得没人了，村里一片荒地，那时主要是挨饿的，吃野菜。

当时有得病的，流行传染，叫瘟疫，传霍乱，上吐下泻，扎旱针，针不粗，有扎好的，扎好的很少，扎针后不冒血。不知道死了多少，当时抬不及。

日本人挖了口子，临清挖口子，村里人都知道。在临清大桥南边，日本人怕大水把桥冲了就挖了口子。

十五六岁的时候在家见过日本人，日本人穿黄军装，没有见过穿白衣服的日本人，不记得有戴白口罩的日本人。家里没有得霍乱病的，可能是在大水以后传染的霍乱病。水淹以后大家都逃荒去了。奸淫烧杀政策，日本人在这里没抢，找人去修公路。咱村没有抓出去过，李家村有一个人抓到日本国去了，到日本挖煤去了，日本投降后交换回来了，现在不在了。

张屯村

采访时间：2008 年 1 月 26 日
采访地点：清河县坝营镇张屯村
采访人：石兴政　马金凤　颜有晶
被采访人：于印显（男　79 岁　属马）

于印显

民国 32 年，我逃荒逃到山东沂县，东南方，离枣庄有百十里地路，离沂蒙山百十里地路，再朝南就是平地了，待了八年，放了一年牛，七年羊。回来时是二月二，来时那片都解放了，1948 年解放了，地主都被打倒了，土地财产都分了。

民国 32 年，（雨）下了一个月，不停地下，六七天哩，那年下的雨大，村里雨水不大，河水来了得打堰，地里谷子都淹了。那年日本人开的口子，后来 1956 年和 1963 年都开过口子。灾荒年以前开过，好家伙，都是水拱开的，也上东淹，俺这儿淹厉害点，灾荒年小水淹，就是日本人扒开的，在哪扒的就不清楚了。

那年得霍乱，死得不少，俺村得霍乱的不少，以前没听说霍乱，就灾荒年多，俺两个舅舅就是得这病死了，死得快，杨庙村的。忘了死了多少人了，都埋地里了。病没治好的，又没医院，那会儿，扎扎旱针，针就这么拃把长（三厘米左右），不出血，中医，有几个地方都扎。一说得霍乱了，就了不得了。霍乱那病，灾荒年之前没有，之后也没有，日本人得没得就不知道了。

逃荒在下雨后，俺记得八月里走的，那年逃荒去，坐火车，不能用八路票子，得用日本票子，从平原坐车，花上四五块到临城下车，再倒车，往东南走。逃荒就卖地啊，按粮食说，一亩地能卖四五百斤麦子，卖地没准，好地就多卖点，灾荒那年种高粱、谷子、麦子，那时都是大亩，现在的一亩六分顶那时一亩。

蝗虫闹过，是雨后。蚂蚱，掘半人高一步宽的坑，抓蚂蚱埋喽。

日本人经常上这儿来，光点房子，就烧了好几回，他打人。张长挺是皇协军的大队长，他舅舅家是俺村的，就因为这，日本人还有皇协军就不大上这村祸害人。日本人没有多少，县里也没有几个，炮楼上光皇协军，日本人就几个。跟他也不白跟啊，人家吃得多，赚得多，当八路只吃小米干饭，一个月给六毛钱，当皇协军吃馍馍，给十二子也有，灾荒年就花日本的票子。

当八路的有张佑丰、张六堂，在葛仙庄养老院，七八十了，还活着呢，张书赫也当过八路，在贵州死了。当皇协军的有个姓张的，小名叫二宝剩，那时候，八路军把他绑走了，不一会皇协军和日本人也追过来了，八路就连忙写了一个条子，二宝剩写给八路的条子，日本人一见，就把二宝剩当成八路的人给枪毙了，谁知那是八路的反间计。

　　也有让日本人抓走干活的，上东三省那里，青年的让当兵，老年的下煤窑，那会儿抓的人可不少，张云林就是给抓走的，抓去之后又跑回来了，连枪带弹药的全带来了，他是给抓走当兵，结果全把这交给八路了。

　　那时村村都有红枪会，日本人原本在村南要修个公路，得毁老多好庄稼地，村里红枪会就晚上把修路的好几十日本人全杀了，事后，日本人觉得红枪会挺厉害，就让他招安，打八路。那时都兴派兵，不管是日本人还是国民党，都往村里派当兵的名额，那会儿有钱的就花钱买个别人去顶替，俺村有个人叫魏祥，日本人叫村里别人当兵去，那人就花几百斤红高粱买他去了。于佃伟被他嫂子用 300 元卖给蒋军了，一去没有消息，还有于文谋当国民党文工团。

　　红枪会打清朝，主要是打老杂（土匪别称），红枪会喝符，能挡枪子，挡个屁啊，有回老杂过来了，在院子里烧火做饭，结果红枪会的一个人过去了，一发功就让人家枪子给杀了，老杂把他的头砍下来提走了，还烧香、磕头。老杂有枪，他们是红缨枪。

左家庄村

采访时间：2008 年 1 月 25 日
采访地点：清河县坝营镇左家庄村
采 访 人：石兴政　马金凤　颜有晶
被采访人：王兆山（男　83 岁　属虎）

　　民国 32 年，那年先是旱，旱了有两三个月，旱了以后下雨，七八天，地里都淹啦，那时是八九月份了，要收红薯了就淹啦。灾荒年临清这个运河在村子里淹了，靠边的房子倒了不少，地里淹的麦子都种

王兆山

不上！

我母亲就是那年秋后死的。那时还逃荒，有到枣庄去的，鼓捣点衣裳换粮食。那个病啊，有的说是霍乱转筋，那时没医院，有会扎针的扎针。我母亲那时就是觉得心里不得劲，心乱，闹一会还咳，喝点水就坏啦，一喝白开水就坏，喝面茶能撑久一点。拉肚子不知道，就是转筋，腿一转筋，再伸就不好伸啦。

蝗虫那不是这一年，头一开始蝗虫光蹦，后来大了就飞走了，在地里挖沟，撵到沟里，没下雨的时候闹过蝗虫，蝗虫过去了下雨淹。

孙庄、田庄、焦田有炮楼，王官庄是据点，炮楼里的日本人倒不多，那叫什么治安军，何梦九是头头，有人也叫皇协军，这不是真正的治安军，真正的日本人才多少啊，不多！

（闹）土匪那会儿，日本人还没过来，（日本人）抓劳工啊，有的时候抓去修炮楼，也有人被拐到东北给日本人干活，卖到那里头就不见天了，那会儿说下煤窑的，煤窑都是日本人的，在东三省那，沈阳那块也是日本人的，那里是关外。没见过日本人放过臭炮。

采访时间：2008 年 1 月 25 日
采访地点：清河县坝营镇左家庄村
采 访 人：石兴政　马金凤　颜有晶
被采访人：左玉蓉

左玉蓉

呵！民国 32 年，灾荒年啊，饿死的人多啊，孩子死了扔道上。三年旱啊，寸草无收，吃草籽、树皮，大人饿得都在道上躺着。还有日本人来，我那会儿还小哩。

后来下雨，这村里下了七天七夜，这人都捞的棒子（玉米），都吃棒子。八月二十五淹地那会儿，俺那会儿在炕上躺着。淹了，都逃河东去了，河东是王齐、老赵庄，光淹河西，不淹河东，那会儿河东没淹，他爹在那儿扛活。那水都到房子那儿，得这么看（使劲抬头）。

那不淹河东，光淹这河西，牲口吃草，人都吃不饱。河东那年景好，俺这儿就不成哩。那会儿都是高粱、谷子，没有棉花，穿棉衣都是破的。七个寡妇在转着扫土，挖个坑，往坑里扫土，晒观音。

得病还在头里水没淹那会儿。霍乱转筋，那传染，在咱村，那会我还没结婚哎，那时候俺十六七（岁），多哎，那快，霍乱，传染！到这些年俺记不清哎，有桂祥他娘（据说是得霍乱治好了，一个月前去世），最近才死了，她比我大十岁。那会扎针，扎旱针，我记不清扎哪放血，那症状俺记不清，都说是霍乱转筋，扎针扎过来，扎不过来就死了。

那会有日本鬼子，日本鬼子打田庄，离咱这四里地。侯村的老侯跟日本鬼子打，老侯中了枪子儿，俺妈妈用帽子挡住他，救了他，他是八路军，他这人人名俺不记得，那葛家庄老侯家知道，卖药的。日本人来了不跑吗？那个焦某他舅舅，日本鬼子跟他说给找个人去，包人肉饺子。

日本鬼子来时我19（岁）或是20（岁），没日本鬼子俺这年景都好了，鬼子也在那一年吧，他不打小孩，都是那一年。他占那女的，他祸害，可是祸害。咱村没有，俺没见过，俺跑了，他不住俺村。多少年记不清了。日本鬼子住田庄炮楼来，那有个炮楼，有皇协军，田庄北也有炮楼。

蝗虫，那蚂蚱，俺还逮过哎，俺掘个坑，赶到坑里，用土埋住。（蚂蚱）说有就有，说没就没，谷子都没收。俺上西头逮去，村长让咱逮去。八路军也不怎么操心，那纪开明是咱村（人），是个区长吧，是八路军。跟俺这乡长一样，有个老曹，南方来的，叫日本人逼得逃河淹死了。那块有站岗的，八路军不大冒头，有枪，手枪，不是大枪。老冯吧，日本鬼子来，他藏猪圈了，还活着哩。

没见过白大褂防毒面具。日本鬼子有护帽，见过。臭炮也没放过。

八月二十五淹地，那年也大，那年房子屋子都塌了，高粱吧，有的露头有的不露头，那会儿宅子高，地洼。人呐，逃，都在水淹以后，没几个人了，都逃了。那会都逃枣庄去了，都逃。得这个病以后逃去了。

吉林延吉老头沟，俺村的汉奸把人卖那里了，干活去了，延吉老头沟煤矿那，死那儿了，王崇道、王崇元、王崇岳，都去干活唻。王崇志、俺大爷王崇元死那儿了，其他的都回来了。

葛仙庄镇

城关村

采访时间： 2008 年 1 月 25 日

采访地点： 清河县葛仙庄镇城关村

采访人： 刘鹏程　侯文婷　白　梅

被采访人： 王绍堂（男　82 岁　属虎）

王绍堂

民国 32 年，那会儿挨饿，老百姓逃荒的逃荒，我没有出去，家里的人都出去了，哥哥嫂子、父母、妹妹，十来口人，家里得留人啊。

民国 32 年不收嘛，天旱，又不下雨，旱了好几年，减产，下雨下得特别晚，六月二十几，下雨了，收也收点，稀松。家里没人，种地的也种得少。光闹蝗虫，东南这一块地没事，西边就没吃了，七八月份，庄稼也都是谷子，没人管，个人打，也打不了，那会儿都说是神虫。

到后来下雨了，十来月份，可能是民国 32 年，不用下雨的时候，下好几天大雨，说是七天七夜，连绵的阴雨，土房子都漏。那年死得可不少，霍乱，当时都说是霍乱，吐，扎过来就好了，扎不过来就死，都是那么死的。土先生扎针，记不得名字。东街的西关有个老头扎针，各个村都有，饿的。哪个村里也得死几十口人，我们家没有得霍乱的，这个病可能传染，这个村子有哭（丧）的，下雨后得的。日本人不管这个，没有穿白衣服的日本人。霍乱老人得的多，年轻的有，孩子也有，一小会儿，一眨眼就死了，有扎过来的，咱没见过。人收了新粮食，吃了新粮食死的不少。

日本人经常到村子里抓人，到那里干活，不给钱不给吃，不打你就不错了。菜园有一个，寨子一个，叫杨存祥，抓到日本去了，跑回来的，现在死了。日本人没有在这里抓妇女。

民国31年或者是民国32年，日本人扒开的（河堤），那会儿水不是很大，在临清那，小的水都是日本人扒的，九月十月，临清北面花园村，那村都被淹了，剩下两三户，这里是老城，外面的是城墙，没进来水，外面的水老深。

城西村

采访时间：2008年1月25日
采访地点：清河县葛仙庄城西村
采访人：刘鹏程　侯文婷　白　梅
被采访人：侯宝玲（男　77岁　属羊）

侯宝玲

民国32年，家里三口人，母亲、一个妹妹和我。父亲白天给日本人当县长，晚上就是八路军，后来被日本人知道了，把我父亲在王官庄给弄死了，那时候我11岁了。

那时候日本人在这，南门是炮楼。闹灾荒，这里跑那里跑，没吃的。民国32年，天旱没有东西收，那年没什么，逃荒，民国33年水灾，闹蝗虫，说不上来是哪一年，说不清。庄稼草都长得不短了，大概五六月份吧。

民国 32 年，没下过大雨，就是闹水灾，六月里，南边油坊运河里来的水，庄稼都被淹，地里一人多深的水，院子里还来水，城门一堵，水进不来，没有听说过发病的，不多。运河里的水盛不了了，自己憋开的，黄河的水到了运河里，水多了就憋开了。（雨）下了七天七夜，那是以后了，哪一年就说不上来了，日本人已经不在这了。那时候我 13（岁），说哪年哪月我们弄不很清，下雨时我都二十来岁了。

民国 32 年，反正死的人不少，闹灾荒，闹病，反正生活不行，靠来靠去的，都得接上花生皮，轧轧吃，掺上点粮食吃。死的老人多，年轻的不多，老了闹什么毛病的都有，也不敢说闹什么毛病。霍乱都在那会儿，几月份我说不很清，我那时候才十来岁。没有都得（霍乱）。

民国 32 年，日本人抓我们给修炮楼，这一块没有抓到日本去的，没有抓女人的，反正抓了给修道，修炮楼，进了村就抢，抢这抢那，抢点粮食，那会儿也没有什么好东西，他们也没有吃的，就抢点吃的。

采访时间： 2008 年 1 月 25 日
采访地点： 清河县葛仙庄镇城西村
采 访 人： 刘鹏程　侯文婷　白　梅
被采访人： 刘春兰（男　79 岁　属马）

刘春兰

民国 32 年正灾荒年，那时日本人在这，国民党走了，城门上面就是日本人据点，那年又遭蚂蚱，又遭荒。旱，没有水浇，逃荒在外，家里没几个人了，一个村里四十来户。蝗虫飞得遮天，屋里都有，厉害，阴历五月份来的。

"民国 32 年灾荒真可怜，七月二十三，老天阴了天，（雨）接接连连昼夜不停下了七八天"，大下小下下了半个月，外面大下，屋子里面小下，树叶、树皮、野菜都吃，地里的水倒不多。就是下雨不行，死一部分，饿死的，也有没有死的，有一个老人，五六天就饿死了，光我这个小村就饿死十来个，年轻人能走的都走了。霍乱不多，也有，走着走着一扑通，一抽筋，就死了，蹬也蹬不开。得病（死的）少，还是饿（死）得多，往那一摔，起不来。霍乱不传染，治不好。后来才知道是霍乱，霍乱就在六月至七月份期间，其他时间没大得的，有扎针的，扎好的，用银针，扎的地方很多，胳膊、心口这里，有放血的，出来的血是黑的，赶集时在道上见的，有扎过来的。

村里有游击队，日本人烧杀抢掠，抓年轻人，一摸年轻人的手上有茧子就抓。抓妇女，更厉害，这个还用问。北边有抓年轻人的，衡水有抓到日本的，焦振青被抓到日本待了四年，他也是衡水的。不光他自己，牛左被抓走的时候20多岁，光抓年轻的。以后日本投降了。我在衡水待过，滏阳河西边，1964年成市了。赶集（的时候），被日本人围一圈抓走了一群，后来是政府集体给弄回来的，这儿也放日本民兵。

日本人经常打做工的，把中国人当活靶子，有人在路上走着走着就被打死了。石友三两个兄弟在这里跟日本人抵抗，日本人在我们村烧了七八家。我们村里许长星，当了伪军的汉奸，解放后回来了，刘玉杰也是，他当队长的。

民国32年有发水的，临清的运河，尖庄被扒开了，淹的人多了，毁老百姓的庄稼，民国32年的阴历六月。尖庄那时候归山东管，给扒过两次，第二年，扒过，九月，水没有那么大，长上麦子了，被淹。老百姓也堵啊，堵不过来，那个时候人不多了，民国32年、民国33年都逃荒在外了。没见过穿白大褂的在村子里转悠。

段吕坡村

采访时间：2008 年 1 月 24 日

采访地点：清河县葛仙庄镇段吕坡村

采 访 人：王 凯 刘 欢 李 爽

被采访人：段兴柱（男　78 岁　属马）

段兴柱

我是正月十三生，小时候，民国 32 年兄弟五个。我大哥、五弟是民国 32 年死的，我在山东峄县，跟我叔逃荒去，放牛。峄县归枣庄管，阳历六到八月在峄县，台儿庄往南就归江苏了，台儿庄就归江苏。

咱这里 1943 年归山东，冀南后改为华北，1951 年下半年、1952 年上半年取消平原省，临清那时还归邯郸呢。临清、高唐啥的都归山东了，民国这里归冀南，1948 年自卫（解放）战争到末年了，1949 年建国。1943 年自卫（解放）战争呢，冀南当时根据革命需要，跟个省一样，河北分三下，冀南、（冀）北、（冀）中，馆陶归冀南，冀县归冀中，广平归冀南，也就是平原省取消以前，八路军一开到咱这县，有个晋察冀边区，根据革命需要分的。日本人没哩，这里一个钉子，那里一个钉子，日本人实行"囚笼战术"时分的。

这里是王高路，高路是临清的所在地，北边是清河的王官庄，日本在清河最早的钉子就是王官庄，武城就在武城城里，高村是日本鬼子司令部管，（还有）清河、临清、威县、南宫等地。卯、子我得算算，1939 年时日本就来清河了，1939 年就铆钉子，当时还有个歌来，具体不是 1938 年就是 1939 年，民国 26 年卢沟桥事变后占领冀南。那时，我是 14 岁（1937 年），我那时上学是光冬季，小时穷啊，到春天就拾柴火，上不起学，到秋后没活了，也没柴了，就上学。

1938 年那会说跑都跑了，到前几年又跑了，这是后话。那时八路军来了，郎吕坡过去杏树梨树多，没苹果，都八路军种的，他是三〇一（还是）几零几我记不得了。有游击队，也归正规军。后方医院就在咱行子里，黄庄没安炮楼时，这是后话了。1941 年，不 1941 年就 1942 年，那时伤号就待各家，黄庄安钉子，后方医院就跑行子里。医生那时都按姓叫，老王老张。当时就喊个大夫，大夫这个叫法也是他们传来哩。部队的人多数都是外来，本地的少，听口音外来的多。

治病的我见过，伤号住在程敏家、简权家，老和尚家也住过人。伤号心洁在这边家，那边也有住的。他那时还没好，他是苏鲁的，没回去，从冀中地区过来的，随正规军上这边来。他负伤后，住了这里，他好了没走，都叫他大老黑。那时咱小孩儿玩，带那儿就听话。一扫荡，给一个老太太拿个包袱，日本人一扫，他就给人接过来，见老太太喊娘，就说是她的儿子，人就保护他，他叫刘凤思，都喊他傻刘凤思，都说他傻，实际上他不傻。他部队代号不知道，他是重伤，待部队养伤。有姓王的，光知道姓王，不知道叫（什）么，养好又走了。咱那时小，也不知道庄里有多少伤号，光吃饭时候端出来吃，那时候小，不注意这个。

日本人知道有伤号，知道就跑。那时日本人就"铁壁合围"，（那是）1941 年、1942 年。

我是 1948 年正式参加工作。日本人在的时候，我冬天念书，咱现在知道，那时候咱都不知道，俺那老师是地下党员，叫张万杰，他儿张乃连，在青海疗养所。当年俺（们）是同学，他现在是地区干部，在四川哩。在本村上学，俺上抗高，那时日本投降了，抗高就是抗战高级。日本 1945 年投降，我 1946 年上抗高，那时张乃连在我头里，他早一年就上抗高。民国 32 年，麦子刚收上来的时间，当年收成不中，秋遭蚂蚱，大旱年，实际上是连年不得收。民国 31 年也不大收，秋里还行，但日本人要得多，今天敛，明天敛。民国 32 年，阴历五月，收麦子哩，俺就逃荒去了。

我六月逃，八月回来，回来又在那里放了一段牛。逃荒时家里遭蚂蚱，民国31年遭棉虫，民国32年遭蚂蚱。棉虫吃谷子叶子，那时谷子多，棒子（玉米）少。民国32年大旱，到了三伏二伏，又下了七天七夜大雨，那也就是七月里。那时这里蚂蚱在村里乱蹦，到后来锅台上，哪里都尽是蚂蚱。我过了八月十五回来就没了。

我逃到峄县、马屯、牛家坡，那里风调雨顺。待那里有粮食吃，咱种地，尽吃煎饼，家里可都让蚂蚱吃肥了。

灾荒年死绝了好几家，俺爷爷叫段玉魁，他家两口子，他家死了两口，过继了这小孩小张，还有马来嫂子，叔。还有一个婶子没死，嫁出去了。他家绝了，俺九爷爷死了，他奶奶爷爷那时死了，俺家这俺哥我五弟。东头段玉昌还有一个叫什么，都叫她三奶奶，死了。咱村里死人不少，出去逃荒也有死的，书记他爹逃东北回来又死的，老和尚他姑在这儿死的。灾荒年前这里多少人咱不知道，那时还是小孩。

这些人死的，老百姓说是饿死的，新粮食一下来人死得多。那是饿的，一是新粮食下来，一吃一撑，死了。再一个得霍乱，这老早不见这病，到后来这病不是定成三号就定成二号病了。天花不一号病吗？得这病上吐下泻，脱水，按现在的看法，当时不知道怎么回事，多数扎不过来，少数扎过来了。那时也有先生，玉章他爷爷叫段春材，段万新也扎过这霍乱病，扎哪里咱不清楚。见过是见过这病，俺家里没这病，我五弟不知是啥病，我哥是膝盖长疮，感染死的。支书段志杰，他一家是霍乱死的。他媳妇两个儿子得病死哩。他那大儿子比我小一岁，二儿子比我小三两岁死了，那时我虚岁14（岁），他那大儿子不是14（岁）就是13（岁）。我从参加工作，再没见过得这病哩，以前谁得这病咱不知道。霍乱传染当时光听大人说传染，咱不懂，现在咱知道传染，那时死人不让小孩子看，怕传染。下雨前就有这病，少，下雨后多。民国32年下雨后多。

水上没上不清楚，我那时逃荒去了，就几栋房没漏，（其余）都漏了，那时尽是土房。日本人在这里呢，今天敛，明天敛，要钱要的多，不要粮食就要钱。那时后方医院不在了，炮楼离咱很近，他来了"铁壁合围"，囚笼战术，这里扫荡，那里扫荡，在西王庄、临清。

灾荒年这里始终八路军不断，灾荒年他顾不上看你病。那时这里八路军不多，见过油坊那里夹小包的，那时是错杀一千不漏一个。那时过年是霍乱，石友三是第十军团总司令，八路军是国民党给的封号，八路军分多少路，是共产党的。那时候灾荒年死那多人，他管不管咱不知道。咱估计他能考虑这个，那时主要搞地下工作，明里都跟着游击队开会。

日本人在咱村没杀过人，别地儿许家那杀过，段头也杀过，段头属南鸟，咱村没烧过房子，抢过东西。日本人在咱这没抢过妇女。老百姓属于黄金庄管辖区，有56里地，挺近。

峨儿庄有抓劳工的，高庄那边有抓到日本去的，他没到，死半路了，他姓宁，八路军老县长，被特务害了。俺那时小，那时日本投降，全县给他开追悼会。东高庄可能有姓宋的被抓日本去了，老党员，老八路，他这还没死呢，在粮站当过站长，他比我年龄还大哩，叫什么忘了。

郎吕坡村

采访时间： 2008 年 1 月 24 日
采访地点： 清河县葛仙庄镇郎吕坡村
采访人： 王　凯　刘　欢　李　爽
被采访人： 黄秀银（女　85 岁　属鼠）

黄秀银（中）

我三月的生日，娘家在清河城里，离葛仙庄也就七八里地吧，十七八岁上这村来哩。

我家里姊妹五个，没兄弟，我是老五，就剩我了，我最小。小的时候家里四个姐姐、我、俺娘、俺爸，种地，一个人种几亩地，也就种了三四亩地。我起小上过学，六七岁上学，咱上到十来岁，上到十五（岁），日本人来了，就不上了。咱不能上日本的学呀，写自己名会写，还会认些字，看电视上字儿也认点哩。

打日本的时候，老城里都是炮楼，在清河黄庄也有炮楼，老城里，老南门，老东门，都是炮楼，俺待东门住，不敢在家里住着，俺待东门，就俺住那里有炮楼。

人都跑出来了，也不敢回去，都害怕，俺跑出来了，害怕，没法过。俺吃了饭，都上河里睡去，不敢在家里，河里没水，扛着被子，牵着牛。现在多好，吃的好，住的安稳，那时吃的不行，住的不行，还得常跑。日本人杀不杀人咱不知道，杀人咱没见过。

有回日本人到村里去了，打仗，俺就两边呼噜跑，这边日本人，那边八路军，都打仗，枪子儿就在头上过，是和八路军，看电视就看见那个了，这日子简直没法过。

来这儿村也穷，邪穷，原来穷，现在越搞越好，原来也叫郎吕坡，就到这儿啦。那时光吃红高粱，原来村里都沙土岗子，要么我说孩子，现在生活多好。俺那（时）来（的）时候，吃饭都关着门，不关门，沙土一乱，风就刮锅里去，都沙土。现在没沙土岗子了，这多好，原来院里都是沙土岗，现在你看这街多好，这庄多好，也没土了，也没啥了。

哎呀，灾荒年饿死不少人，都逃难出去了。咱庄上就剩几家了。原来有两百来口人，都逃到黄河南，俺没去，吃棉花种，掺上糠，没给饿死。那时候逃荒的多，哪儿剩几家？西头这边，二娃家、本争家都逃难去了，就俺这跟他爸爸两个儿，他大哥小，三四岁，还好过。这人少，还好弄点，都没法弄，都老的老，小的小，那家里人多的都逃了，都搭的窝棚，都上黄河南要饭去，有的回来了，有的死外边了。老培银他娘、王金生他娘、新龙他爹，都死外边了，饿死外边了。

那时就是旱，连了三年没收点么，连旱带遭那棉虫，又遭蚂蚱，也没药，遭蚂蚱。（蚂蚱）从河北那儿来，呼呼的，都跟淌水一样。那棒子（玉米）都这么高了，蚂蚱过去的时候，那多高的棒子、谷子，啥都不剩。

灾荒年我 20（岁）了吧，都说民国 32 年，我 20（岁），他大哥三岁。不下雨，旱地，一年没下雨。到了秋后耩了荞麦，那没人了，都逃难了。

下雨的时候种的红薯，我记哩俺种哩红薯，招蚂蚱时，谷子没了，就剩红薯，谷子刚抽穗，蚂蚱随吃随走，走了就没么了，都吃完了。（蚂蚱）从北边过来，往南过，都治不了它，没药，光这么大小蚂蚱。我给你说，日子难死了，都吃蚂蚱，弄锅里拨拨，炒炒就吃，饿呀，在锅里拨拨吃，也没油，那时吃蚂蚱也没听说吃死人。

要说下大雨，还不到耩地哩时候，那房子各家都漏，搭的那窝棚也没塑料纸，用包袱当窝棚，漏的炕也没法睡，墙都倒了，不耩地又下雨了，八月里下雨，已经过去蚂蚱了，秋后又下的雨，下了七天七宿。那时哪有地方呀，那时房子也不行，老楼房下塌了，都开口子，啊呀。

灾荒年那年没开口子，不下雨，就光旱，长虫子，地里也没淹，它不收么啊。灾荒年那个时候哪个村儿都死人、得病、得霍乱，我记哩，黄庄死那么些人，那些庄也没医生，都得霍乱，都这么死了，那边都没人抬了。咱庄有，又没人看，得了霍乱就死啦，反（正）就是肚子疼，闹肠炎，那都吃哩不行啊，俺家没得病。

我这五个儿，一个闺女，待葛仙庄，她几个都待家里，我这可享福了。那时候就年下吃个馍馍，现在吃饺子，就那时候，那什么时候能吃饺子，咱这吃多些菜，你看这，那时见过么呀，现在白菜都随便吃，还都不愿意。

灾荒年，年下包荞麦饺子，秋后七八月收的荞麦，种了几亩地收的荞麦，黢黑黢黑，跟黑锅一样。我还有个老娘，饿得不会动弹了，在床上躺了十来天，饿了十来天，我去给她买了二斤白面，一个火烧给她吃了好几天，我没哥，那时怎么过来的，那时候老娘又没哥哥兄弟。

灾荒年就没日本人了，城里日本人走了，老城里盖了几个炮楼，西东南门各一个。有次我回家看老娘，日本人还都在这住哩，就害怕，赶紧跑了，到后来他们走了，咱才有法过了。

我有个二姐夫，叫牛万义，在城后，日本人在城后修了炮楼，西王庄的日本鬼子都上城后绑人去了，我二姐夫卖杂货，出去得晚，叫他们给逮住了，逮到西王庄那里，日本鬼子安的局子，叫家里拿钱带回去，2000

块钱人家不要，人家不要钱，要命哩，这不人就死啦。他们还把老牛家爹逮住，他给逮住了。这村支书家儿，也死了个孩子，有十三四，被砍死了，咱这是听说的，谁知道是日本人还是皇协军砍死的，估计是日本人。那时候把村长家、俺二姐夫砍了，在那时死个人还算个事吗，村里就扒个坑，就埋了，没棺材，买不起，那时是灾荒年。

霍乱病那时又没医生，没药，那年黄庄死很多人，霍乱传染，咱这村不知道谁死了。咱这里有郎行德会扎，那前儿没医院，有扎过来的，也有没扎过来的。咱庄上没死太多，他会扎针，也有扎过来哩，大白金是他扎过来哩，也有扎不过来哩，都死了现在。再就是吃不好，喝不好，都饿的。咱家没得这病哩，咱邻居也没有，都逃难去了，就王金生他娘死在外边了，还有王培银他娘。

霍乱病就是下雨那年，得霍乱病过了下雨，就没么吃，这个得病，那个得病哩，肚子里没粮食能好喽啊？就那一阵啊，听说霍乱病，这哪儿都有那病了，这吃好喝好，有点病上医院了，这没有了。那时光吃点那菜，就捋点灰菜、马蜂菜，有面子就放点面子，没面子就吃树皮。那时就扒那榆树皮，轧成面子，用大锅菜，黏糊的，榆树皮黏糊，都扒那菜，放点野菜，肚子里没粮食，还不光死人啊。

日本人来，扫荡啊，在这里没打仗，这里吓死人，那都吓人哩，日本人从北边来，吓得人不敢留家，都上当街坐着去。八路军见了（日本人）就打一回，见了就打一回，一打吓得老百姓横窜，吓得不敢吭气，不敢在家，都上当街。

那次日本人还在外面嚷嚷哩，俺出不去了，俺就待屋里坐着，你大爷爷也在家说瞅瞅去，一看鬼子，他不敢回来了。我等你大爷爷等不回来，也出去看看，看见鬼子也不敢回来了，就上村里去了，我就吓得不会动了。二本他爹呢，不知道怎么回事呢，在我后面跟着，鬼子在后面打，吓得我们不会走了，那是晚上，他说他二嫂子你就跟着我，要没个伴还不吓死了。日本人还不孬，不上村里来，从家西面过去啦。那时咱也不见他抢粮食，村儿里敛，村里也没粮食，敛了给他送去，都是跟好户要，穷人没有。那时就修炮楼，这里修，那里修，黄金庄一个，谢炉一个。

日本人哪年走，俺不记哩，他们走了就是咱共产党了，日本人打人、烧房子、点火、点柴火，咱不知道，咱村不烧，能不抢妇女？谁能叫抢着喽哎，就都跑啊，咱村没有，咱村儿没劳工，就修炮楼哩。有被抓去修炮楼的，（日本人）给村里要，不去就打，慢了也打。看那电视，跟那一模一样。日本人坐车来，都是汽车，俺村里来100辆，俺天黑后跑出来了。听说日本人来啦，爹娘俺三个就跑出来了，（日本人）先用飞机炸了一回城里，炸了个稀烂，人都跑出来了。

我那时还穿袍子哩，我就上姨家去了，刚喝几口汤就听见炮呼噜噜噜，有人用炮弹打死哩，俺又上六姨家，滚的滚，爬的爬。来了四五个飞机，往下扔炸弹，后来还敢看？扔炸弹，有炸死屋里，有炸死外头，随着飞机走，姥爷姥娘，就往姨那里走啊。

那时给姥爷拿点煤油，拿点蜂干给他吃了。那时咋过来的，有个老娘老爹都七八十（岁），我才20多（岁），也没车子，把老娘推这里来，再回家管老爹，俺爹在家看家咪，也饿得不能动弹了。俺老娘就跟着我，活到90多岁，就老死这里，我给她出了殡。

采访时间： 2008 年 1 月 24 日
采访地点： 清河县葛仙庄镇郎吕坡村
采访人： 王 凯 刘 欢 李 爽
被采访人： 孙跃录（男 82 岁 属兔）
孙跃先（男 85 岁 属猪）

我家里兄弟五个，有一个姐姐，还有爹娘，小时家里八口人。还有老四在，小六儿二十几（岁）死的。小时家里种七八亩地，闹日本时种四亩地，不够吃的，小时做小买卖，做豆腐烙煎饼。小时村里七八十户人家，那时候两百来口人，就叫郎吕坡村。

日本人来时是灾荒年那会儿，老二已经十四五（岁），日本人从东北来的，七七事变以后过来的，没住村里，常在村里过，扫荡。村里没炮楼，黄金庄、连庄有。连庄在东边，炮楼里"皇军"不多，乱七八糟的多，皇协军多，咱不知道，多少人不记得，咱那时小。

孙跃录（右）、孙跃先

灾荒年，民国32年，它不下雨，长蚂蚱。咋过哩？卖煎饼。那年大旱，不下雨，先旱后淹，不记哩几月下雨。那年收不到粮食，都逃荒了，往南去枣庄。那时候小，卖煎饼是以后。下雨这里淹不着，北边河（里）来水，开口子，咱这高，清凉江南边开口子，运河里，南边来水往东去，清凉（江）往北京去，运河开口子，就在西南角这里。

灾荒年村里死人多，一天死好几个，都饿死了。有粮食，吃得不多，那时闹病厉害着呢，医生说是霍乱。那时还不叫医生呢，叫先生，先生郎行德，看小孩为主，先生睡不着觉，都叫他看病。村里的人80%得这个，我老大都得过，肝疼，没找着医生，用针在胳膊挑的，冒黑血，又肚子疼，疼得打滚，上吐下泻，不抽筋。挑的胳膊上的黑筋，冒黑血，十五六（岁）得的，病不很大，村里没（因）得这死的，我得病时间不长，也就几个钟头就过来了，头晌在家里得的，吃早饭以后得的，过灾荒年以后得的。打蚂蚱比灾荒年早，还没淹。1956年才有大水，灾荒年没大水，民国32年没开口子。

长蚂蚱是六月份，长了没一个月，大蚂蚱呼呼先飞过去，都吃了庄稼，后来小的跟牛粪似的一堆堆的。

咱家我自己得这病，村里老些得这病的，俺叔伯哥哥孙跃俗，医生治好的，也扎的针，闹了一天才扎过来。咱没见过扎针，先生在那待一天。

霍乱病时日本人还没来，没炮楼哩还。我十几（岁），那时穷，灾荒不灾荒都吃不好。

没见日本人杀过人，常"扫荡"，八路军也没杀过。不打仗，游击队在村里住过，没在咱村里打过，这里共产党没出过事，日本投降那年是1945年吧，（日本人）过了麦走的。没见日本人走，从前咱小啦。没在村里打死过人，没抓劳工，修炮楼常修，都去过，我也去。东北那村里派的，给村里要的民工。去的时候带饭去，天黑了回来，不管饭，挨打，打人常事，我挨过皇协军打，他们要钱，没有才打。

老二逃荒去了，老大没去，十几（岁）去，忘哪一年了，反（正）不大，过年儿初二三就走了，还（是）春天。到哪儿去了？到江苏去了，枣庄以南就江苏了，到江苏去了，待了没一年，那里还有日本人，就那一年走的。

日本人飞机常过，飞得高，路过，不扔炸弹，没看过飞机上画啥，哥哥得病时弟弟去关外了，那时叫不到先生，都上吐下泻，霍乱死得快。那时炮楼在黄金庄，往西有峨儿庄，东边有连庄。

梨杭村

采访时间：2008 年 1 月 24 日

采访地点：清河县葛仙庄镇梨杭村

采 访 人：罗洪帅　廖金环　李廷婷

被采访人：李清波（男　84 岁　属鼠
　　　　　又名李洪儒）

李清波

日本鬼子来的时候，我十八九岁，鬼子在王官庄驻扎，在清河县那是个大地方，日本鬼子最多。那时没铁路，光汽车道，炮楼在汽车道上，后关、东庄，老清河南门，皇协军都住在南门，王庄的鬼子不止 100 人，皇协军多，有警备队、警察署、宪兵队。鬼子来的时候，都抢东西、打人、抢粮食。我那时都被抓去干活，（日本人）跟村里要人，带自家的东西去吃，在王庄通威县、里屯、刘屯这一趟修炮楼。

鬼子来了以后，闹灾荒了，那时候是 1943 年，那时候死的人真多，饿死的，死了也没地方埋，（有的）一家的人（都）死了。那都是旱灾，没法种地，没井没水。

闹旱灾时我 19 岁，在清河县大队，我在县里的队伍打游击到葛家庄取粮食去了。在部队里，天下过七天七夜的大雨，这几天衣裳都没干，行军的地方都发洪水了。

霍乱也闹过，死的人也不少，这病传人，先生都治不及，就扎针，药没这么全。我家里没有得这个病的，闹病和发水不在一块，先闹的霍乱，后来发水。先生治得及时就不死，治不及时就死了。

闹过蝗虫，想不起哪一年，村里号召老百姓到地里打蚂蚱。

咱村打过土匪，我村里也有土匪，胡同里有三人也当了土匪，都死了，那也是饿的。我也见过红枪会，那都是打土匪，都是红缨子枪，头上围着个红围巾。社会上不安定，是义务军，领导红枪会的，我村里是李横昌，到村里来就和土匪打仗，日本人来的时候也有，不敢跟日本人打，他们没武器。

马屯村

采访时间：2008 年 1 月 24 日

采访地点：清河县葛仙庄镇马屯村

采访人：罗洪帅　廖金环　李廷婷

被采访人：李宝兰（女　75 岁　属鸡）

民国 32 年闹灾荒，我出去逃荒了，那时小，跟着老人逃荒去了，跟不上，就迷糊了。去河南，出去两三年，有哥哥在那边打工，后来这的情况就好了，十一二（岁）的时候逃荒，咱这没吃没喝的，旱涝的时候不收，逃荒去了南许庄。

李宝兰

鬼子是 1943 年的时候来的，什么季节想不起，新历 1943 年，八路军、共产党没枪没炮，不容易。灾荒年，没吃的，闹病，闹霍乱，没医生，没药，没有输液。扎旱针，死了不少人，死多少说不上，像闹痢疾那样，都是在秋天，入秋闹的，吃新粮食扎针吃药也没用，那时候没医院。扎腿（还是）扎哪想不起来，想起个李炳武，扎旱针，早就死了，有扎旱针扎好的。天气不是很冷。发水可不断，两年三年就有灾，收不了东西，旱了又淹了，经常闹蝗灾，地里的庄稼都给吃了，闹蝗虫是在逃荒之后，前后都有这样的情况。

闹霍乱病是鬼子来了以后，这周围村子都闹。也不知道什么情况，上面就来水，从南面过来的，水来了以后，在平地挖了一条河，水从那过去了，听说是有人把堤给炸了。

下大雨的事都经历过，那雨下了七天七夜，下雨后发大水，闹灾，河里的水、天上下的雨，赶到一块，就闹灾了，那里没河，平地闹的大水，高的地方有一米高。天气不好，阴天下雨，河口子开水，收庄稼闹水，闹病也是那季节，粮食收不了，闹灾荒之后逃的荒，先旱后淹。没法耕地。收粮食的时候，来水给淹了。

秋天的时候，鬼子修炮楼，离这八里的王官庄有鬼子，把东西抢走，鬼子来的时候我十三四岁。经常抓苦力，给他修炮楼，修这修那的。鬼子一进村，见人就打，抓人、打人、抢东西，大家都赶快跑。不跑抓了还能好吗？日本人来了没好的，有东西抢东西，没东西，把房子给点着了。日本鬼子没多少人，在小的地方修炮楼，大的地方（设）据点，那时没组

43

织，没力量。（老百姓）听日本人来了，就跑了。有当过皇协军的，这以前的支书当过，他叫李鹏海，现在死了，他下去后换我了。

采访时间： 2008 年 1 月 24 日

采访地点： 清河县葛仙庄镇史家庄村

采 访 人： 罗洪帅　廖金环　李廷婷

被采访人： 李　氏（女　82 岁　属兔）

李　氏

我娘家在马屯，那里头年河水淹了，粮食给淹了，下了冰雹，把庄稼砸了。第三年河水又淹，有淹死人的，那时候十四五（岁）到地里捡树叶放锅里。

在马屯，鬼子来的时候大约十五六岁。想不起什么时候来的，什么时候走的。没听说鬼子进来抢东西和闹瘟疫。那时有过得好的，没好地就过不好。河水六月天淹（过来）的，河水来了，晚上都不敢睡。下大雨，在屋顶上搭窝棚。待在家里也不出门。我家里没闹病的，感染些感冒，喝喝药就好了。

牛城后村

采访时间： 2008 年 1 月 24 日

采访地点： 清河县葛仙庄镇牛城后村

采 访 人： 栗峻峰　宋俊峰　郝素玉

被采访人： 张榆啄（男　85 岁　属兔）

我今年 85（岁）了，属兔，上过几天学，灾荒年那年在家。

那年天气光是下雨，七天七夜，雨前光是旱，旱的时间也不短，两个多月，农历七月十五下的雨，下了七八天，下得房屋倒塌。

霍乱见天（每天）都有死的，各村都死，得霍乱病口渴，渴得受不了，一喝水就死。老医生牛万河会扎针，俺就是他扎（好）的，救的人不少，不在了。那时70%的人得霍乱，不知怎么的，光知道渴。也有抽筋的，不过不多，医生说这病叫霍乱，俺村有八九十口得这病，大部分都扎过来了。我们村扎好的还有好多，都不在了，叫刘金、李银，当时都三四十岁。得病的壮年多，小孩少，我没见过穿白大衣的日本人，没见过日本人发药丸。

张榆啄

那时日本人在这里，没人种地，都逃荒去了。当时俺村里有500多人，过了那年，死了70多口，这一胡同都是饿死的，村里一多半都饿死了，90%家里没人都走了，我母亲和哥哥都出去了。大家有上河南的，也有去关外的，上哪去的都有，过了灾荒年就都回来了。

那雨下得没法说了，地上一人深，大部分是下大雨淹的，没听说过大水淹。开口子，那是雨后了，油坊那里，清河县各村都淹了，决口，离这几十里地，我没亲见，只是听说，开了口子，没法治。水是直接冲开的，没人扒开，俺去堵过堤，八路军组织人堵的。当时也有日本人，在县里，在炮楼上。俺村三个炮楼，（里面）都是中国人，日本人很少，汉奸多。

日本人在村里杀过人，有被打死的，三个，叫牛万艺、张宝齐、张同昌。没有被抓到外地去的劳工，有强奸妇女的，不过现在都没了。

申宋庄村

采访时间： 2008 年 1 月 27 日

采访地点： 清河县葛仙庄镇申宋庄村

采 访 人： 栗峻峰　宋俊峰　郝素玉

被采访人： 苏洪斌（男　86 岁　属猪）

苏洪斌

　　我中学毕业，有毕业证的。灾荒年记得，日本鬼子在这，黄金庄有炮楼，他们那时候至少一个连，中心据点，这个村东北有一个据点，往南有一个村，谢炉有一个据点，都归黄金庄指挥，王官庄的更大，这归王官庄指挥。这个公路叫王高路，哎，日本鬼子修的。

　　民国 32 年我十多岁了，1943 年 22 岁了，逃荒了，春天天旱没有雨。咱们这个地方叫冀南，这个地方广大地区一直没雨，那个时候又没水利，靠天吃饭。后来下（雨）了，五月底六月初，下了点小雨。

　　那个时候这个村里（总共）也就是 300 人，村里剩了没 100 人，死的不少，都是饿死的，那时不知道霍乱是啥，那时候吃没吃的，喝没喝的，都逃难去了。有上南方的，有上北方的，南方是山东，大部分去了山东，鲁南，往北，大部分到了沈阳，那个时候还有去内蒙古的。我是 1943 年春天二月走的，逃到东北了。

　　回来没下雨，下雨时我逃到南方去了，灾荒年那年没开过口子，后来在铁窗户（那里）开的，那个时候河堤不像现在一样。

采访时间： 2008 年 1 月 27 日

采访地点： 清河县葛仙庄镇申宋庄村

采访人： 粟峻峰　郝素玉　宋俊峰

被采访人： 苏金堂（男　77 岁　属猴）

苏金堂

我没上过学，民国 32 年灾荒年，我十来岁，我还记得，那年我在村里。

那年光旱，好长一段时间，种不上庄稼，闹蝗虫，七八月份闹蚂蚱，庄稼已经有穗儿了。这里没发大水。东边的大运河没在咱这儿淹过，东边被淹过。

那年日本鬼子在，没上村里来过，在黄金庄，没扫荡过，我见过日本人，有人给他们修炮楼，没有被抓到外地的。日本人一般不来咱村，皇协军会来，横征暴敛。

灾荒年死的人不少。那时有百儿八十的人，现在六百来口人。死了不少人，饿死的，连饿带病死的，有逃出去的，最少占去一半。逃荒的人不少，（去）河南、黄河以南、山东、东北。

有伤寒病、霍乱病，挺古怪的，几天就死了，吃不好，得这病的不是很多，村小啊。

认识的人中没有得这病的。我也有段时间不在家，12 岁逃的荒，大约冬天出去的，穿棉衣。在外面待了几十年，见过得霍乱的，在我亲戚家，在北边郎李家坡，过了东高庄，离这里十来里地。不知道有什么症状，伤寒病是高烧不退，跟感冒差不多，没听说有死的，伤寒霍乱都在郎李家铺。

史家庄村

采访时间：2008 年 1 月 24 日
采访地点：清河县葛仙庄镇史家庄村
采 访 人：罗洪帅　廖金环　李廷婷
被采访人：史明延（男　79 岁　属羊）

史明延

　　鬼子进清河时，我 14 岁，14（岁）的时候去了哈尔滨。在这待不下去，我父亲、叔叔都饿死了，收点粮食都让日本人收走了。民国 32 年闹灾荒，旱着，埋在地下的也给挖走了。

　　14 岁的时候逃荒上南尖庄，挨着运河，待了一会，也上连庄。第二年 15 岁的时候，一个月都没吃到粮食，有三亩地种上瓜，摘下，放进小锅，连皮都吃，吃那可受罪了。

　　后来下大雨房顶都漏了，连着下一个礼拜，雨很大，没发着大水，光下雨，上面来的水把下面冲了，水从邯郸地区那来的。我秋后去了，年前就回来了。

　　那时候有闹过病的，叫霍乱，扎旱针，死过人，死多了去了，一共 300 多人，死了五六十口。到最后只剩下 200 人。那病不传（染），那时没医生，没医院，别村里有先生，喝汤药。牲畜也有闹病死了，死了就埋。

　　鬼子进村里来，连抢带夺，抓鸡，闹病时也来过。在马官庄修过炮楼，在清河县老城以北，清河县南门也修过，邢台公路几里一个，怕八路给他拔了。村里也有人当八路，这里八路多，皇协军不敢当。那时尽是些散的土匪，叫老杂，土匪是大班。有红枪会，拿着红缨枪，算是好的，不抢粮食，和土匪干。

王城后村

采访时间：2008 年 1 月 24 日

采访地点：清河县葛仙庄镇王城后村

采 访 人：栗峻峰　郝素玉　宋俊峰

被采访人：邱立山（男　84 岁　属牛）

邱立山

　　我今年 84（岁）了，上到了五年级，记得灾荒年，1942 年去当八路军，民国 32 年我当兵没在家，跟着刘伯承。

　　那年俺村里死了好多人，没得吃。那年发过大水，先旱后淹，还有蚂蚱，春天旱。下雨下得晚，大约在阴历四五月份，水有两人深，在油坊南开的口。那年我十六七岁，当兵，我没亲眼见过，据人家说是日本人用炸药炸开的，他们淹这边的人，这边净八路，决口在七八月间，大水一个多月才下去，人们都这么说，是日本人扒开的。蚂蚱是旱出来的，后来才有大水。那时 200 多口死了七八十口，其余逃到了河南关外，饿死好多。

　　霍乱我见过，一会儿就死，待不到一天，大水来之后就来了霍乱，霍乱有扎过来的，这村里有十几口得病。发烧，不睁眼，没有抽筋，扎旱针，膝盖底下的大筋，一个针下去冒黑血。扎旱针的叫牛万河，老中医。俺家也有人得，俺奶奶李家村人，邱李氏，还有唐家庄的邱王氏，都好过来了，俺奶奶病的时候 50 多岁，姓唐的 30 多（岁）了。这个病流行了有三个月，有一半没治过来，王忠良一家一个月三口都死了，他奶奶、娘、大爷都死了，姓名俺不知道啊，都分散埋了。哪里都有，各村都有霍乱，发烧、抽筋。吃红高粱、大糠、野菜，喝井水，个人挖的井水。那些得霍乱的，名字都记不清了，女的多，男的少。

　　日本人来这，修炮楼抓人，城里有三个炮楼，皇协军多，日本人没在俺村杀过人，在北边村杀过，没有被抓到外地的，寨子村有人是八路军，（被）抓到日本国，又放回来了，也是干活。我和他在一起干过活，他现在死了，死了十多年了。1943 年那年，我当兵但经常回来，发大水是八路军说的，八路军都知道，村里人有知道的，也有不知道的，回来以后水少了。冬天修堤，村民自己去的，八路军不管。

没有强奸妇女的，他们抢点东西就走了。

武家那村

采访时间：2008 年 1 月 25 日

采访地点：清河县葛仙庄镇武家那村

采 访 人：张　琪　常晓龙　王雅群

被采访人：田尹浩（男　88 岁　属鸡）

田尹浩

我今年 88 岁，属鸡，1943 年在织毛巾，织了 12 年毛巾。那年下雨了，那一回下了七天雨，从六月二十四开始，都淹了，一人多深的水，河里面开了口子。我们这种棉花，河东开口子，在山东那边，下雨下得土炕连（坐的）地方都没有，新盖的房子里的柜泡起来都没人管。

那会儿光知道饿，那个村里死了好几百。通辽（音）里死了几百，我村死了 300 多个，得了病没医院，没药，就死了，死了就挖个坑，放里头了。村里有 1800 多人。在通辽的哥哥写信说，日本人见有人得病就挖了个万人坑，我一个侄女来看她叔叔，就在这儿死了。死人是下雨之后的事儿。我得了（霍乱），在地里抽筋，从地里爬回来了，说不行了，赶紧找医生扎了 100 多针好了。那时候霍乱正厉害着呢，就我一个人好了，我这个病就怕烟，在通辽死了好几千口子，俺这有个姓许的死了九口，他家绝了。

日本人民国 32 年进村，那时我才 16（岁），掌柜让俺们清河的回家，当兵的烧得隔着村都冒烟。那时织一条手巾一块钱，一条赚可大利了。日本人一来人都跑了，光剩下老头老妈子了，都往东跑，还炸死人了，日本人把我逮住了，我正织着毛巾，我吓得钻床底下了，我说我不是八路，我是手艺人，他拿了六条毛巾，喜得哈哈的。

逮共产党的时候都不出门，西王庄死了八个人，都是共产党，中国人打中国人，你跑也是死，不跑也是打，有个人被打得眼珠子都出来了，流血。

到台儿庄换红薯干，用衣服换，在那儿，吃一斤黄瓜顶一顿饭，家里人都没么吃，等着呢。那时你不能发财，发财也不行，一个山西老板来雇手艺人，我说一个月给我 200（块）就行。

采访时间：2008 年 1 月 25 日
采访地点：清河县葛仙庄镇武家那村
采访人：张　琪　常晓龙　王雅群
被采访人：张士全（男　83 岁　属牛）

张士全

我叫张士全，今年 83（岁），属牛的。民国 32 年，我在天津呢，我爷爷、哥哥、父亲都是那年死的，父亲、爷爷饿死了，哥哥闹瘟疫死了，拉肚子，两天就死了。

那年我在天津推土，我正月就过去了，到天津，赚了半年钱，十月回来了，坐汽车到武城，到武城没汽车了。我哥哥在家一拉肚子觉得不行了，就死了，土医生给扎针，我不在家，听人说的。得病的人多得很，有田尹宝他爹田恩柱、西康他爹武久成，我不在家，光回来听他们说，一天抬出去七八个。回家后人都这么说，我走到武城，人不让河东（的人）到河西，说河西闹瘟疫。西王官庄是日本人县城。

日本人民国二十八九年上这儿来的，鬼子少，有皇协军，伪军，都修炮楼了，他们见着八路军就打，八路军没正式据点，俺村杀了五六个，有田才清、田早，叫鬼子一劈两半，都是因为支援八路军。勇河，这是小号，叫日本人抓起来了，让苏排长给枪毙了。连村长也抓起来了，说给八路军交通。日本人过了民国 32 年，民国 34 年就走了，小县城的都逃回去了。

武宋庄

采访时间： 2008 年 1 月 27 日
采访地点： 清河县葛仙庄镇武宋庄
采 访 人： 栗峻峰　郝素玉　宋俊峰
被采访人： 武惠贞（男　87 岁　属鸡）

武惠贞

（我）读过六七年书。1943 年，知道个八九不离十。那时俺 23 岁，鬼子在这闹腾。

水灾、旱灾、虫灾都有，那年灾荒，歉收，又有日本人横征暴敛，人得霍乱病。

灾荒前有 400 多人背井离乡，基本上都跑，主要跑到关外，我没有去外地。水淹也忘了。

蝗虫、棉虫，是谷子很矮时开始闹的。饿死的人多，都逃荒去山东、河北、河南、山西。吃糠咽菜，死了不少人。一家死个三两个的。存了几年的没粒的秕子，什么东西都吃，喝井水。

霍乱病是上吐下泻，传染相当快。那时没医生，可能会抽筋，没多长时间就死了。那时没有会扎针的医生，扎旱针，来不及了，有扎过来的，大部分都来不及了。那时俺村里扎针的人少，多人得病。我家里那年没死人，武贾氏霍乱死的。

鬼子来要吃的，要得民不聊生。鬼子政府、皇协（军）一起要吃的。

日本人俺见过，来过俺村，1940年初到这儿，烧杀奸淫都干过，打死的好像没有。皇协军抢东西，日本人不抢，抢过妇女，有被强奸的人家，这个不好说，放火、烧房子。有炮楼，往正西偏北，离这里不过二里，里面住着鬼子皇协军，大部分是皇协军，炮楼上的鬼子不过十个，总共有几十个人。没抓过劳工，炮楼是鬼子抓村民盖的，没抓到外地的。消灭抗日军队，八路军不少，俺村不少。俺是解放后的工人，当了三十四五年。

许家那

采访时间：2008 年 1 月 23 日
采访地点：清河县谢炉镇谢炉村东街
采访人：王 凯 刘 欢 李 爽
被采访人：许桂兰（女 84 岁 属牛）

许桂兰

我娘家许家那，在葛仙庄西北那儿，（我是）那里人。许家那南边是尹庄，北边是黄金庄，村里人都来看我，老了。

我过了年84（岁），我记得是三月三的生（日），这里本家姓焦，家里没人了，就剩我了。没孩子了，光剩老妈子了，要不说没人了么，孩子叫焦敬堂，俺这里就他一个，下边俺又没人，俺娘家仨姊妹俩兄弟，这少了一个姐姐，还俩兄弟，一个妹妹，都老了，都八九十（岁）了。

我14（岁）到这里来，日本人？来了吧？！我记得来了吗？老了迷糊不知道，忘了。哪年来过日本人，又聋又傻，不知道了。

娘家俺有俩兄弟。小时候穷哎，俺有点地，忘了，不记得了。俺兄弟12 岁就当兵去了，在外边待了这么多年，这都待家里，现在 80（岁）了，还活着呢，俩儿，死一个。兄弟叫许龙华，现在在许家那。

灾荒年，挨饿，在哪里我忘了。上过大水，我来这里淹过好几回哩，不记啥时候了，光记得淹过。日本人杀过人吗？我不记得了，不知道了，过去的都忘了，老了，不记得了。

许二庄

采访时间：2007 年 7 月 19 日
采访地点：清河县儒林市场
采 访 人：李　斌
被采访人：赵印波（男　79 岁　属龙）

民国 32 年我在老家许二庄。民国 32 年大灾荒，起先是经常发大水，招蝗虫，招棉虫，不收。到秋后种的绿豆，吃绿豆吃的，一吃新粮食就发霍乱，一闹霍乱，死的人不少。再一个，家家户户都没吃的，都逃荒，到河南、东北去的。发大水的时候很多，咱这块是年年发大水，淹的时候多，好几年都吃不上饺子，不收，没收过小麦。

1945 年，日本投降以后小麦才收，咱这块才好了。这块儿从东向西年年发大水，一到秋后七月份，阴历七月份，大水就下来了，没人治理。太行山下大雨灌河北省，临清南开口子，也向这里流水，运河开口子，这里差不多年年都淹。

民国 32 年旱，寸草不生，旱得生蝗虫，跟现在差不离的时间生蝗虫，六月份七月份这期间。到秋后下雨，下了七天七宿，比这时间晚点。房屋都倒了，都没吃的，房都漏了。地上水不大，没暴雨，就是不停地下，秋后北边运河来的水，临清那开的口子，灌咱河北省，整个向北都淹了，好几年都开口子，没有不淹的时候，七月份开口子的时间多。七天七夜下雨时那个河里净水，下雨跟洪水是有关系的，雨下得大，河里满了，就开口子。

七天七夜大雨之后得霍乱，持续了有一个来月，到冬天就好了，死人多去了。黄金庄死的，出去埋了，还没回来，家里又死了，那霍乱病是传播性质的。霍乱病都是秋后，一吃新粮食闹霍乱，大人小孩，年轻的都有，抽抽，拉稀，死得不少，老人死多了，50（岁）以上的都撑不住，都死了。都使布卷，没布的就那么埋了，各村都有这种情况，没有不得这病的村。本村得病的也不少，我母亲得病好了，过两年又死了，也是没吃的，少喝的，得病叫人看好了，叫人使旱针扎好了。请了个老大夫，路过要饭的，他说他给扎扎。扎后背上给扎好了，还扎肚子，大夫说我母亲是霍乱，那年得霍乱的多，我母亲是浑身没劲，饿的呗，可能有点上吐下泻，我忘怎么回事了，反正也是吃新粮食吃的，一般都是因为饿，才得霍乱病。

那会儿饿死的人多，小孩不像现在活蹦乱跳，都向那一躺，白天都没精神。我们家没逃荒，我父亲上外面去卖东西，家里的被子都卖了，上外面换点粮食，换不多少粮食。都在河南弄的红高粱，红高粱没法吃，不吃也得吃啊，吃糠。冀南票一块四毛多一斗粮食，棒子、红高粱几毛钱一斤。后来红高粱三四块钱，都没钱，老百姓都受不了，一斗14斤。逃荒都到武城去，推小车的人多了，一群一群向南走。一家子人，连着大人小孩，推着车就走了，俺村逃的人也多，逃的都快没有人了，1000多口子，只剩下能有三四百人。

这里1940年以后就开始逃荒了，日本人来了，要粮要人，家里没有吃的，老百姓开始逃。1944年后半年新粮食下来了，就回来了，差不多都回来了。1944年后半年这里就解放了，人民政府就成立起来了，再就没逃荒的。到1945年日本投降，咱这块也收了，就好过。

杨儒林

采访时间：2008 年 1 月 27 日

采访地点：清河县葛仙庄杨儒林居委会

采访人：王 凯 李 爽 刘 欢

被采访人：杨福旺（男 80 岁 属蛇） 杨泽庆（男 83 岁 属牛）

　　　　　　张计顺（男 82 岁 属虎） 杨珍儒（男 45 岁 属兔）

杨福旺：那时没上过学，白天不上学，黑家（晚上）八路军来了学他们的，日本人来了学日本人的。去了也上不成，那什么也不要，一分钱不花，书还是供应哩，那时白天学习日本鬼子的，咱不愿意读，都玩，晚上再学中国的，黑家都不去。鬼子来了见过，还打过哩。

杨福旺：我上了小学也不管事，三册刚念一阵儿就不上了，日本人来了一会儿就不上了。那时有十三四岁，那时没上这里来哩，待在东北。那时有日本飞机，待天上飞，那时在学校里说日本在东北哩。日本人来了，我成天修炮楼去。日本人不常见，谢炉、黄庄有炮楼，老城里见修炮楼，修公路。光瞪着眼看着他们，他们一走，咱就歇歇，他们一来就吓得了不得。那时是跟村里要人，村里也有管事的，他给村里要，村里有人管日本人事儿，要多少人，多少粮食，尽他们要。

杨泽庆：我也修过炮楼，差点被他打死，他打我。这么个时候，有鬼子上这里来，俺父亲让皇协军、鬼子抓起来了，在老城里待两三天出来了，没事。俺父亲就我一个人，我那时待亲家住着，那时本来没事，我回家看看，鬼子来了，我在炕上哩，都说清街，都上街上去，那时都去了。有一个人缺钱了，问他认识谁谁谁不，他就说我的名，结果就打我，我头上还有个疙瘩哩，他们用竹竿打，灌辣椒水，我也没承认。抓着我还没出村哩，就说抓错了，又不放我，那时把我放炮楼上问我，我还说我没偷，又打，又灌辣椒水，那时就要枪毙我，就把我拉个坑里问，还问我，我不承认，就打了我一枪，我没死，说拉回去吧。

那时俺村就去很多人了，有人去了说了说，他（日本人）认识那个人，问他你保谁，他说我保杨泽庆，结果他救了我一命。他说我可是个老实人，人一看也是，是个小孩，那时我才18岁，看没大事了，我就又上煤窑了，幸亏保出来了。

尽皇协军抓劳工，日本人是没打也没问过，打我的也是皇协军，有翻译官跟鬼子说话。

日本人来咱这里抓劳工，抓那可没数了，待咱这抓过，炮楼上待几天，跟我不一样，我待那里过了十回堂，打九回。有保不出来的，就上日本煤窑了，也有打死的，就杨珍儒爷爷，到现在也没信儿。有两个过堂打死的，听人说上煤窑了，是在外边，他逃难走了，在外边抓的，那时候家里不行，就逃难。

杨福旺：那时我走到沈阳，听他们拉（说），这咱也闹不清，那时俺奶奶、俺姑姑，大小五口都去了。俺天津姑父来，我拉着他去，走到离他家还有五六里地，说这有一个饭店，待那最后吃一顿饭，把姑姑撂那里，他们走了。挖煤，这听运美说的，杨运美说，有一个人是唐口的，还有渡口驿的，给运美说哩，说日本人放啦，把他们给放出来了。他杨珍儒爷爷没放出来，以后打听，打听不着。北京有个办事处，运美说给你个号码，我打了个电话，说你得写清楚，再有个证明，我一听这么麻烦，老人都不在了，我麻烦什么啊！运美他一般在天津，我打电话时，是个女的接的，他那时候是逃难，抓到日本煤窑里，俺爷爷叫杨九台。

杨泽庆：这边发过大水，淹，这村儿淹不着，旁地儿都淹着了，淹那头一年，日本人来，没过去哩，那第二次、第三次都走了。

张计顺：有这么一回，洼的地方有水，有鱼，好逮鱼，那时西边尖庄半人深，就逮鱼去。那他逮着了，说逮着了逮着了，他（皇协军）从炮楼下来，上去给抢走了，那时我逮鱼去哩，老城里这炮楼听着皇协军来要，我就凭这记着这些哩。

杨泽庆：我那年记着，十一二（岁），我见淹了。俺村里淹到南边罗屯这，罗屯那里打堰，挡着啦，罗屯村南挡住了，就从葛仙庄西头淹过来的。

　　杨泽庆、张计顺：开过口子，开过。

　　杨泽庆：那有泥鳅，有王八、乌龟，运河是在油坊那开的口子。

　　杨福旺：在尖庄那儿开的口子，临清南，鬼子在这儿就开过一回，共产党领导后开过两回，1956 年一回，1963 年一回。那年大旱还是大雨不记得，灾荒年我还要饭哩，日本人在这里，我春天走的，回来就灾荒，那时逃荒还没出河北。

　　张计顺：我去谢炉修炮楼，那人没干活，都集在一堆，大过晌了，把工人都赶院子里啦，起五更，把工人都赶尖庄修炮楼了。第一天拿干粮去，第二天过半晌了，饿死活该，得想办法。

　　杨珍儒：（解释张计顺上面说的）叫他上谢炉集合，他拿了一顿干粮集合去了之后，带他去纸坊头，在那里关大院子里关一宿，又走到连庄修炮楼去。修炮楼有送砖的，好比你是修炮楼的吧，他牵驴车进去，出来一个牵驴的一个坐着的，出来俩人，他这样出来的，走出了十来里地，那边日本人跟八路军就交上火了。

　　杨福旺：那时咱这里没淹，往北王官庄、高庄、黄金庄没淹。那时地也没淹，地里庄稼还没熟，秋庄稼，那时是高粱、豆子刚开花。七月，淹了到秋后了，耩麦子那时还有水哩，有耩不上的。那时下雨，逢开口子就下雨，下过七天七夜大雨，不知道哪年了，房子都漏了。

　　杨福旺、张计顺：七天七宿，有，那时屋子里搭窝棚，咱这淹不了。不下那么紧雨，反正停不住，漏房子。

　　杨福旺：灾荒年耩庄稼了，不收都逃难去，那年日本人没在这里吧？

　　杨福旺：在哩，那时俺、俺娘、俺弟弟还差点给日本人抓走。

　　杨福旺：逃难回来，可完了，可死人了，俺胡同里一天死两三个，都撑死了。俺八叔、俺七叔都撑死了，新粮食下来，不知道饥饱了，都吃，撑了还吃，吃死了。

　　张计顺：得病倒没死。

杨福旺：就是见新粮食。

张计顺：俺八叔，一块吃饭就一块吃呗，不，非拿干粮上一边吃去，也不知道够不够他吃，人家在外边吃了饭，捂着肚子绕村子转悠，这不是撑得肚子疼嘛。他死了我见了，他捂肚子转悠我知道啊，他死那年我十好几（岁）了，都种地了。

杨福旺：那年日本人没走哩，村里闹过病，叫瘟疫霍乱。

张计顺：我记不清，光知道撑死人。

杨福旺：人都是上边吐，下边泻，拉的哈哈的，不一天就死了。就有说撑死哩，反正都拉，泻，光吐水，拉水，光拉，哗哗的，就是那年。

张计顺：我也见过，就是拉水。

杨福旺：不抽筋，反正到最后吐也不知道动弹了，拉也不知道动弹了，那时得这病的多，一般 50 岁以上。

张计顺：也不在（于）岁数大小，我记哩英儒家妮儿年轻，死了不多会儿，死时十五六（岁），家里有人，现在他家人叫杨明儒，他妹妹，我就知道她。

杨福旺：比小屯儿大啊小啊？

张计顺：比小屯儿小吧，差不多，霍乱那时候了不得。

杨泽庆：也闹不准哪年。

张计顺：也记不住了，过了这么多年，就记得个大约。

杨福旺：那病没治的，那时就喝药，扎旱针。这不现在都打水针么，西医叫水针，中医叫旱针，俺家没人得这病。

张计顺：俺家不记得有。

张计顺：街坊邻居我就记得她。

杨福旺：见过得这病的，谁记不清了。

张计顺：（有）扎针扎好的，一扎就好，也有扎不好的。

杨福旺：俺父亲就扎（好）的，就九屯儿会扎，那时他不在咱庄上，俺父亲上地里看庄稼去，那就拉得不会动了，用门板抬过来的，回来说不行，都不动弹，那时拿自制的药给治好了，也扎，扎起来的。那时候吐也扎，拉肚子也扎，拿旱针扎。

扎针我见啦，我给医生磕头，那时他不给治了，我爸爸他不动弹，放了个药丸进嘴里，你吐就扎，你拉也扎，在尾巴骨那里扎针，快晚上扎的。得病就那一天，他晚上去场里看庄稼，第二天咋不回来吃饭啊？我去喊他吃饭，那就回不来了。那时地里没淹。其他没见过，死的没见过。扎针的叫杨宗杰，已经死了，人家针法真好，他"文化大革命"的时候死的。

张计顺：人家扎针出名，他在双庙，不在咱这里。

杨福旺：霍乱常有，没旁的，除了扎针、吃药，没旁法。

张计顺：雨水（下得）勤了，好得霍乱，阴天潮湿得这病。

杨泽庆：原来早就有这病，原来有六七十户，那年死了多少咱记不清了，咱村里死得很少，有旱针，得病一喊宗杰，一喊他一扎就好，他不在咱村，都喊他。

杨珍儒：这老人 70 岁以上都没了。

杨泽庆：日本人在咱村里没杀过人，烧过房子。

杨福旺：咱村里没烧过房子。

杨珍儒：咱村原来是根据地，有病号。

张计顺：韩双庙烧得不轻。

杨珍儒：咱村落下个炮弹没响。

杨福旺：那时候都是小钢炮，飞机常过。

杨珍儒：说日本人来了，老百姓都牵驴牵牛乱窜。

张计顺：日本人常见，日本人穿黄呢子衣裳，也有穿白大褂的，在谢炉炮楼上见过。有一个半个的，那时穿衬衣，没见过穿医生白大褂的。

杨福旺：飞机有高的有矮的。

张计顺：它一起扔（炸弹），下降一下又飞起来了。

杨福旺：跟电视上一样。

张计顺：那时候咱穷，拿不起钱，就顶替人，（当）壮丁，去修炮楼。

杨福旺：俺父亲叫杨振中，那时有三十来岁。

杨福旺：俺哥哥抗战八年，是当八路军的。晚上有人砸门，我都不敢开，怕是日本人。

杨福旺、杨泽庆、张计顺：日本人、八路军都不管得病的，晚上八路军活动，摘马蹄灯，给他绞电话线，一个电线杆上一个马蹄灯，白天给日本人修路，晚上咱再掘他去，咱破坏公路。

杨福旺：那时说抢妇女，咱不记哩，那都不说，谁说那。

尹儒林村

采访时间：2008 年 1 月 27 日
采访地点：清河县葛仙庄尹儒林村
采 访 人：王 凯 李 爽 刘 欢
被采访人：尹立岭（男　71 岁　属牛）
　　　　　　尹长波（男　76 岁　属猴）
　　　　　　张青芝（女　80 岁　属龙）

尹长波：我上过学，在葛仙庄那里，应该是 8 岁上学，那时日本人没来，有学校，民国 32 年更不行了，日本人来那年没上学。俺村儿小，没学校，学校在外村哩。那时日本人来不来不记得啦，说不清哪年来，修炮楼是民国 32 年，那年我 12（岁），在谢炉修的炮楼。

我见过日本人，日本人来村里也见过。那年是大人修炮楼，做工去都不去，又挨打又啥哩，我就去做工，打坯。我那时 12（岁），小孩他打么啊，干活不敢喘气，中午吃个自己带的糠窝窝，不敢歇。那时有日本人，也有皇协（军）。

尹立岭：咱不记得，那时咱小。

尹长波：咱这里逃难的多。他来村里要东西，不要吃，要喝哩，要砖，那他哪儿来的土坯？咱这儿没大些打死人的，咱这抓劳工到炮楼干活，咱这听说日本人来都跑了，没人被抓到日本去哩。

他主要找不到人，都蹿啦，那年逃荒，那收啥吃啥。那年也旱，就是有地也没法种，日本人闹腾，他有二十斤要二十斤，有十斤要十斤，反正老是敛，问老百姓要啊。大旱就民国 32 年，逃荒的不少，后来五六月份下的雨，地又不耩，那时麦子也收了，地能种点么了。七天七夜大雨，我不知道，我估计那还早，长蚂蚱可能也早，咱听说过，没见过，反正听人这样说。就民国 32 年收点粮食，收不大些，那样冬天咱就上关外了，我在陶安，是黑龙江啊，还是吉林啊，那儿地多，主要是粮食贱，我解放后回来哩。

逃难到哪里去哩都有，有上近处，有远处，各奔一方。听说东北好混，地多粮食贱，那烧秸秆也不值大些钱，好混，东北那粮食不缺。我穿的那大皮袄，卖了能吃两个月，那时人家少，有屯子，咱说庄吧，有十家八家，那里说是有人，有清河县的。东三省，那里旱，那里有日本人，那时都待十来年了，俺在那里没听说过抓劳工的。那里有干活的地儿，谁当家，不干活咋吃饭？在那里给你多少钱，你干活去吧，我就干去。

尹立岭：灾荒年那年剩下人不多。

尹长波：这年头也是有病扛不住，老的，有点毛病的都扛不住，年轻的好点。

尹立岭：霍乱听说过，那时没治。

尹长波：那时没技术，也不知是啥病，过去那技术不像现在，家里不行咱上济南，济南不行咱上上海，不行再拍片。

尹立岭：咱闹不清是啥名。

尹长波：那时说是霍乱。

尹立岭：像这说脑血栓，原来说"终身不愈"啊，现在哪有那病了，都科学了。

尹长波：霍乱都扎针，咱没见，闹不清，听说过。

尹长波：我在村里时没见过霍乱，后来咱就走了。

尹立岭：那时咱小，没见过。

尹长波：咱村没剩几家了，都逃荒，咱庄上没多少地，都逃。

尹长波：那时就二百来口，灾荒年逃荒的不少，有远有近，东南西北都逃，咱这里没淹。东北没淹过。我反正是秋后，穿上棉衣了，都没枣了，上东北了。咱不记得七天七夜大雨。东北是黑土地，那里地好，俺那岁数小，闹不很清，反正1943年那年是旱，那年听说过霍乱病，咱没见过。

张青芝：那是几年？说抬不及，说一天抬多少。那时我还没嫁过来哩，俺家是葛仙庄的，那年光连阴天，漏房子，霍乱多，死多少人，有的扎针，扎不过来就死，都说是霍乱。得那病反正不得劲就死呗，吐，不吃，我还不得劲哩，俺娘说不行了，说挑挑吧，用做活的针挑哩，挤挤血，俺二婶子给挑哩，过两天好了。

那年可是死了不少人，俺家没得这病死哩，俺五叔得这病死的，他死时俺哭了。俺没见过得病时啥样，俺家姓张，俺现在叫张青芝，我得病那年也十来岁了。那时死人多了，也记不清具体谁死了，扎好哩也不记得了，现在到80（岁）了，那传染不传染俺不知道。俺那时小，不兴上地里去，待家里得的病，吐，干吐，不记得拉，不吃不喝。这病有医生扎，也没见有医生，死了就死了，哎，这村那年啥样咱不知道，俺那没淹。纸坊头前后就淹了，那年反正是连阴天，不记得咋样，哪里来的水？说是运河里的水。

尹长波：这里有个运河哩，通天津，咱闹不清，反正民国32年没淹，不是常年淹，论哪年，它那水没地方消它开口子啊，临清，就那运河，民国32年运河没开口子，解放后又开的。

张青芝：日本人那年没开（口子），一直到1956年开口子。

尹长波：那年哗哗的，风又大，下大雨，1956年开口子，咱这里没开过。1963年不是咱这里的水，邢台的水，渡口驿那边开口子，保不准多少年了哩，都没在咱这清河开，就是清河开口子也淹不到清河的地，都打堰挡着，往北淹啊，天津水少，这不南水北调嘛。这里人吃水少，工业用水也少。

张青芝：抓日本去不？那不常事。日本人来，那时人都跑，不要命哩跑，抓人，抓到西王官庄那个炮楼，村里人保他去，不知道咋保哩，往国外这咱不知道。

张青芝：光想要钱，有打死哩。有抢妇女，记不上来是谁啦，那事儿有。

尹长波：俺这边没有，俺这边光要东西，要钱没钱了，就拾掇东西啊，那时都是皇协军，那不是家里没东西，穷极了把大门两扇给弄走了。那时皇协军，找不着人，把大门弄走啊，咱花多少钱赎回来啦，没拉远。我这个意思是他穷极了，找不着人，要不着钱，皇协军就咱中国人啊，本村的不在本村里，他会在自己洼里抢？都认识他。

尹立岭：老缺（土匪）有点衣裳也给要走，有点啥都抢走。

尹长波：人家给起的名，东北那边是"满洲国"，山海关那边都要证，没证你不能过去，德州上火车上东北去，你得待那里照相要证，才能过去。反正都中国人要钱，那时德州是日本（控制），山海关也是日本（控制），那时咱到山海关都停车，他验证，你没有不让你到关外。

张青芝：那时办证都上葛仙庄，那时来了都给照相，修炮楼，（日本人）刚来可不抢东西，没事儿，到后来越来越不行。那时我也照相了，那时有多少共产党？那时都用准备票，日本票。

尹长波："满洲国"用另一种钱，东北是个"满洲国"，那时长春是"国都"，叫"新京"，那时在山海关那里换钱，那时有多少钱？有22块钱，20块钱买票，那两块钱买吃了，那该多少闲钱，到那里卖铺盖换吃哩，稳下来啦，咱给人家干活，咱听说这里解放了就赶紧回来呗。逃荒也有上吉林哩，也有上哈尔滨哩，人家那里收入挺好，那粮食收得多，贱。

寨子村

采访时间：2008 年 1 月 24 日

采访地点：清河县葛仙庄镇寨子村

采 访 人：栗峻峰　宋俊峰　郝素玉

被采访人：杨德明（男　75 岁　属狗）

杨德明

我上过小学，那时候我上学，有日本书，咱们共产党也有书，书不好念，日本人一来，老师就跑了。

民国 32 年在家里，那时十二三岁，天气没什么概念。小日本应该在这，这边有炮楼，都是皇协军，没有日本人，日本人在老城里。

俺亲眼见过日本人，他们光上村里来，抢这个，要那个。当时村里派人给日本人干活，我小，也去了。村里有村长，安排人轮流去，年龄小的打扫卫生。村里来过日本人，不论（什么）时候，在村里抓过人，俺村里一个，那时候（是）游击队，日本人跟他是对立的，打死在南门，老城里。清河城里，日本兵都占了，哪年哪月说不清了。干活当时是派人去，有个向外地去的，那时也是游击队，被日本抓走弄日本国去了，给日本当苦力，挖煤。日本投降后回来了，现在死了，死了年数不多，有七八年了，大号叫杨存祥，在村里当支书，回来了。

那会儿两三年没收（成），小日本闹哄，种地没法种，天旱，好几年没收，时间我说不了。得有两三年歉收，饿死人不少，逃荒的大部分到了河南，黄河以南，饿死的还真不好说，咱这个小村一天两三个死的。

后来也没有下雨，蝗虫也没有，我那时还小，我父亲就是被饿死的。没有发大水，没有决堤，没人修没人管。大家都是饿死的，小日本把粮食抢光了，那时有毛病就死了，没吃的没喝的。霍乱转筋，这里没大有，要按说那都是饿死的。那时不跟现在（一样），没医院没钱治病。霍乱那病很快，不长时间就死了，什么症状，俺说不清，可能是转筋什么的。用旱针扎，扎就扎好了，不然治不过来，旱针有一个大头，转一转，扎一扎，拈一拈，咱不懂医术，说不了，老医生在腿上扎，得病的现在都没了。

因什么病死的，俺不知道啊，都是饿死的，一饿人不就出毛病吗，没有吃的，怎么治病？俺娘也得过，我跟俺娘在地里拾麦子，俺娘那时得上的，碰到一个会扎针的，在那儿给扎了扎，活过来了，俺见了。现在没那病了，俺妈没名字，叫杨史氏，（娘）家在史庄。

采访时间：2008年1月24日
采访地点：清河县葛仙庄镇寨子村
采 访 人：粟峻峰　郝素玉　宋俊峰
被采访人：杨琴蓬（男　82岁　属兔）

杨琴蓬

那年我八九岁，（也可能）十岁，刚上学，上了两年半的学，日本人来了，就上不了了。

大灾荒年，村里逃到河南去了不少人，都逃到那去了，没吃的，饿死了好多人，一天死四五个咪。

民国32年灾荒，天旱不雨，两年不收粮食。七月大雨过去，八月里来了日本兵。日本鬼子、汉奸闹的，他们来村子里抢，连盐都抢光了。

一开始这年就不下雨，后来下也不管用了，没吃的了，庄稼都不长了，那会儿没井，靠天吃饭。后来又发大水，城南全淹了，水老深老深，没法走，全村都挡堰，坐船到城里去。是七月里发大水，消不下去，不知道怎么发的，临清尖庄开口子，那条河是大运河。水是自己涨开的，鼓出来的，才开的，自然涨的，之前有阴天下雨。俺没听说有人扒开，俺光听说发水了。

下雨，连阴天下大雨，忘了下了几天，邻村也淹了，连被子都淹了，自己去堵堤拦坝，也有淹死的，在河里漂着。过水后，没听过有得病的，听说过霍乱，发大水之后，但不知是谁得的，那时还小。霍乱就是上吐下泻，可厉害了，没见过谁得。

村里日本鬼子来过，汉奸也来过，来了就要东西，见人就说你是八路，都不敢在家。俺村里没杀过人，有汉奸在炮楼上，找人去干活修炮楼。村里到城南，有三四个炮楼，里面都是汉奸，日本鬼子很少，一个俩的，（总共）一排来人。我也修过（炮楼），扛着小铁锨去挖沟。

张花村

采访时间：2008 年 1 月 25 日

采访地点：清河县葛仙庄镇张花村

采访人：刘鹏程　侯文婷　白　梅

被采访人：张新旺（男　72 岁　属牛）

民国 32 年春天我出去要饭，村里具体情况闹不清，去的山东。在外面待了两年，回来（时）灾荒都结束了。村子里都没有人了，都死了，那年村子里就剩下三个老头，现在那几个老头也都死了。

张吕坡村

采访时间：2008 年 1 月 24 日

采访地点：清河县葛仙庄镇张吕坡村

采访人：王　凯　刘　欢　李　爽

被采访人：许明春（男　80 岁　属龙）

我上学时还没来日本人哩，上了学以后又来的日本人，记不清啥时候来的了。那时候老师是本村里人，都在庙里上，上学上到十几岁，上学时日本人没来，日本人转一遭就走，不在村里住。人家有修的炮楼，白天出去转悠，晚上住炮楼，炮楼外面都挖的沟，炮楼在黄金庄东头。

许明春

人家日本人不要东西，见了八路军就打仗，八路军打不过他，打过就打，打不过就跑了。日本人来了也没啥，来了转悠转悠，没事他就走了。说鬼子那是名称，人有日本人，也有中国人，日本它小，人少，有皇协军，来扫荡过，烧屋子的很少，也有。没见过打人，光听说来了，拿个被子拿个棉袄就跑，村里人都跑了，听说日本人来了，谁不跑啊？晚上等他走了再回来。

修炮楼要村里人，安排给村里人，要五个就去五个，我也去过。跟村里要东西，有村里的人，安排要东西，要谷子、棒子，修炮楼不管饭，自己要带着饭，干活轮替着，炮楼四周沟老宽，里面有树、葛针。人家修的炮楼里有日本人，也有中国人，都混着。没有人（被）抓到日本干活去。我没见过日本人飞机。

日本人在这待的时间不长，也就两三年的事，后来就不行了，死的死，亡的亡。日本不如中国的人多，它不行了，也没什么意思就走了。

日本人来的时候过灾荒年，过灾荒年日本人就到了快走的时候了。灾荒年地里收不上来喽，没有井浇，天旱，不下雨，就瞪着眼，那时候收不着粮食。那时候地里庄稼收不好，吃野菜，那时候多大记不住了。1963年饿死的人多，来不了水，也旱，地里收不着东西就是灾荒年。

民国 32 年下过七天七夜大雨，没住点（停歇），有下得紧的时候，有下得慢的时候，（后来）就不下了。在枣红的时候，八月里下的，我还记得往水里捞枣去，有青的，有红的，也有不红的，捞回来用好水洗洗，糊着吃。捞枣的时候，日本人在不在记不清了，那时棒子（玉米）熟，豆子熟，都往地里掰去，掰了煮煮吃，（雨）下的都没地方吃，那年春天旱不旱，记不清了。

大家有逃荒的，有南去的，也有北去的，俺村里逃荒走的不少，出去过了几年，家里能顾住生活，就回来了，能顾住家里的生活，谁愿意出去呀。我逃出去了，到河南种红薯、卖红薯干，唉，回家好顾个口，河南种红薯，人家好，灾荒年也饿死人了。下的雨少不管事。那时下雨日本人没来。俺这村逃出去的多了，人是会走的，家里没东西，你出去卖点红薯干、高粱，回家来吃。

有得病死的，也有灾荒年饿死的，啥病都有，都说肚子疼，扎扎吧，扎过来了呗，都说是霍乱，听大夫说的。霍乱是快病，哪个村里都有，得这个病的不少。我自己没见过得这个病的，听说有扎过来的，有扎不过来的，以前没医生，只有老医生，要是方便呢，就叫去给扎扎，扎过了就过来。我自己没见过扎针，光听说过。得霍乱什么样的都有，都一样，听说肚子疼，吃药吃不下去，叫人给扎扎吧。我家里没有得那个病的，得霍乱还早，村里有得霍乱死的，哪一家记不清了，这是听说的，村里死的不多。自己村里没有医生，就去旁村里找，没听说村里谁治好。

也有蝗虫，都去打，那时候没有药，拿着簸箕、笤，到那里拍打拍打，没有药。记不清先长蚂蚱还是先有病了。

俺村里没医生，郎吕坡、段吕坡有大夫。谁也不敢说哪个村里得病多，哪个村里少，谁知道谁家有病哎。那时候村里人是有限的，也就200多（人）吧，那时候人少，过了灾荒年，人就多点了。

赵宋庄

采访时间： 2008 年 1 月 27 日

采访地点： 清河县葛仙庄镇赵宋庄

采 访 人： 栗峻峰　郝素玉　宋俊峰

被采访人： 赵增兰（男　80 岁　属龙）

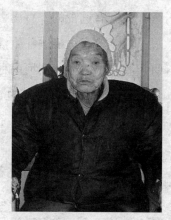

赵增兰

灾荒年，那时我十几岁，鬼子还在，（天）旱，不下雨，种不上东西，也没井（水）浇。后来又光下，七天七夜的雨，河里开了口子，发大水，咱这没淹着，淹了袁宋庄，水没过来，挡住了，俺村修了堰子，打堤挡住了，那是东边河里来的水。

老百姓挨饿，要饭，有逃荒的。俺是去要饭的，去前屯要饭了，还有去黄河南和关外逃荒的。

后来就霍乱，光得霍乱，死了不少人，都是饿的，俺见过，可快了，不长（时间）就死了。到地里耩地，肚子疼，一天就死了，那还没来得及扎针。

那年有日本鬼子，一来俺就跑，他们放火。俺村没烧过房子。他们不打小孩，抢，要，有"皇军"。（日本人）也杀大人，都跑，不跑不行。

杀过人，姓王的都没人了。杀了三个人，其中一个大号是吴义贵，不是俺村的，俺村没杀过人。王官庄、黄金庄有大炮楼，连庄也有。

采访时间： 2007 年 7 月 15 日

采访地点： 清河县葛仙庄镇赵宋庄保印羊绒厂

采 访 人： 张　翼　李　斌

被采访人： 赵长友（男　82 岁　属虎）

我 17 岁以前一直在家务农。小时候，家里日子过得不好，我父亲做点小买卖，炸果子（油条）赚点小钱，我们兄弟两个种地，两三亩地。家里有我、我兄弟、我一个叔叔、我父亲。我 14 岁结婚，结婚以后在家里待了好几年，民国 32 年被日本人抓去了。

闹灾荒的时候，日本投降以前，我们这个地方都上黄河南逃荒去了，那里收得好，俺这里没收。我那媳妇吧，要饭在那里就许给人家了，我叫日本人抓了去了，没有信儿，她在家里不能维持生活，她跟她娘家父亲就上黄河南了，到了黄河那就许给人家了。以后呢，我从日本回来了，她呢从那边又跑来了，她跑回来以后找我，我没要她，以后她又寻主（改嫁）了。她早就死了，死了有十来年了，我直到现在也没有老婆，都是自己一个人，现在跟着侄子过。我走以后，在日本的时候，咱们这里闹灾荒，要不是因为这个，媳妇走不了。

在这被抓走以后，我到了石家庄，在石家庄住了一年多，石家庄那个地方叫劳工交易所，各处抓的劳工都往那寄存，各煤矿上，哪里的矿山要人，就到他那里去要。我在那待了一年多，在那过了年，17 岁被日本人抓去，在那过了个年 18 岁了，到了 18 岁以后，我那一批上日本国去了，在石家庄坐火车，坐到塘沽，在塘沽上的货轮船，上的日本国。在日本国住的那个县叫福冈县，在那干活，一去了（就）开山、修火车道。这会我说这个话不好听，你们两个不知道，日本国进（攻）中国的时候，征兵征到 50 岁，50 岁都得去当兵，他那里没有男人了，叫咱中国人去干活。

抓到日本去的中国人，有的说四五万，有的说六七万，在那干了两年，一开始他对我们说，到日本国去干活，干两年，满了期，再把你们放回国，可是呢，干了两年都盼着能回国的时候，他不叫回来。他说么呢，说不是不让你们回去，让你们回去呢，必须得坐飞机走，现在国家还打着仗呢，飞机没有时间，坐货轮船把你们送回去吧，海里面有水雷，怕你们有危险，等战争结束以后，再把你们送回去。俺一听这没希望了，那也没办法，叫你跑也没法跑，我在那干活不叫名字，叫一号、二号、三号。他喊你的时候，告诉你啦，你是多少号，我是 16 号，说日本话叫 "jiu luo gu"（音）。日本人有事儿或是点名，他不叫我的名字，叫号。日本人说话（老人用日语从一数到十），要不我会日本话？我又没上过学。

在那里，以后他战败，"八一五"光复以后，把我们送回来了。美国人进去的兵，俺去的时候是日本人的船，日本人押着去，回来的时候，还是日本人的船，美国人押着送回来。送到以后到了塘沽下的船，坐火车上天津，在天津是国民党统治，在天津住了三天还是四天，找回来这些人开会，开会他说吗呢，谁愿意当兵就留下，不愿意当兵的就各人走各人的。谁愿意当兵啊？也不是当兵不好，就是好也没人愿意当兵，在日本那待了好几年，家里连个信儿也没有，还不赶紧回家？

在日本那个艰苦劲儿就别提了，吃也吃不饱。日本快亡国的时候，吃那个馊米饭，东北出产的那个米，都咱中国运过去的，那个船沉了，在水里沉船了，又把它捞上来，米在水里泡的时间不很长，都捂了，捞上来以后各处晒，光吃那个，就吃了多少。他快战败的时候，别提那个时候了，可难透了。俺回来的时候，俺这几个人一个人一个证明，可是呢，俺这几个人的证明都失落了，要不是失落了，俺早上日本国家去告他了，俺给他干这两年多活，他连这个路费也不给，给你那两个钱啊，打火车票都不够，俺没有证明，你说俺上哪儿去告状去？咱们中国人在日本人的地方，大概你们也知道，都赔偿了，俺没有证明，都是口述，再说俺这也没有文化，你告状上哪告去？

我在日本过了两个年，我去的时候18（岁），我20（岁）他战败了。不给钱，到时候吃饭，穿的鞋、袜子、衣服他都给，两年多，一分钱没见过。吃什么东西，反正是不要钱，一年给你多少东西，给你几双鞋子，或者给你两身衣裳，都不要钱。就是给你钱的话，也没有用，不让你出门啊，不让出去，就跟坐监一样，那是一个大院子，有站岗的，出去干活去，有日本人领你去，不是你下班了，自己随便出去，上班有人领着去，下班有人领着回去，在班上还有人看着，就跟犯人一样。

这个告状上哪告去？再说俺这岁数也大了，说这话，前两三年了，北京南有个长辛店，那有个抗日战争纪念馆，给我来过信，以后俺给他寄过信，他就再不来信了，怎么也不来了。俺以为他管着这个事儿吧，他连个信也不来了，俺俩凑一块把这个经过一写，他以后不来信了，因为这个事，我上连寺找俺那个一块的，我去了好几趟。他史金存多少识个字，记得比我还完全。

俺这两百来口子人，能有一个有证明的就行了，从塘沽去的时候200多人，回来的时候，我记得是一百七十八个还是一百七十几，在那里死的不少，病死的，怎么死的都有。病死以后，日本是火葬，都有老乡，死了以后老乡把骨灰盒捎回去，俺们在一块都是难友啊。

在那干活的时候，吃饭有个食堂，吃饭都有数，吃不很饱，再一个，人家给你吃什么，你就吃什么东西，那里叫什么呢，叫配给所，不光俺那是配给，连他日本人也是配给。到时候你家里有几口人，拿着户口去领粮食去，吃饭都有限制，一人一天多少粮食，吃不饱也饿不死。干活呢，带着俺这帮人去的叫刘海一，他是俺这些中国人的小队长，俺去了干活，看着俺的有一个日本人，叫池代桑，特别孬，他孬俺怎么治呢？俺上夜班，都配一个电盒子，头上顶个灯，跟下煤窑一样，俺那个小队长呢，干夜班带着饭盒、水壶。那个电盒子里有坏水，俺那小队长看准了，把那整吧整吧弄开，把那坏水倒到那个日本人的水壶里，想把他害了。那小日本喝水，一喝就能喝出来是坏水，他不干了，他报告公安局了，公安局去人，把俺那小队长给抓去了。我记得抓了好几个人，名字我忘了，反正以小队长为主，抓住以后始终没叫他出来，把他抓走了以后就坐监了，到日本战败以后，俺回来了以后，才把他放出来。这个刘海一跟俺一块回来的，刘海一是北京以南雄县人，抓走以前就是共产党。

去的时候想跑，跑不了，上火车的时候坐的是闷罐车，不是票车，这个闷罐没有窗户，那个小窗户也就是跟这个凳子这么点，小窗户透风，上面有铁棍。在石家庄上车以后，在道上，我那一个屋的，铁棍都是电焊焊的，大伙把它生拽下来，火车开着，从窗户往外跳。都用手抓着铁棍，后边人再抱着前边的人，大伙喊："一、二、三"，把那个铁棍子生拽下来了。火车叽哩咣啷的向前开，人开始往下跳，那是不要命地往下跳，火车开着，你知道下边是什么地方？跳下去摔死不摔死还不一定呢，那是害着命呢，跟我在一个车上的有一个共产党员，他跑了。我这个手指头，这个小手指跟旁的不一样（小手指尖有轻微残疾），是我那时在火车上，人闹，给挤住了。我那时候小呢，也没敢跳，俺那屋里跳了有三四个吧。那跳下去以后咋样，俺就不知道了，俺就上日本去了，家里事儿就不知道了。这一段我记得不很清了，是在塘沽上的货轮船还是在大连上的货轮船呢？

从天津回家，坐火车到德州，天津到德州480里，坐火车光换车换了三回，为什么480里坐了三回车呢？那时的国共不和，火车走两站就停，你再换车，到德州俺就分开了，清河的有俺俩，有临清的俩，有威县的俩，还有山东的有十个八个的，在德州分开。

日本人不能说没打过俺，很少，反正就是熊人（骂人），日本人说话就是"巴嘎，巴嘎亚路"。回来时，日本人什么东西也没给，给两个钱换成中国钱稀松的，反正我记得是很少很少。

那个证明都写好了，印的，是我们自己给自己开的，都是这些中国人自己写好了，印好了，一个人一个本，个人的家乡住址，每个人都有，你知道我，我知道你，这都是难友。要有那个证明的话，早就去告状了，光空嘴说，人不相信你。送我们的是美国人，他们没给我们开什么证明。日本战败了，美国人管着，你不想回来，想在那也不行，必须得回来，都给你送回国。

一天七八两粮食，一去了日本吃米饭，后来吃馒头，菜有什么鱼了，有萝卜了。每天都吃不饱，他战败以前，根本就没吃过饱饭。他那不算很冷，俺去的时候吧，在石家庄一个人发了一个棉裤，一个棉袄，都是烂秧子的棉裤棉袄，一去了，把这个棉裤的筒子取出来，穿着一个夹裤子，有个棉袄就可以过冬了，他那不算很冷。冷的时候，不用棉裤就可以过冬。以后热天发个裤衩，穿裤衩，发个胶皮鞋，他那个胶皮鞋，跟咱这个胶皮鞋不一样，大脚趾那有一道，热天里发鞋板。

开山、修火车道，下煤窑的是多数，我那会儿也下煤窑了，下煤窑下了一年多，以后我在那光住医院住了好几个月，我这个眼睛，你摸摸我这一溜儿（右眼眉骨处不平，有个坑）。现在 60 多年了，好了，以前这一溜都看不清，那块儿有个绞煤的机器，我在那站着了，绞煤那个机器链子折了把我打着了，正好打到我的眼，把我打昏了，以后把我送到了医院。医院离我住的那个地方 100 多里地呢，怎么去的我都不知道，我在医院里住了好几天，才缓过来。缓过来以后，我在那医院住着，我再没上班，到了最后临战败的时候，我才上班上了没多长时间。

日本战败，我就回来了，回来以后始终就没好。你摸这个坑，有个骨头渣，现在没有了。这个骨头渣，跟旁处的骨头不连着，它老往外流黄水。在家里又待了好几个月，到这看那看也看不好，以后我又出了门，跑到哪里呢，跑到沈阳，在沈阳叫南满医院，这个南满医院找的大夫给看的，这个大夫吧还是个日本大夫，人家好（说）中国话，他问我你怎么伤的，我说在你日本国怎么怎么伤的，哎哟，他就跟我拉起来了，也顾不得给我看病了，问我他家里的事儿啦，来了病人他也不给看了，问完了，到下班的时候，他说麻烦你到下午再来吧。我到了下午去了，他说一会儿就给你治好，他给打的什么也不知道，反正是止疼的药，他拿个小刀、小钳子一抠，小骨头渣抠出来了，抠出来以后又上的药，唉，可不，一会儿就好了，结果还是个日本人给我看好的。

在日本干活一般每天八个小时，活紧了就超过八个小时，在日本医院里待遇还是挺好，那个医院好大的。

从这清河被抓去以后，捆着你，到石家庄，天冷了，弄那盛水的水缸，弄半缸凉水，外边都有冻冰的时候，叫你脱了衣服在水里站。他那是什么意思呢，消毒，那冻得你受得了吗？他消毒是一方面，消毒的时候，把你的衣服挨片儿搜一遍，等检查完了，也消毒了，也不知道是你的衣裳还是他的衣裳，就那么穿上。在石家庄吃那个饭，小米饭，底下糊了，上面不熟。为什么底下糊了，上面不熟呢？他那个锅大，这一锅能装一麻袋米，水开不开不一定，就倒上一麻袋米，底下烧上火。我在石家庄住了八九个月，可能十来个月，人家不叫你闲住着，我在那干吗呢？叫缝纫班，给日本人补袜子，一天补几双，干那干了八九个月，在里面吃那样的饭，喝点儿凉水，那会儿还没有暖壶，渴了喝凉水去。在石家庄那个劳工交易所里，每天早起，有一辆大马车朝外运死人，拉的那个死人，向外一拉，都叫狗吃了。在里边吃不好，喝不好，有病谁给你看去？每天早晨起来朝外拉一车。拉的那个人，一个手里一个钩子，你把着这个手我把着那个手，向外一扔，再找个布一盖，拉着就走了。拉走以后咱听人家说，还没到呢，那狗都在那等着，狗都给吃了。我住那个地方，据说是冯玉祥的营盘，周围是铁丝网，旁边是鬼子的岗楼，你想逃跑，跑不出去。吃那个饭不好生病，生病以后，我在那个床上，多少号我忘了，好比我在这睡，我的家乡住所都写在床头上，死了以后呢，按着床上那张纸，都给你在肚子上写上了，拉走了哪找去，石家庄这个劳工交易所，死的人没数了。

石家庄那个地方，以前不叫石家庄，叫石门市。邢台以前不叫邢台，叫顺德，顺德府。

我结婚那年，这已经有日本人了，炮楼多去了，我知道的有连庄屯、连庄寺、华庄、油庄、黄金庄、王官庄。再往西边我就不知道了。我那时候在家务农，做点小买卖，炸点果子（油条），我父亲干这个干了一辈子，我现在还会。

小时候不到十岁发过一次水，就是那一次发大水，70多年了，那次发水是从卫运河过来的水，东边的运河，下雨下的。

我现在没（办）法，告状没处告去，我现在吃低保，国家照顾我，一天给我两块钱，还是共产党好。

我到日本以后，家里闹的灾荒，我回来后，灾荒已经过去了。灾荒时，地里是寸草不生，饿死的人老鼻子了，都没么吃，都上黄河南逃荒，上黄河南逃荒的，直到现在俺这个村还有两个妇女在黄河南，还没回来，那都不回来了，这两个妇女去的时候都是姑娘，在那里都许给人家了。

采访时间：2007 年 7 月 18 日

采访地点：清河县县城燕山路

采 访 人：李　斌

被采访人：张升堂（民国 32 年在老家杨二庄乡赵宋庄村）

　　我叫张升堂，丁卯年生人，1927 年出生，今年 80 周岁。

　　民国 32 年，那一年闹灾荒，先旱后淹，下了雨了，又着蝗虫，寸草不生。后淹呢，就是运河的水，漳运河的水，又闹洪水，都淹了，到处都汪洋一片。头几年，虽然说日本人没到清河，那几年土匪很多，有名气的，成帮的，一弄几百人的都有四五个，所以老百姓真正的生活在水深火热之中。所以 1943 年，民国 32 年，紧接着又没收，老百姓连树叶都吃光了，糠买不到，没有谷子，没粮食。

　　1943 年日本人已经进清河了，1939 年来的清河，先占的王官庄，1941 年修的第一个（炮楼），往外扩展到王家庄修的炮楼。清河那一年死的人很多，1943 年的时候，我住的那个村子是赵宋庄，杨二庄乡赵宋庄村，我那一年才十几（岁），所以各村那更谈不上上学，我现在的文化功底并不深，仅仅上了三年小学，都是完全依靠自学。

　　到了阴历的七月初下雨，到了七月底八月初，紧接着又闹洪水，不是当地的水，是运河那边的水，跟山东隔着的一个运河，运河涝水，决口，把清河给淹掉了。下雨下了七天七夜，下了也就是顶 400 毫米，拿现在的估计，有 400 毫米。下雨运河的水就涨了，运河里的水来源于漳河和卫河，现在的运河都成了一个干河，过来的时候河里全凭着水往北排。决口的日期我记不太清了，但是先旱后淹。它是水大了，老百姓没有吃的，防洪筑堤又没那个力量，上边来的水量很大，你比方说运河它的容量可以容纳 300 个立方，或者 500 个立方，它来的水很猛，所以决口了。洪水来了十多天，水都泻完了，排完了。每一次淹完之后，你比方说 1939 年水淹过一回，1941 年水淹过一回，1943 年水淹过一回，水淹以后十多天，顶多半个月水就排出去了。地里的收成，种别的庄稼时间已经都错过了，所以不能再种了。我们那村比较高，村里没进水。在村东里挡住了，没淹了村，只是地里淹了，地里都淹了，种庄稼的这个地。

那个时候老百姓饿得都逃荒的逃荒，在家的紧接着又闹的霍乱，闹霍乱是一种急性的，法律都定性的传染病。闹霍乱死的人又很多，我们那个村虽然小，不足100户，那时代人口也就是300多（人），不到400人。一天最多死过六个，六个朝外抬，抬都抬不出去，买棺材啊买不到，都用草卷卷，掘个坑就埋了，老百姓那个时候很艰苦。霍乱是（在）秋（天），阴历八月十五前后闹的霍乱，为什么记得那么清楚，我给你说你就知道了，我家有几棵枣树，枣儿已经红了，有红的了，吃吃不饱，怎么办？吃地上招虫子的一些枣儿，煮煮代食，所以我记得清楚，根据枣儿，枣儿是八月十五前后熟，有红的了，有一半红的，有一半没红。所以这个时间我记得很清楚，（霍乱）在洪水之后。

霍乱挺严重，我跟你说了，我那个小村一天最多死六个，我那时虽然说小，也十多岁了，也听到过。我的爷爷就闹这个病，虽然没死。那会儿没有别的药，只有拿针灸扎扎，他是那么好的。霍乱上吐下泻，过去的时候农村缺医少药，西药都没有，全凭针灸和中药，有了病只能靠中医和针灸，针灸也能治霍乱，有止吐的穴，有止泻的穴，按中医的那个理论来扎。扎霍乱，你比方说，天突穴，它就有止吐的作用；三弯（穴），这个治消化不好；足三里这个有止血的作用。

给我爷爷扎好的人叫赵敬堂，我们村里的中医，他当时也有扎好的，这个不是百分之百。那回的霍乱，从现在医学的角度上来说，没有别的办法，只有不停地补充液体，输液和加强营养，都是脱水死亡，这是个传染病，我们家只是我祖父闹了一回，别人没闹，也没怎么照顾他，就是注意一下吃热的，因为都是饮食传染。俺家的习惯是不吃冷食，吃熟食，吃热食。死了也就是40多号，那回的村里都是370多口，就算你有钱买棺材也买不着，也没人给你抬。借两个人向地里一抬，掘个坑，使个手巾，栅子一捆，掘个坑一埋。你比方说黄金庄这个村，往外抬，最多一天埋过十个，最后报丧，都兴送亲家，报丧去，家里什么亲家谁谁死了，什么时候埋，出殡，所以根据这个情况，黄金庄死的比较多，最多一天报丧不敢一个人去，到亲家三里地给人报丧去，都怕他有病了。不敢去一个人，去两个人报丧。最后掩埋的时候，那么大的一个村，得想法发动几个人，找几个人朝外抬到地里去。

民国32年往外逃荒的人多。第一个，一般的上东北沈阳、吉林了，东三省，上那里开荒，或者做个小生意。第二呢，我不知道属山东还是属安徽、枣庄、台儿庄，都是向那里逃，逃荒逃到那里，只是讨饭吃。

水下去以后没吃的，再种庄稼也晚了，只有携儿带女全家向外逃，那会儿的枣庄、台儿庄那里农村的生活比较好，上那里要饭吃，我们家没有逃，我家人少，算着我仅仅是五口，父母、祖父、祖母，另外呢，我家里的地比别人家的稍微多一点，别人的不到一亩地，我们的合一亩多点。所以有点儿积蓄，没有逃荒。

那会儿也有那么个说法，说日本搞的细菌战，我不认为是搞的细菌战。我搞卫生防疫的，防疫站是我创始的。那会儿的传染病，拿现在的观点，大灾必有大疫，每次大的灾难过去必定有大的传染病，我说的霍乱那会儿仅仅是其中一种。比方说春季，春季不光是有霍乱、麻疹、天花、猩红热，这一类的病都是在春季，呼吸传染病，这些病1943年都有。

霍乱，一个是饮食传染，细菌繁殖得最快，不够卫生了，它就容易通过苍蝇传染。不光是这个，我这说的只是传染病，还有好多的地方病，老百姓那时真正生活在水深火热之中。那会儿清河的地方病有黑热病，我在防疫站当站长时才消灭的，黑热病也叫大肚子皮，肚子很大，没肉，这是大肚子皮，就是皮大，肿大，这是黑热病。还有些地方病，临时性的，什么腮腺炎了，感冒了得这个很多，那会儿的老百姓活过来的不容易。

那会儿的老百姓，霍乱和急性肠胃炎都分不清，上吐、下泻，这对，老百姓都不知道，把急性肠胃炎都当成霍乱了，急性肠胃炎死人很少，就是食物中毒引起的。跟这个霍乱不一样，霍乱的特点是上吐下泻，吐得没有水分，引起抽筋，腿抽筋，没体温，体温下降。急性肠胃炎也是上吐下泻，有的时候有点低烧，那是因为他吃了一些不干净、腐败的食物。它不是成群的，（没有）人群性的普遍防疫，那是个别防治，可是那会儿的老百姓对于急性肠胃炎和霍乱他分不清，那会儿我也分不清，我一当卫生防疫站长，晓得卫生防疫学，参加省里的学术会，我也才明白。

急性肠胃炎是食物传染，拿现在的说法叫食物中毒。我们村一天往外抬六个人，那个是霍乱，不光我们村里有霍乱，全县到处都有，所以这个问题，有一部分老的同志对这个问题（看法）不一致。有的认为是日本人搞的细菌战，闹的霍乱。实际上拿我的观点，不是。小的时候没朝这方面怀疑，只是事过以后，日本人投降了，一说日本在东北搞了个传染病传播的基地，培养了多少苍蝇，这才有人认为是日本人搞的细菌战，实际上不是。这是日本人投降以后有人怀疑日本搞的细菌战，谁提出的这种说法？有一部分人，个别人，怎么知道这个说法的？我有时候写个材料，你比方说《清河之最》，卫生的（内容）我写的大部分。我当卫生防疫股（股长）期间，组织了全县，现在是 20 个乡，组织了 20 个联合诊所，那会儿不叫卫生所，都是联合诊所，叫你联合起来，过去都是私人开业。开中药铺的，有一技之长的，都组织起来，那时就有人怀疑日本人搞的细菌战？不是，有个别人，个别村的，一听说日本人搞过细菌，这才有的人说这个。

1941 年那时候老百姓生活还不是多艰苦。我给你说说清河，1939 年日本进的清河，占的王官庄，来到以后先安的日本政府，安那个政府以后，清河是三个政府，日本政府、抗日政府、国民党的旧政府，1939 年闹洪水那个时候，还有三个政府。王官庄那个是日本政府，老城里的旧政府都成了游击政府，同时呢国民党派来一个部队，叫石军团，团长叫石友三，（组建）石友三政府。当时有日本政府、石友三政府和人民政府。人民政府那都是游击政府，打游击，没有固定的地址，工作人员一直都是地下工作人员，穿着老百姓的服装，各村的都有，依靠贫下中农和咱积极分子，（都是）拥护抗日的，培养这种力量。到了 1940 年就把石友三政府给撵出去了，人民政府把他撵出去，清河县只剩了两个政府，游击政府和日本政府。

到了 1940 年，日本开始扩大，扩大就是整个的，他搞的"囚笼战术"，跟插笼子似的，公路纵横，到处是公路，到处有敌人的碉堡，那会儿叫这个。把这个抗日政府套笼子，卡到角上叫你跑不了，把你隔起来，所以叫"囚笼战术"。他白天修公路，咱晚上扒，那时那个地上都是平的，咱挖沟，在这个沟里都能走人，汽车来到，有沟过不去，人呢可以通过沟转移，跑。到了1943年、1944年，古历（农历）的三月十五，别的炮楼都消灭了，最后一个，通过地下工作到炮楼里做工作，不叫你为日本人卖命，都是中国人那，日本人很少，大炮楼上才住一个班，十来个人，都是皇协军。到了1944年的三月十五，最后连王官庄这个政府，他三月十五才撤走，撤走以后没截他，没打他，到威县小王村打的埋伏，消灭一小部分，剩了一小部分，（日本人）跑到邢台上火车就走了，1944年古历的三月十五，清河彻底解放。

我小时候在村里见过日本人，他们进村里扫荡的，那真是烧、杀、抢，"三光"，有个鸡给你抓着，捆好了以后在刺刀上扎着，有只羊也给你牵走。但是他也并不是见人就杀，他这个"烧光、杀光、抢光"指的啥呢，就是（抗日武装）在这个村里打了埋伏了，他又反扑过来，这个时候彻底对你烧、杀、抢，一般他只是拣着他要的东西抢你的，拣着他用的东西抢你的。

皇协军主要是投靠日本的大土匪，各村游手好闲的，流氓坏分子，净些坏人。这几个大土匪，李老有、王部队、王老三，他们这些都投靠日本了。这里边有真投降日本叛变的，也有投到炮楼做地下工作的，1943年在四角屋日本人把他们集合到一块儿，统一杀掉，不论你真叛变也好，假叛变也好，做地下工作也好，都杀了，（在）王官庄东南12里地四角屋炮楼。日本人把他们都杀了，他怕是投过来的八路军做地下工作，这是第一个；再一个1942年的时候，1942年末，（当时有个）王部队，就是投靠日本的，王部队最孬，烧杀抢是最厉害。咱的地下工作人员，县里叫敌工站，敌人工作站。咱用离间的办法，有意识地把给王部队队长的信送到日本人手里，叫日本看着以后，哎哟，你想叛变！日本人定好统一的时间，下令全县所有的王部队的炮楼，早晨几点钟集合。集合以后把枪放下，支起来。扔一个人，来："你俩杀死一个。"接一个，扔一个，来："你俩杀死一个。"到最后剩下两个人，一捆，汽车一拉，拉到邢台运到日本下的煤窑，叫日本人给消灭了。我那会儿不小吗，我家没断过地下工作人员，我是老房东，那些人白天在我家住着，晚上出去活动，我跟他们作伴，给他们领路，抗日政府里和敌工站上这些人对我很是放心。

采访时间：2008 年 1 月 23 日

采访地点：清河县城燕山路

采访人：常晓龙　王雅群　张　琪

被采访人：张升堂（男　81 岁　属兔）

张升堂

　　我 1927 年生，属兔，丁卯年。用句老百姓的话说，我办事儿"钉是钉，铆是铆"。小学三年级毕业。

　　1943 年是先旱后淹，夏天大雨、洪水，旧历五月底六月初，俗语有"大旱不过五月十三"。那年旱过了五月十三，又招蝗虫，百姓处于水深火热之中，新历七月运河水暴涨，河里不能容纳，决口了，是自然决口，不是日本人决的。

　　《清河经济百业》卫生一部是我做的，有人说，日本人在山东临清尖庄那边开了口，这个没有什么证据，有人说是自然灾害。无论怎样，那一年，先旱，后淹，又闹蝗虫。古历（农历）六月初，阳历七月下雨，雨又下了有七八天，白天黑夜地下。地上的水往低处流，都流走了，然后又种了点庄稼，可又闹蝗虫。大旱不过五月十三，一到五月十三就到雨季了，那年晚了几天，所以又种了点晚庄稼，种得晚。

　　我小时候早起抓蝗虫，那么大的面袋子，都抓一袋子，庄稼、草都吃了。百姓逃荒去东北和山东台儿庄，饿死的人很多。秋季，古历八月闹霍乱，这是一种传染病，那时人得病没治，上吐下泻，一喷二三尺。西医说法都是脱水，电解质不平衡，电解质缺失导致死亡。它这个霍乱流行面积很大，河北东南、清河、临清、山东西北部都有，这是我以后参考资料才知道，别看我没看书，县志都是我提供资料。霍乱一共在清河流行十多天，不到半月，这是我的亲身经历，我祖父叫土医生用针灸针好了，我家在赵宋庄，位置记不清。我后来学中医，耳鼻喉都学过，比方说人中治昏迷什么的也都知道。八月十五前后，霍乱开始，八月底就结束了。死了多少人我没注意整理。

我祖父得了这个病，是古历八月十五，等于阳历的九月十五，在地里捡了几个豆角，树上的枣熟了，弄成粥，喝了得上这病。实际上得这病的还不是一个，我那个小村那会儿不足 100 户，最多一天死了四个，都没棺材埋了，席子卷一卷就埋了，吐得很多，胃里肠里一有东西就吐就泻，又没处输液，电解质不平衡就容易死人。

1937 年卢沟桥事变，1939 年日本人进清河，在王官村安了伪政府，都有炮楼。1941 年在黄金庄，腊月二十四修了炮楼，炮楼等于大据点，那会儿老百姓都去修炮楼，过年春天就修好了，住了一排人，有 30 多人，三个班为一排。还有汉奸，都是皇协军，那会儿老百姓的确是处于水深火热之中啊，传染病、饥饿，他给你要被子、粮食，你不给他，就把你房子烧了，人也砍了。农村，杀了一个，谁还敢抵抗？

以后有了共产党，地下工作为主，武装很少。王官村当时有三个政府，除了日本的伪政府，国民党政府在老城里，以后没有固定地点，有一个团，还有就是共产党的民族抗日政府，共产党没有武装。日本人最后一据点就是王官庄，古历三月十五日，1944 年，他们走了以后，就成共产党的天下了。日本强奸妇女，杀、烧、抢都有。

我小学毕业后自学，又当教员，成立卫生所，又去管拿药，1951 年成立中药所，后来的卫生院，管全县卫生，我是防疫部的股长，一个医疗预防股，我兼卫生协会的秘书。把中西医弄在一起成立个联合诊所，后来又转成公社卫生员。到了 1956 年 4 月 16 号，清河县卫生股改成为卫生防疫站，我是副站长，到了以后，领导把我调回县医院。1954 年又去邢台医院学眼科，后来又学鼻喉，我由西医学中医学，毛主席说两条腿走路嘛，我是清河县一二三届常委，后来到了 60 岁，又被提为政协副主席。

渡口驿 1961 年闹白喉，决堤不是 1943 年，是什么时候我弄不清了。我用一个月的时间灭白喉，没死一个人，我给八个人做了气管切开（手术），三个停止心跳呼吸我给他抢救活了，省里通报表扬我，党和人民要我干啥，我就干啥，现在国家给我待遇挺好，一个月 2000 多（元）。

连 庄 镇

东张宽村

采访时间：2008 年 1 月 24 日

采访地点：清河县连庄镇东张宽村

采 访 人：石兴政 马金凤 颜有晶

被采访人：董一臣（男 86 岁 属猪）

董一臣

民国 32 年，那时没水利，收成不好，记得上武城赶集，我碰上路边饿死的三个人，他们心慌倒地就死了。

那时天旱，没水利，靠天吃饭，旱了半年多，从春天起就不下雨，种的高粱，长不高就旱死了，后来阴历六月半下雨了，种上了庄稼，秋后有了点收成，三天两头地下，有一个月。下雨后就有人拿着衣服去河南换红高粱，一件衣服能换好几斤高粱，河南那片有收成，过得还行，就是没穿的。也闹蝗虫，谷子都吃了，八路军过来了，就组织老百姓打蚂蚱。

日本人那时在这里，常来，修炮楼，王高路（王官庄到高村，自南往北）路边很多炮楼，不远就一个。不光有日本人，也有皇协军，那些死心塌地的真汉奸会真的打你，也有老杂（土匪），人家光抢好户，穷人没什么抢啊！日本人放臭炮时，就戴那个防毒面具，军队那会儿开"展览会"

85

的时候，让老百姓看着，咱见过。

这儿往东六里，就到武城，那儿原先属于山东，咱这儿还是属于河北。日本人那时抓过妇女，咱村没见过。他们不在这儿住，连庄、黄金庄都有皇协军的据点，王官庄那时是咱县的县城，那个据点大，抓劳工哪都能见到，也有抓到别的地儿干活的，叫你干吗就干吗，又懒又馋的人喜欢当皇协军，好老百姓喜欢共产党。

灾荒年时发过水，从我记事时开过三次口子，洼的地方都淹了，那是清凉江，运河发水不记得。村西头那个沟是八路军来挖的，发动群众，是建国后的事了。

采访时间：2008 年 1 月 24 日
采访地点：清河县连庄镇东张宽村
采 访 人：石兴政　马金凤　颜有晶
被采访人：于王氏（女　80 岁　属龙）

于王氏

那年啊，旱，后来下了七八天雨，有逃荒的，去河南，我没去，那时有日本人，光给我们要吃的，占了东三省，又往南攻，都快亡国了。

那年有得病的，饿，拉肚子就死了，也有发疟子的。那时地里种棒子，旱啊，不长，就吃糠，吃野菜、棒子芯啥的，草种子也吃。

后屯村

采访时间： 2008 年 1 月 23 日

采访地点： 清河县连庄镇后屯村

采访人： 罗洪帅　廖金环　李廷婷

被采访人： 李明章（男　75 岁　属鸡）

李明章

八路军那时候要公粮，一亩地要四两，日本鬼子来了，日本鬼子抢夺，坑害老百姓，八路军分土地，老百姓才享福了。炮楼都在这儿，在东边。

那年大旱灾，就是蚂蚱，那时老百姓都没么吃。去东北的多，那地方好。那时过去有 63 年了吧，修炮楼过去 60 多年了。

我 8 岁那时，日本鬼子来，待到我 11 岁的时候。阴历八月的时候，他们上北去，后头老百姓把炮楼点了。我见过日本鬼子，住在炮楼那，大约七八个。（日本人）在这修炮楼，打老百姓，抢东西，到村里把布给扯了，牵牛，什么坏事都干，抓人连打带骂，给东西就不打了。抓老百姓，灌辣椒水，灌死一些人，说打的人是八路，一会儿打死四个。在前屯村，八路军打死了一个日本鬼子，日本人急了。

天气恶劣，有蝗虫灾害，我那时八九岁，在家里要饭，8 岁时旱灾，逃荒走了，一个村走了一半，这个村剩了 80 口人（指东垒桥村），走了一百来人。旱灾两年，八路军、蒋介石、日本鬼子都要粮，天气不好。

9 岁那年，有点棒子、谷子、高粱、豆子。有饿死的人，死了不少，也没有吃的，一死都好几个，小孩、老妈妈、老头都死，年轻人都跑了，没见过病死的，死的可不少。那时没几个医生，医术不高，医生不好，一死好几个。这边有条河，发过水，5 岁那年发的。1956 年、1963 年也发过，下大雨，河水涨开了，我个人知道 5 岁那年，七月发过场大水。

后苑村

采访时间：2008 年 1 月 28 日
采访地点：清河县连庄镇后苑村
采 访 人：王 凯 李 爽 刘 欢
被采访人：钟记山（男 79 岁 属蛇）
　　　　　钟化安（男 75 岁 属鸡）
　　　　　滕秀昌（女 71 岁 属牛）

钟记山：我是党员，上过小学，八九岁上的，上到了 18 岁，民国 32 年逃荒去了，就没继续上学了。1947 年 18 岁当兵。1943 年逃荒去了，上山东滕县，这里一直是清河，在那里待一年多，闹鬼子没法上学。鬼子来时我在村里呢，我见过，他常出来扫荡，有皇协军也有日本人，皇协军多，日本人占不了十分之一，炮楼里 100 人最多十个日本人，有皇协军、治安军，中国人给日本人当兵。

钟化安：我也见过，俺俩是一块上学的。民国 32 年是 1943 年，日本人来得早，不是 1942 年就是 1940 年，可能是 1942 年，1942 年大"扫荡"，那他是 1941 年来的，那时有不少炮楼，咱这儿没有。杜家楼、黄金庄、油坊、谢炉都有炮楼。我也逃荒了，都逃荒了，1943 年，逃荒时来日本人了。

滕秀昌：我不记得日本人的事儿。

钟记山：大扫荡是好几个县的鬼子"围剿"八路军，赶到俺这儿，还有谢庄，好几个县的鬼子，都上这儿，"铁壁合围"。八路军不太多，县里的部队、地下党，都是地方部队，打起来了，死了一部分，逃了一部分。人都跑，听鬼子来了都往地里跑，那时鬼子一来，扛着被子，牵着牲口就跑了，啥都不要了。日本人杀人，在东南地里打死了，有人跑坟空子里，人家以为是八路军，叫日本人用机枪打死了，他叫钟什么德。钟英元的父亲也死了，死的时候 40 多（岁）。（天）黑了都跑了，老人跑不动在家里，日本人哪里有人就打，他也不知道谁是八路军。"铁壁合围"是 1942 年 9 月，地里没庄稼，地里净人，到处跑。

日本人抢东西，皇协军都跟日本人来，日本人穿大皮鞋，骑着大洋马，挎着大洋刀，跟演电影一样，皇协军也穿黄军装。小"扫荡"是经常的，"铁壁合围"是大"扫荡"，村里人就跑，（皇协军）到屋里翻东西、开会、训人，咱村里倒没有抢妇女的。大"扫荡"一次"铁壁合围"，好几天。死俺村仁八路军，取道葛仙庄去了，不记得什么名。那时村里没当八路军的，有民兵自卫队啊，村里组织自卫队，够年龄的都去，地下党组织的，党员不公开，单线联系。逃荒后村上就剩了十来家。

钟化安：我去了关外，内蒙古前古旗那边儿，都是一家家走，村里十家八家走。灾荒年是水灾、日本人、蝗虫一起来。水灾都是 1942 年，水灾是卫运河涨水出来，下大雨了，咱这儿也下了七天七夜，民国 32 年，大家真可怜。家家户户都打蚂蚱，回来当饭菜，高粱都叫（蚂蚱）吃了，开始是小的，赶壕里，再用布袋装点，那时高粱还没出穗。逮过蚂蚱，都吃那，炒炒吃，簸熟了就这么吃，一飞连月亮都遮住了，一个叶子上就一打，晚上看不清月亮，待时间不长，吃完了就走了，有半月 20 天，后来大小都有。

七月二十三，老天阴了天，（雨）连降七天七夜，那时蝗虫过去了。

钟化安：我水淹之后走了，九十月份。

滕秀昌：穿棉袄走了。

钟化安：我走的时候雇了辆马车，带着衣裳、被子，让劫道的劫了，把好衣裳劫了，把破的留了。大水在村里待了一个多月，地里一人半深，高粱露穗，地全淹了，村里周围打堤一米多，村里也进的水，街是洼的，街上有多半人深，屋里进不来，胡同口打堰，下雨往外淘水。那年死的人多，得上百人。发大水过贱年之前，（村里）得 300 多人，之后剩十来户，都逃了，剩二三十口人。逃荒去的，嫁外头的，死外面的，一般去山东、河南、东北，东北少，有亲戚的去东北。伤寒病，传染治不好。在家饿死不很多，死道土的，死外边的多。病，都没吃的，有霍乱，上吐下泻，肚子疼，不抽筋，那时都叫霍乱，村里都说叫霍乱。上吐下泻没劲了。没营养，没医生，就只能扎扎旱针，村里两个土医生。我父亲就是土医生，还有孙玉树，我父亲叫钟英梅，使旱针扎，我见过他扎，天天扎，扎穴位，具体咱闹不清，有的必须放血，扎鼻喉，霍乱一部分鼻子里有疙瘩，扎开放血。头晕恶心，也不是鼻炎，要命很快，实际鼻喉是霍乱一部分，那种病快，不超过一天人就不行了，经常有得的。那会儿这病也闹不清什么病，过去没什么名，拉肚子扎肚子，扎哪儿都有。

滕秀昌：有扎胳膊的，扎过来是痧子，扎不过来是霍乱。这个我在庄上看的，我见过扎胳膊弯的，放黑血就厉害了。一直有这病，不多，发水以后多了，吃的东西不干净，这病各村都有，反正闹灾的村都有，得这病的现在都死了。死的大部分都是这个病，灾荒年，钟英芳得这病死了，死外边了，上河南做买卖去死道上了。这样人多了，咱想不起来，推着车子就死了，各家都有死的，连饿带病，也没钱治，我家大爷不知道怎么死了，反正也是这种病。死得早，不是那年，我叔叔当劳工，死外面去了。咱这里组织去的，都是给日本人干活，就抓去东北干活，在煤窑煤矿干活，后来都蹽了，实在不行就跑（回）来了，去了十几个，死那几个，回来几个。孙玉柱（孙仨儿）、钟化文是跑回来的。王亭秀，我说的都是跑回来的，有人领着，不是强行拉过去。大部分人都挨过针，很普遍，俺十来岁也挨过针，扎好的多。

钟记山：那时候，这霍乱不是大病，很多，扎不及时就死，吃不好。

钟化安：那时候病了不得劲儿，扎的及时就使旱针扎好了。水下去后，生活好一点，毛病就少了，人有营养了，病就少了。那时不消毒。那时不知道它传，一出现症状都这样，老人、妇女得这病，小孩不多。得病待外边也有，待家里也有。都是吃的不好，水也不卫生，现在说是急性肠胃炎。都喝凉水，没暖壶，好孩儿家喝热水，他没得这病，他儿得这病死了，他就是钟英文，做买卖死道上了。

李井村

采访时间：2008 年 1 月 28 日
采访地点：清河县连庄镇李井村
采访人：王　凯　李　爽　刘　欢
被采访人：王英科（男　83 岁　属牛）

　　我头里念过老书，《百家姓》《三字经》，那时候都念私塾，在村里，人家富哩就自己雇个老师，我上学都十几（岁）了。我是 14（岁）参加的革命，入了党了。

　　打日本那是以前，抗日战争呵，日本待中国占了八年，我参加革命那时，日本（人）还在东三省，没来咱村。我那几天尽跑着地下党哩，我没去东北，我说日本先侵略东北，那不说"九一八，九一八，日本强把东北拿"么。我没参加部队，就只是地下党，那时入党就是单线联系，不敢双线，那时都不知道，你敢开会？"四二九"大扫荡的时候村里党员谁敢说，那时都你拥拥我，我推推你，就开会，没人敢说。"四二九"日本大扫荡，"铁壁合围"，那时光咱村儿日本人打死这么些个，我亲大爷都叫日本打死了。

　　咱村里有日本人，有皇协军，炮楼里面尽中国人，这村儿没炮楼，谢炉、油坊有。日本人来扫荡，谁敢待家里唉，（天）还没明哩，就被日本人围起来，按着老百姓打一回。日本人不抢，皇协（军）抢，炮楼上皇协（军）很多，本地的，日本经常到村里来，皇协（军）跟着，日本人该多些，唉，来扫荡净皇协（军），有几个日本人。

　　那时民国 32 年河开了口子，村里遭水淹，人都往地里捞庄稼去。日本人还待炮楼里边哩。水就是东边运河过来的，那时光开口子，一快到秋，水就开了，都上河堤看去。哪里危险就挡挡，这么大的堤，当年水都平堤，不光是雨水，山上那里也去水。就秋天那会儿，七八月耩麦子等水下去，都是拉犁钩，人拉着，那咕嘟圪塔，那水将（刚刚）下去，不等它干，干了就不能耩了。都说 18 天归龙门，反正得淹 20 多天，个把月哩，反正地里水一人多（深），水进了村，人都打护庄堰，打不住都用混稻子在口间堵着。咱这里向北远了，向西不远，向西一过去顶多十来里地就到黄金庄那，往东到运河，往北到天津了。临清南开口子，光待那里开，水冲了口子，都说那运河五里三潭，有潭坑，五里地就三个潭，那也没底儿，现在没有了。那时有那泥鳅，什么精不精，它大呀，一拱就拱开了，就点小口，这里有很多泥鳅，水一冲老远。

那时都有领导，有区、县，现在是乡，那时是区，俺这是油坊，属于四区。

那年雨水可多，人闹霍乱，病啊，死了大半人，光俺家就死五口，俺父亲、大爷、大娘、兄弟、俺大娘那边的闺女。得霍乱没药，只能扎针，村里有扎针的先生，扎旱针，那时也是霍乱，扎哪儿啊，人家知道扎哪里，不出血，那针都精细，这么长，钢的，用龙头，都行针，扎上，那时针上边都有一个小疙瘩叫龙头。霍乱那时，反正上吐下泻，连吐带泻，一说得霍乱了，那就扎，有的扎过来，有的扎不过来，先生他也顾不过来。那时天潮湿，人得霍乱，他不肚里疼？他能不肚子疼吗！疼！抽筋反正不是一个共同症状，出现什么的都有。这病传染，时间不长，不行就不行了，过来就过来了，不腻歪时候，那时扎过来就过来了，不好就不行了。

那时都死大半了，俺村里得有百八十（人），你想想光俺家就五口子。这病一发作就快点看去，先生来不了，扎不过来就白瞎了。这病多大哩都有，十几岁，五六十（岁），年轻的还好点。俺爸爸叫王宗林，俺大娘叫啥不知道，她娘家在马双福庄，姓啥不知道。俺大爷叫王茂林，叫日本人打死了，我兄弟十来岁叫王什么忘了，老二，得这病的时候不大，也就十来岁。俺父亲 39（岁）时，俺大娘得病四十来岁，俺大爷也有四十来岁，不到 50（岁）。她闺女也不大，叫小四儿，比我小十来岁哩，就是我大。俺大爷叫日本人打死了，俺大娘得霍乱死的，扎啦，反正没扎过来。

那些天就是水淹，连下雨带捂，人受潮湿，又受了灾荒年，一家四个得霍乱，俺父亲先得，那时都待家种地，他上午就开始不得劲，也没扎过来，我没得过。那时扎过来的，我都不记得了，我数着哩，再没我这么大的，再往下六七十（岁）他们都不记得。扎好的叫啥名谁寻思（想）那个，这不 60 多年了吗，不记那。俺父亲是在家得的那病，都待家捞庄稼，他也捞。那时是高粱、谷子，那算粮食，都撑船，拿镰去削个头。

他得病头天没出门，咱个人那时有船，人又多，也不往地里去，小孩就待家里。他这不是说有水得哩霍乱，他是水下去，地里都没水了，又闹了霍乱。反正六七月里有水，闹霍乱时，（天气）都凉的时候了，也冷了，八九月里，那是发洪水之后，民国 32 年。七十来岁哩也就不记得啦，民国 32 年都离这六七十年了，闹霍乱的时候日本人没走，民国 32 年闹霍乱，民国 33 年时日本人走的。

炮楼大、高，跟楼一样，日本人住的炮楼，皇协军去不了，他在炮楼周遭盖哩房子，就待房子里，挖沟，防水，房子外边放葛针，他也怕八路军打他。那时炮楼都是老百姓修的，一个村里要抓工，要几个，给他修去。我没给他修过，我挖过沟，那一年都是，个人带干粮，挖交通沟，他害怕，有事儿了就在沟里走。收工回来，那时在油坊查么呢，证明书，那是日本造的，照个相，你姓么叫么哪里的，有那就不是八路军，都有啊。北门啊这里修工都回来了，查证明书，党员有奸细，暴露了，那证明书留下，等着拿证明书，都等着，到天黑，剩了 26 个，带炮楼去了，吃了晌饭，就过堂。我们知道暴露了，一个一个地过，过一个，打得你都出不了堂，都爬，当院里，过一堂打一回。那时我有十七八（岁），就我小。皇协军喊谁谁都去，问，你是党员不？打，打得你说我是我是，承认就不打了，装麻袋里，扔运河里，那次就回来十来个，那二十几个都是党员。

那时连俺们乡长也是地下党，给日本人办事，他也是地下党，俺都待他家玩。还有一个给日本人、皇协军做饭的也是地下党，他净偷干粮给俺，他被皇协军看见时，叫人家按着打了一回，他姓冯。乡长是孙国栋，地下党。抓煤窑去这里没有，没听说过，到这时也都没有了。

日本人穿黄呢子，皇协军就不是呢子了，穿一黄军装，日本呢子好，穿大皮鞋，骑马，扫荡也骑马，皇协军在后边跑。日本人光骑马，没开车，不是打仗，在各村扫荡。各村都有情报员，那时每天情报员上炮楼上报告去，问有没有八路，村里有八路就给他说，你住一村里你就不能说。皇协军抢粮食，日本人净吃他（本）国哩，运盒饭，鱼啦，大米饭了。俺修工去，俺愣愣的，人家叫几个人扫炮楼，打扫院子，俺都去，想进去看看日本娘们是什么样，人家都带家眷，日本抢女的，有那个，反正人家日本人很少，尽（是）皇协军。那时候谁敢打扮成闺女？都打扮成娘们，脸也不洗，多长时间洗一回，都跑。

灾荒年之前咱村里有几百人，四五百人，现在才七百来人，过去灾荒年以后也就差不多，俺成社，大队小队才五百来人。那时不是一个村，庞庄，头里老人张、庞、李都一家办事儿。一个当家哩，人家后来就不啦。

那时可是有蝗虫，麦头整个咬下来了，那时没药，就待地头上挖壕，这样一赶，用土埋死，一布袋一布袋，都遮满了天，那是头里（以前），都还单干哩。以后又来哩洪水。渡口驿跟郭屯开过口子，不是灾荒年开的口子，那是灾荒年以前，日本人没来哩。1956 年又大水淹，渡口驿开口子淹不到这里，它往北淌，临清南开口子淹俺这里，渡口驿开口子没听说人挖，临清高，咱这里洼，越往北越洼。

连寺村

采访时间：2007 年 7 月 17 日

采访地点：清河县连庄镇连寺村

采 访 人：李 斌

被采访人：史金存（男 81 岁 属兔）

　　我是 1943 年过阳历年前后被日本人抓走的，我们北边，连庄屯，鬼子修炮楼，到农村里要人，人都不去，有的花钱赎，我那时候小，才 16 岁，我这么去的，炮楼里的人对咱们没安着好心，这就走了，走了就上了邢台。在邢台那个小分队里待了三个月，就上石家庄了，石家庄有一个（交易所），那时叫石门市劳工交易所，被抓到那里边去了，在那里边待了不到一年，过了阳历年抓到日本去了。

　　到那一个大院子，好几亩大，在里边吧，也吃不好，叫劳工交易所，抓的是咱中国人啊，抓去各地方下煤窑，下苦工去，到后来日本要人，俺那回是 420 口子人吧，在里边挑，检验身体，说明了要上外国下苦工去，都不愿意去啊，都跑，在车上都跑了多少人呢？420 口子人在车上下了 260 多口子人，载到塘沽，在塘沽住了一个礼拜，在塘沽上了货轮直接就上了大连，路过大连，轮船里的水不够了，在大连那上上水，之后到达了日本，到日本下轮船，那个地方是门司，门司就是他那码头，下了码头就坐了火车，上了日本国的福冈县。福冈县有一个大煤窑，我们就下煤窑，在里边俺这 260 多口子人又分了两个队，俺这是一队，二队离得有个百十里地，都是下煤窑干苦工的。到那里吃吧，一开始吃饭，也吃个差不多，到后来他越战粮食越紧张，快战败了粮食紧张，吃不饱。做苦工每天得 12 个小时。

　　有下煤窑砸死的，下窑挖煤去被煤砸死的，我们是一百三十来口人，在那干了两年零三个月，死了 16 个人。不完全都是砸死的，怎么死的呢，在那里百十口子人，得有队啊，有队长，有班长，怎么回事呢，我那年 17 岁，俺那队长、班长都给下到监狱去了，为什么呢？那个日本人，有时打人，有时骂人，咱去了吧接受不了，带工的日本人孬，愿意骂人，俺这一边下这个窑是 16 口人，俺那个队长下窑的时候开了个会，下药害那个日本人，那个不管事，一喝就喝出来了，坏水不管事，喝水不对，（一）口就给吐了，日本人上来就上警察所里去了，把这些（人）都关监狱去了。我小吧，可以说这 16 口人就剩了我一个人没上监狱去。下面这些当班长的又去了一部分，去了好几十口子。俺这个队长是易县人，叫刘海一，到后来他们也没死，在里边待了不到两年，日本投降以后，都放出来了。他们随便打，随便骂，我们受不了，才起的这个事儿，下的药。另外一个队不在一块儿生活，什么情况闹不清。

那个厂子叫福冈县中央煤矿，是个大煤矿，有日本人在那也挖煤，我下了六个月煤窑。我那年小，才 17（岁），后来就上厨房里做饭去了，在里边待了一年多，不比下煤窑累。

住一个大院，一排排房子，俺在里面住，在门口有人守大门，有个办公室，我们也不能随便出去，不叫你随便出去，上工下工出去。到最后一年人都受苦了，吃不饱，每个月都给你减粮食，比方你原先一天吃一斤吧，给你减到九两，九两减到八两，减到七两，饿得人走道都不好说。病都是饿得，人都饿得躺着，跪着他们也不给粮食吃，没饭吃也得干活，干的多点少点也不叫你歇着。

俺下的是两个煤矿，大的是中央煤矿，牌子上写的是中国字，写的中央煤矿。另一个煤矿叫啥记不起来。头一个煤矿都是电梯，坐电梯下去，坐电梯上去，第二个煤矿离大煤矿有几十里地，就不坐电梯，来回下坡，越下越深，挖煤的地方离我们这个宿舍也就是三里地左右。日本人（这样）说话（老人用日语从一数到十，用日语说"100、200、碗、筷子"）。

石家庄原来是石门市，石门市劳工交易所，劳工抓到里面存着，那里边四个角一个角里一个大岗楼，那都是日本人占着，中间小岗楼上是中国人占着，小木头房中国人占着。大岗楼高，日本人都端着枪，那个地方可以说是有病也不给你看，也吃不好，也喝不好。名义上有病给你看，实际上不给看，比方我有病，上病房去了，那病房里也没人管你，那里边每天存着一千四五百人左右。到走的时候，走的时候不是上外国去，就是上咱这，各地都有煤窑，挖煤去，俺那去的时候天气冷，刚过阳历年，正冷的时候。那有一个大戏棚，俺出去转悠去了，寻思这个戏棚是干吗的，瞅了瞅，那死人都冻着在那里，他往那里边拉，人一排排的，在屋里就那么摞着。过了年，暖和了以后，再拉出去，暖和以后，哪一天也是向外拉七八个人，见天（每天）往外拉，西边有个万人坑，人都拉到那里。

住的房子也不孬，原先都说那是石家庄的南兵营，都知道，外边挖的十米宽的沟，上面拉着铁藜棘网。见天进人，抓的中国人，使一部分人走一部分，河北人、河南人、山西人、山东人都有。死那多人，一个因为生活不好，吃的不好，50个人为一组吃饭，吃那个饭不熟，没水喝，喝凉水吧，井边有站岗的，不让你随便喝。人得的病，名义上有病房给你看病，人到那里边就死了，在那里边就是弄点稀饭喝。实际上不是看病，人怎么死得多呢？净吐血，一口血，鼻子口一淌血，就死了。

不知道是什么病，死的就那么多，我在病房里待了一回了，他们日本人吧抽咱的血，抽死了一部分，一抽那个针管里都抽满了，他拿着那个血就走。针管不是多大，可那人根本没那些血，抽的血装不了一杯也得半杯多，普通喝啤酒的杯子。他抽那个血不见得是他用，也不是抽了血为你治病用的，抽血吧，咱说句丑话，就是要你的命，人明明不行了，身上没血了，再一抽血，人还能活吗。我也是发烧，说话都说不出来了，不会说了，有个老乡说，你上病房里去，我都迷糊了，都不知道了，到病房以后叫我喝点稀饭，这么过来的，那回他没抽我的血。被抽了血，可以说80%的都死了。医生穿的服装都挺好的，那大夫抽血，大夫都是日本的，有翻译领着到病房去，光给病房里的人抽血，病房外面的没抽过。抽血的时候我就在旁边看着，他就是拿个针管，一来好几个人，五六个人，我看到有四五个人被抽血，到后来一说抽血了，怎么怎么回事，你上那个病房去了，他上那个病房去了，这一看，抽的人可真不少。病房里都是一个屋一个屋的，一个屋里住七八个人到十个，有两趟病房，叫病栋。第一病栋，第二病栋，第一病栋得病的都是轻的，到第二病栋都重病号。北边厕所里是没断过人，躺地上死的人是没断过，解手时不行了，死在那也没人管，以后再拉出去，不死谁管，里边医生也就是三天五天检查一遍就了事了，走一遍形式，第二病房那人死得毁（多）了。

从石家庄上火车是420口子人，上了火车走了不算很远，走了有两站地。坐的闷罐车，都是铁的，这一个闷罐车上是四个小窗户，小窗户不大，铁棱子焊的。头里有两个车里是日本人，你跑人打你两枪，一跑，那回跑剩的有 260 口子人，人发觉了，知道了就把车站住了，站住以后，日本人就点名，一个车多少，一个车多少。一点名说跑了 260 口子人。（逃跑的人）把窗户都提下来了，那会儿我差点跳下去，他发觉跑人了就打了一排子枪，人就都站住了，日本翻译点了点名，以后把窗户都封了，没有出气的地方了，人都是从窗户上跳出去的。跳车摔死的还有一部分，跟我在一起的还有清河县的一个，他（现在已经）死了，叫黄金科，那会儿我小啊，才 17（岁），他说："你放心吧，等走了咱一对儿走，我送你家去"，他跳下去了，说："我先跳，你随后就跳。"可他一跳吧，人发现了，打了一回子枪，车也站住了，我没跑了，他倒没啥，摔瘸了，人家没打死他。

工资给了一部分，回家的时候给了一部分，每个月到月头，你多少钱的工资也给计算出来了，不给发，他战败以后给了点。从日本回来，在塘沽下的船，然后上天津，他给的钱，要兑换成咱的钱，那时候那个钱没法说了，钱不少，买不着物。日本的钱兑换了，换了以后还是日本的票，"中国联合准备银行"的票，是那个票。他已经亡国（战败）了，那个票买不着东西了，"中国联合准备银行"是日本的银行，在天津换的钱，日本的钱上写的"大日本银行"，他给的那个钱不能花，得花咱这个钱，就换咱这个钱，他不是亡国（战败）了吗，他那个钱一天比一天买不着么，换的钱买不着了，就跟拉倒了（没用）一样。

在日本一天给两块来钱，日本钱两块来钱，有三块钱的，最多三块来钱一天，一个月七十来块，最多挣 90 块，这是一个月的工资。名义上是这样，在那干了两年零三个月，最后给了一千来块钱，一千一百来块还是一千二百来块，反正一千出点头。

在天津，国民党那个政府集中开一个会，说么呢，谁愿意回家就回家，不愿意回家的就当这个兵。天津政府给开个说明，拿着这个说明，就是说不管走到哪个地方，找村干部，吃饭不要钱。到后来吧，走到安店，东光县的安店，安店那时是咱这边的政府占着，共产党占着，走到那，那边的国民党就说让你们百十口子都穿这军衣，你们可不能那么走。俺那有冀南、河南安阳的人，在那俺就分手了。俺这几个清河、南宫、威县、临清的就上这边，国民党那边的人说，前面就是共产党，你们这么走可了不得，开枪打你们。俺那带头的，他是冀南的，说你们先在这歇着，我自己去，上那边先联络联络去。他拿着一个旗扎在腰里，苏联旗，说不要打，别误会，他跟咱这边一联络，一说怎么怎么回事儿。

俺来到家以后把那个证明丢了，那个证明是后来到了天津以后，国民党的政府发的，说在日本怎么怎么来的，复印的一个人一个本，咱们这些人开了一个会，说么呢，你的家乡住处，他的家乡住处，都复印了以后，好有联系。以后走到咱这边，这个本叫咱这边的政府（共产党）给留下来了。证明是天津那国民党政府给开的，以后都丢了，这个证明就是说，咱这都是到日本受苦的，不要欺压这些人了，就是这个意思，是俺上日本这些人开的联系本，让咱这边的政府给留下了。

给日本人下药那次，抓进去的人有死的，死得不少，在那里坐监给折腾死的。死了有11（个），还是十几个人。我说这个刘海一，他没死，临清石陶的那个叫杜怀林，他也没死，就他俩人没死。刘海一是河北易县人，什么村我闹不清。

把我们带到日本的两个人叫田村和高岛，从石家庄领着俺走，高岛是公司的人，中央煤矿的人，他在办公室里坐着，说么算么，办公室里还有个警察叫安倍，高岛是办公室的主持人。高岛也不怎么样，（我们）跪着要求吃饭，他说没饭，没办法，不光是中国人没饭吃，他们日本人也没饭吃。宿舍门口的牌子上写的是日铁日来矿业所，这是华工的宿舍。他们那的报纸，打字、名字都是中国字，看这个知道那是福冈县，咱这是供销社，他那都写成供卖社。办公室里有报纸，有时拿过来看看，不叫看，都偷着看。

在日本睡的是板铺，板子钉的，离地一米多高。住木头屋，都是烂房子。里面是两层，在里面都直不起腰，站不起来，两铺房，住着很不舒服，头支不起来，都得坐着穿衣，趴着穿衣。

前屯村

采访时间：2008年1月23日

采访地点：清河县谢炉镇谢炉村南街

采 访 人：王 凯 李 爽 刘 欢 宋俊峰

被采访人：李李氏（女 84岁 属鼠

娘家连庄镇前连庄屯）

李李氏

那时候不说起名，家里都光说大小儿、二小儿、三小儿，18（岁）的时候过来的。穷啊，都没吃的。俺家跟俺叔叔、姐姐、姥姥逃难去了，逃到山东枣庄，河东里康庄，那边有地，都有地，俺家里都做买卖的，俺倒腾衣裳，上山东，用盆换了衣裳，都上山东卖去。

灾荒年还好喽啊？这现在都是好日子。饿死人是到了1957年以后。我见过日本人，那时候要来这边啦，在东头盖了炮楼，在东街那儿盖，我是腊月十六娶的，过了年正月这里盖的炮楼，盖了一个炮楼，咱不知道盖了多长时间。

日本人下炮楼来，咱不记得抢不抢粮食，八路军、日本人都要粮食，八路军也要。皇协军跟日本人待一块，日本人打不打人咱不知道，咱就在家织布纺棉花，咱不知道别的。

这儿死，那里死。霍乱有，都得这病那病的，咱不知道死多少人。他（丈夫）这里卖粮食，当粮食贩子，到后来宰猪、宰羊、卖肉。

那是霍乱，那死了一些，哪个村不死？那时我已经嫁到这来啦，多少年（以前的）事啦，咱不知道，光听说得霍乱得霍乱，咱没见过，不打听。你看都得霍乱，咱又不出门。

采访时间：2008 年 1 月 23 日

采访地点：清河县连庄镇前屯村

采 访 人：罗洪帅 廖金环 李廷婷

被采访人：刘立华（男 84 岁 属牛）

刘立华

那会儿参战，当时我当兵在太原，我被安排到一个连，到那打仗去了，一个日本中队都没回去，都是日本人，我一去就打仗。

日本鬼子来的时候我 16 岁，18（岁）走的，我 20（岁）参的军。那时都不济，这个村饿死了好几家。真没办法，说死就死。这死几家，有一家死了四个。

日本人又总来，有杂牌兵。我那时 16（岁），牵着牛跑了，真了不得，说死就死，日本人不说理，就攘死你。哪儿打仗，哪儿吃苦。日本人以后失败了，那一阵谁敢在家待着，（日本人）一来就跑。

武城有"皇军"，一来就抢，没办法，到那年头，"皇军"抢的多。炮楼都在正北铁道那，他们只待两年就走了。（日本人）在东北待的时间长，最后失败了，自己走了，日本飞机经常从这儿过，数他们飞机不好，那飞机是黑的，美国是绿的，苏联是白的，不一样。

民国 32 年，那时候不安稳，我 16（岁）出门在外做买卖，干了一年，后来当兵去，27（岁）才回来。鬼子在的时候霍乱病挺严重，死了不少，埋不过来，叫霍乱转筋，我叔伯哥家，两口子一得病就死了，这村里多了，讲不清，那时小。反正日本人来了以后闹霍乱病，埋都埋不过来，治也治不好，那时没医院，咱村里有先生，俺爷爷也会看病，看不过来，俺爷爷看病很出名，具体我记不清楚。

采访时间： 2008 年 1 月 23 日

采访地点： 清河县连庄镇前屯村

采访人： 罗洪帅　廖金环　李廷婷

被采访人： 王宝善（男　78 岁　属马）

王宝善

　　鬼子来的时候，我 10 岁，小日本在这儿打仗，连点火带杀人，你在自家里坐着，他逮出去就说是八路，这村死了四个，点着了火，你去救火，也一枪打死。也有给抓日本去的。小孩不打，老头不打，三十来岁的说你是八路军，拉出去打死。

　　在这修炮楼，葛家庄、黄金庄、华庄、杜家楼、军营、西张古、油坊、西王官庄都有，我还被抓去干活了。村里要多少人，叫着你，你不去，见人就打。咱这边的炮楼，皇协军常上村里来，打你，跑，跟你要钱，抓你干活去，看见年轻的都让干活去。围着墙，大铁门，让你进去，不让你出来，待几天再放你出来。咱这儿炮楼都是皇协军，咱这儿日军十来个，黄庄二十来个，西王官庄，小日本的县城，百十个，油坊三十来人。小炮楼皇协（军）多，鬼子不在这儿住。小日本不怎么孬，皇协（军）孬，净打人。

　　民国 32 年，咱这儿开口子了，是日本鬼子扒开的，咱没看到，听说日本鬼子用炮炸开的，庄稼都没了，收不到粮食，水不大，平地半米深，就是有炮楼那年，鬼子用炮打开的。1956 年、1963 年开口子都是大河里来水。

　　那年瘟疫，传染病，有人得了病，那年死的主要是（因为）这个。抬死人，这么大的村子分两下子（回）抬，死多少闹不清，成百的人死，刘双晨那年死的，都是传染病，看着不怎么一大会儿就死了，就说是传染病，咱不知道怎么起的，来不及治，一大会儿就死了。那时候小，咱不知道具体情况，医生少，没医院，是发水以后出现的这事。不光这村，各村都有，那年很厉害，传染得很厉害，咱这儿差不多都闹这病，各村都有传染病，一个村每天抬两三个，都是一块闹的病，闹了有一个来月，暖和的时候开始闹病，过去那一阵子，天也不是那么冷，我记得过秋了。多大我也想不着了，反正鬼子来了以后，闹的这个病。

猪、羊也闹过传染病，是不是一个时候闹不清，小日本可能还没走，闹病时，他们不敢出来。那时没医院。

王华义的父亲、王华社的哥哥、保顺他大爷，还有我父亲王尊行，那四个人都是日本人打死的。日本到各村里烧杀抢夺，连点火带抢东西，小日本不是点火，就是杀人，连烧带抢带杀，不给粮食就打死你，鬼子不露头，皇协军来要，往外头拉年轻妇女，糟践妇女，我父亲就不叫往外拉，把我父亲拉出去，带到南边沟里打死了。其他三个都是点房子救火时，日本人看房上有人打死了。

他们给小孩面包什么的，不给大人，给小孩。他不住咱这儿，他们占了一个院子。小日本不敢自己出来，八路军有的是，地下党，共产党少，地下党就是咱八路军地下工作的。日本人不敢单独出来。

招过蚂蚱、蝗虫，那年特别厉害，我都二十多岁了，地上跑的小蚂蚱蛹子，不会飞。

采访时间：2008 年 1 月 23 日

采访地点：清河县连庄镇前屯村

采 访 人：罗洪帅　廖金环　李廷婷

被采访人：王华仕（男　80 岁　属马）

王华仕

日本鬼子从前在这儿，抓劳力，就知道抓，不知道怎么回事。说是挖煤窑了，弄去一个。姓刘，也不知道叫嘛，那时小。那几年天气不济。后来我父亲领着，我二哥参军了，我们到黄河南逃荒，粮食让日本鬼子抢了，我十一二岁逃的荒，在黄河南，枣庄，回来后鬼子投降了，炮楼被拆了，共产党来了，地才耩起来，耩上了。

那年开口子，没么吃，那几年光开口子了，这个地方低，到武城都洼，平地里都够不着地，从南边过来的水，哪一年都发水，把大堤挡住了，这儿现在都没水了。

民国32年是六月里开口子的，那一年也闹（水灾），反正南边也不知道哪儿过来的，那时候有炮楼，鬼子在这儿，开一年，这以后是1956年、1963年，后来就不开了。村里都挡上一米多高的堤，发水，平地里够不着地，两米来深，发水时，我们都在村里。

民国32年闹病，闹过病，都说闹霍乱，一肚子疼，一麻就死了，都是有炮楼时，我已经十二三岁了，死的妇女居多，二十多岁，三十来岁，咱不记得她们叫么，（年纪）小。闹霍乱，咱小不知道，东头死了有六个，一说瘟疫，用旱针扎，扎过来的少，又没西医，说吃个偏方吧，扎针吧，冒黑血，都是老医生啊，到别村去请的。连庄有药铺，有个姓姚的，有嘛事就请他。（有人）死了，亲戚们都给送信，年轻人去送信死在路上，说是霍乱，也不知道往来不往来，没病，好好的，就死在道上了，也就十来岁。

日本人飞机来过，（日本人）修公路，共产党把日本人（修的路）掘了，西边王官庄，来汽车，来飞机，飞机来就打。

闹蝗虫是修炮楼那一年，先旱，闹蝗虫，闹水。秋后开口子，鬼子给扒开的，闹蝗虫多了，从西北来，在地里飞，把庄稼吃得没叶了，记不住哪一年了，下小雨就都出来了，开口子那一年没东西吃了。

日本人把堤给扒开了，那年其实水不大，听说的，在临清那开口子，在临清以北，运河从临清来，有一个弯，在那开口子，尖庄开口子，淹得清河没地走。1963年最后一次，后来就不开了。

前苑村

采访时间：2008 年 1 月 28 日

采访地点：清河县连庄镇前苑村

采访人：王 凯 李 爽 刘 欢

被采访人：赵玉臣（男 73 岁 属猪）

赵玉均（男 76 岁 属猴）

赵玉均：我上学时 8 岁，在自己庄上上学，上到十几（岁），上学的不少，一个老师，后来仨。日本（人）在这就不上学，上学时间都不去，检查就去，不检查就不去。学八路军的课，鬼子来了就藏起来，也有鬼子的课。8 岁上学，10 岁鬼子来了，鬼子来了基本没上。日本人没在村里住，路过。村里有个日本人，他带来的成华是个瘸子，开饭馆。日本投降以后带来的，早走了，回国了，走了之后来过信，叫桃九正行，桃九是姓，后面跟中国人一样。我们这里油坊、谢炉、黄金庄都有炮楼，大"扫荡"修炮楼之前，那时上学一两年了，有一天"扫荡"河北省，消灭共产党，听人说的。

赵玉臣：我记得在地里躲，秋收以后了，庄稼都没有了，都净大坷垃（土块），那时日本扫荡谁不跑？一说日本来都往地里跑，日本人哪村都去了，没抢东西，准备消灭八路军，抢地盘。跑了一天，东西没少，日本人没上家去。前苑庄死了一个，后苑庄死了一个，小名二茄扁，大名赵什么奎，被攮死了，怀疑他是八路军，实际不是。

赵玉均：大"扫荡"时我 10 岁，大"扫荡"之后，日本人才上这里来的，之后修的炮楼，大"扫荡"皇协军多，咱村没烧房子。有个教员民国 32 年被攮死了，叫赵德华。待俺村抓这么些人净老百姓，跑着，德华在后面，给打死了，起来以后都带谢炉去了。村里见天去人，净老百姓，赵德华是好老百姓，跟普通人不一样，一看不是干活的，死的时候也得五十来岁了。

就民国 32 年那一年，修炮楼见天（每天）出工，大人去，各村都去。给村里要人，鬼子有组织，各村有保长给他办事的。灾荒年先天旱，又招蚂蚱，水淹，春天旱，到五六月了，五月，耩地之后来蚂蚱，又来洪水，蚂蚱得七八月了，开口子到九月了。招大蚂蚱，一群一群，人就掘壕，赶沟里用布袋收，那时候日本人在这哩。那时有八路军，组织挑壕。挑壕，用竹竿赶，再挖个小坑，用布袋收。我也赶过，赶蚂蚱蝻，小，不会飞，大的飞。收蚂蚱炒炒吃，一年之后还有剩的蚂蚱，第二年就没这么多。水淹是运河开口子，临清南，咱这低，水一人多深。

赵玉臣：我那时七八岁。

赵玉均：我那时十来岁，五年里淹了两三年，那时河堤没这么高，一涨水就淹，村里也有水，打堰打住了，运河开口子来的水，尖庄以北淹这里，尖庄以南淹不到，淹到东边运河，西到葛仙庄，西南潘庄江，都上东北淌，淹到焦庄、盛庄，都是洼地，一直到武城。河北呢，淹到故城，武城以西，（淹到）山东。听说是鬼子扒开的，怕淹他的桥，扒开水小了，怕淹塌桥，扒开水了。

鬼子来以前，八路军多，八路也有正规军，叫七旅，在元庄，谁知道郭庄有没有，谁知道有多少人，人不少，一两千哩，大"扫荡"之前就走了，大"扫荡"之后游击队也不怎么有了，宋任穷在这。武城也有河，开了闸，地里水就往河里淌，水撤下去了，淹了一个多月，水下去之后耩麦子，立冬之前，耧耧地皮就耩去，用犁沟犁。发大水是六月七月里，下大雨之后才发大水，西南水多，往运河里淌。六七月下了大雨，民国 32 年，七天七宿地下，就灾荒年那年，屋子都漏了。那时没有油布，人在屋里搭窝棚，地上净水，有歌"八月二十三，老天阴了天，接接连连下大雨，人人受了潮，人人得霍乱"。下雨之后，就开口子了，西乡里霍乱比这儿死的还多哩，咱村死了有几个，见过得的，上吐下泻，两天就不行了。反正上吐下泻，能不疼啊。扎旱针，中医号号脉，救好的不很多，不怎么叫喝水，都喝中药，上吐下泻，几天就不行了。

俺村有几个得的，俺娘那年死的，俺村好几个，扎了，吃中药了，不多时候就不行了，那时候我十来岁。那时水淹了，没法下地干活去，有些人得（霍乱），后来她也得了，那时42（岁）。俺娘姓滕，娘家在滕蒿林。俺家没其他人，邻近没得的，东边有，赵同华，他得霍乱死的，死的时候也五十来岁了，也在家得的（病）。吃中药，扎旱针，扎旱针扎肚子上，不出血，扎旱针不出血，叫针灸。扎针不管事，那病不好治。得病死的三个，东边一个，不知叫啥，（还有）赵同华、俺娘，东边那个男的，得霍乱没治好。扎针的大夫叫李井有，号脉的姓陆，喊他陆坦，不知扎针的叫啥。郭庄也有医生，号脉的，开药，抓药喝。都是饿死，病死，谁知道死的人有多少，闹不清。建国时四百来人，灾荒年人多少不知道，起先人少，三百来口吧。上日本的人倒没有，有上东北去修小满发电站的，不知道在哪里，说给钱，给钱被诓去的，后来又朝回跑，跑回来了。

田沙土村

采访时间：2008 年 1 月 28 日

采访地点：清河县连庄镇田沙土村

采访人：石兴政　马金凤　颜有晶

被采访人：张富焕（女　76 岁　属猴）

　　　　　　冯立成（男　81 岁　属龙）

张富焕

张富焕：民国 32 年我在村里，一直在这村，娘家后段庄两年没下雨，就过来了，俺那会都 16（岁）了，逃荒逃到台儿庄。呵，那两年闹灾荒，一年闹蚂蚱，两年没收，头一年招蝗虫了，都是在逃荒那年闹蝗虫，这闹蚂蚱，庄稼它都吃了。第二年又旱，以后也没下雨，连灾两年，种的庄稼不收了，没下雨，那时又没井，第三年就好了。八路军那个时候（1942年）又来了，那年毛主席在延安发了兵。那时候粮食收不多，一亩地收一百来斤，麦子，收不了一百来斤，都是粗粮收一百来斤。灾荒年我不记得连续几年了，只是听说旱三年，淹三年，还闹蚂蚱，灾荒年那年，地里不收麦子，不下雨，饿死人不少。

冯立成

冯立成：那时候得病的不少，光饿死的，小孩还吃着妈妈的奶就死了。吃得少，体格不好，咋不得病啊。霍乱俺这儿也闹过，死的不少，得死几十个。俺爷爷叫冯延寿，会扎霍乱，治好了不少。扎旱针，扎穴道，出黑血，那年我才12（岁），灾荒年时我16（岁）。有得霍乱的，做着活呢，觉得不好，一会儿就死了，俺大娘就是这样死的，牵着牵着布就死了，有扎针的，能扎好。俺这地方好淹，俺小时淹过，清凉江里水满了，武城运河开口子就发大水，不是灾荒年开的。开口子我记得，武城开口子淹这儿了，那时我还小，在地里看瓜，甜瓜、西瓜，那会俺看过，俺家瓜地高，没淹。在江（清凉江）西那边，武城河那边涨满了，就开口子。我那会去武城卖布，十八九岁。

西垒桥村

采访时间：2008年1月28日

采访地点：清河县连庄镇西垒桥村

采 访 人：宋俊峰　廖金环　李廷婷

被采访人：苏景德（男　83岁　属虎）

李保其（男　75岁　属鸡）

刘玉芳（女　76岁　属猴）

苏景德：我当过三年兵，刘邓大军南下把日本打走，我那时二十一二（岁），在南方（参加了）四年的自卫（解放）战争。灾荒的时候 12 岁，灾荒年不收粮食，都上东北逃荒去，坐不起火车，都是走着去东北的。家里闹灾荒，发大水，连着三年开口子，先旱，后开口子，光下雨，六七月发的大水。光下雨，没法种地，水一大运河口子就开子。

苏景德

我那年 12（岁），都（过去快）70 年了，村里原来有五百来人，饿死了二十来个人，我父亲都是饿死的。饿着，腿肿大了，人就光吃树叶子，都是浮肿，没有粮食，光吃瓜、树叶，没人管，我就上齐齐哈尔、哈尔滨逃荒去了。

日本来中国年岁不多，我们村李长久他父亲是老共产党员，1937 年当的是县委书记，他父亲让日本鬼子打死了，他现在 71 岁。

李保其

霍乱病都是（在）灾荒年，没有吃的，闹瘟疫，那时生活不行，霍乱是在发水之后，也在六七月。后来又闹蝗虫、蚂蚱，手一捧都一大堆，那时候有庄稼，才一米来高，庄稼都被吃光了，闹蚂蚱是在修炮楼以前，（有）蚂蚱、棉虫。

那时没井，光靠天吃饭。日本人发有良民证，有相片，恨得受不了，之后都丢了。离这四里地，有 20 个炮楼，三四里都有一个炮楼，黄庄、屯里、黄金庄都有，多了去了。一个炮楼，鬼子只有一两个，皇协军有

刘玉芳

一二百个，皇协军吃喝得好，抢东西，日本鬼子看见什么东西都拿，跟我们要粮食、牵牛、抓鸡，随便打人，看不顺眼就打。

后来有八路军，挖这道沟，日本人来扫荡，沿着道沟跑，上各村去都是沟道，打仗时好跑，有五六尺宽。我父亲李金坡，是被日本鬼子打死的。村里都要给他（日本人）干活，修炮楼、公路，不管吃，不管住，我那时 15 岁给他修炮楼。

这都六七十年了，霍乱病是个小事，都是饿死了，饿了，肚子里没食。

采访时间：2008 年 1 月 28 日
采访地点：清河县连庄镇西垒桥村
采 访 人：宋俊峰　廖金环　李廷婷
被采访人：苏凤城（男　80 岁　属蛇）
　　　　　陈兰芳（女　73 岁　属猪）

苏凤城（左）、陈兰芳

灾荒年那时我九岁，日本人闹腾得老百姓不敢种地，都逃荒去了，逃到黑龙江，哈尔滨。有个比我小一岁的苏印田，他也上那边去，现在不通信了，这个印象很深刻。

灾荒年得的霍乱病，那时候生活不好，一吃就吐，一会儿就死。我那时还小，挨饿，吃黄树叶、柳树叶，吃豆子还是好饭。那时候可难受了，饿死不少人，逃荒上河南，我们没去。

陈兰芳："我娘家是西边马二庄的，日本鬼子进村，放一枪大家都跑，那时我七岁，有牵牛的，摔东西的。屯里有一个炮楼，黄金庄西边那个村（炮楼）多，两三天就扫荡。主要是皇协军闹，鸡鸭都牵走，他吃生肉，光吃好肉，在我大娘那要了两桶油。发过良民证，都上王官庄按手印去了，上那儿去照相，他就借这个机会欺负老百姓，皇协军是中国人。"

也有抓劳工的，一回就抓好几十（人），他（日本人）不管饭，挨饿，他吃剩扔了，只能上那抓着吃了。有被抓到日本国的：武秀波、孙鸿儒、董庆峰，抓到日本煤窑去了，火车运过去了，上日本了。只有武秀波回来了，两个都死在那了，武秀波是我的老师。日本鬼子投降，（劳工）回来，投降以前死的回不来了。在日本不让吃，病了也不管，死了也不管，一回抓好几十个。那年不是 1943 年就是 1944 年，那时我还小，应该是 1943 年。

那年先旱，人带着柳条求雨，到炮楼前求情，求减轻老百姓的负担。谷子都让蝗虫吃得没叶了，被咬得一块一块的，小的不会飞，都掉到土壕里。那是建国以前，民国 32 年，十三四岁吧，拿个棍打蚂蚱，旱灾也是不收麦，天旱的时候都修炮楼了。

七天七夜的大雨，那时我才六岁，住在两间小房子里了，大家都住我那边去了，那雨不大，搭窝棚。我经历过三回洪水，第一回最大，两天村里就平了，老百姓分散了，没组织，那时候我八岁。我九岁时发过大水，数那年厉害。灾荒年也发过大水，淹到屯里，堤挡住了，没过来。尖庄开了口，淹了清河没处走，在临清那开的，那时是汛期，下雨期间。

灾荒年闹霍乱，死的没人抬，扎针，不能喝水，一喝水就死。李长镇母亲让先生扎针，渴了喝水，就死了。传染人，是通过苍蝇传人，带菌的，蝇子吃了卖的肉就没死。霍乱、天花、痢疾，共产党来就消灭了。猪传染，它吃的乱七八糟，牛羊没听过，它只吃草。吃了不干净的肉，一喝水就得霍乱，吃生水不行。都说是霍乱病，死了也不知道，没医生号脉，吃药。那时候有扎旱针的，银针能治得好，也有请大夫的，是中医，吃大药。哪里不好就扎哪里，挑一点出一点血。

霍乱病，我村里死了 100 多个，医生忙不过来，这个病很快。逃荒、闹霍乱，村里没剩多少人了，这在发水以后，春季的时候，三月末，天气快暖和的时候，病菌都传染过来了。是在民国 32 年，因为不讲卫生，苍蝇传病菌，喝凉水、烂果，什么都吃，吃了都得霍乱。老百姓不知道，买了死猪吃就得霍乱，那时死猪、死狗的肉贱卖。

日本鬼子闹腾着没东西吃，修炮楼把炕上的砖都拿走了，都是抢东西，家里有一两斤粮食都抢，不管你饿不饿。

西张宽村

采访时间：2008年1月24日

采访地点：清河县连庄镇西张宽村

采 访 人：石兴政　马金凤　颜有晶

被采访人：冯生强（男　78岁　属羊）

冯生强

民国32年，没有粮食，是个灾荒年，饿死很多人，我父亲就是那时饿死的。那时旱啊，没收成，人吃棉花种，碾一碾放锅里蒸蒸吃。

那年阴历六七月下了雨，闹了水，村里能撑船，旱过之后连续地下，街上的人饿死的饿死，逃荒的逃荒，我的一个姐姐逃到了河南，就是黄河以南，不是河南省，在台儿庄，现在还在那，在那嫁人了。我是十二三（岁）当的兵，姐姐后来也逃荒走了，我当兵回来之后才知道她走了，我不知道她去了哪，就到各村发信找她，就这样联系上了。

那年我也去东北逃荒走了，两年多，从民国32年到大约民国35年，父亲在家饿死了。我回来之后还有日本人，给他们修过炮楼，炮楼可能就在前连屯、后连屯这块，黄金庄也有炮楼，军营也有炮楼，咱这村没有。1945年，日本人投降了，炮楼就没了，我也参军了。

民国32年，霍乱啊，净这个病，饿死的多一些，我母亲得病死了，主要是饿的，得了这个病就没治。那时咱村一千三四百人，死的人不少，得病的也有，剩了八九百人，逃荒的多，往东北的多，那儿山区地多人少，河南可能风调雨顺点，死的人也多。

见过日本人，我十二三岁就被弄去干活。冯三信他爹叫嘛来？他就是在连庄炮楼被杀的，他给八路军办事，就是接待八路军，日本人说，他有八路怎么不报告，就把他杀了。当时我记得杀了四个人。妇女啊，日本人来了就跑啦，往脸上抹灰，赶快跑，老百姓只要让日本人看见跑啦，他就打死你。

冯生强妻子："要不是日本人俺父亲也死不了，别人告俺爹是八路、党员，有一个姓郭的党员住在我家，后来去东北开展工作，这一片的去了好几个，俺爹就是其中之一，到了那人生地不熟哦，被发现了，打他，他不承认，装疯，结果还是给杀了，他叫孙洪贵，这村人都知道。"

后来八路军来了，人家对老百姓好啊。这没有土匪，那时啥也吃，柳树叶子、树皮都吃，地里不收东西，天旱，日本人来了就跑，也不能按时生产，都喝凉水，哪有暖壶啊，谁讲究这啊，就是大锅烧饭烧点热水喝喝。

民国32年，闹过蝗虫，哄哄的，在地里挖个沟，几十公分宽，几十公分深，人拿着棍子把蚂蚱撵沟里去，再用土埋上，日本人不组织逮蝗虫。当时村子里有两个村长，外交村长主要是接待日本人，另一个村长管村子，他们不属于日本人、国民党或八路军，都是村民自己选的，他俩私底下挺好，都有威望。蝗虫持续了几天，一绺一绺地从东北来，向西去了。

那年不记得卫河闹过水。

冯生强妻子："我今年72岁了，记得我七八岁时开过口子，村子里能撑船，我姥姥那时死了，去叫村长的时候，我记得就是在大街上撑船过去，那时小，也不知水从哪来。"

听过日本人戴过面具，放毒气时用，这边倒是没放过。段头、黄金庄、连庄有炮楼，一个炮楼里，有日本人、皇协军，日本人有时没有，全是皇协军。村里人只要看到红白旗就跑，没有红白旗就不怕了，那是皇协军，再咋说也是中国人，没事。那年也没听说牲畜有得病死的，听说过抓劳工的，这一片倒是没有。

解家庄村

采访时间： 2008 年 1 月 27 日

采访地点： 清河县连庄镇解家庄村

采 访 人： 齐 飞　廖银环　张利然

被采访人： 顾成阁（男　80 岁　属龙）

顾成阁

  灾荒年时我在村里边。灾荒年时下了个把月的雨，20 多天，人都逃荒了，家里剩下爷爷，还有村里几个人，其他人都去逃荒了。村里饿死的人不少，不知道多少，都是饿死的，得病死的，饿得没钱看病，有上吐下泻的，叫霍乱，其他的症状不知道。那时死人多，各人顾不了各人。那时候没有医生给治病，村里有老中医，请不来，来不及治，有扎旱针的，但又顾不过来。不清楚村里有没有得鼻瘟的，都是得霍乱病的，死得快，家里没有得霍乱病的，据说霍乱病传染。闹不清鸡、狗有没有得病的。

  那年地里不收庄稼，又在南边临清尖庄开的口子，都说是日本人扒的，三年里淹了两年。这边都有炮楼，杜楼、油坊、华庄都有炮楼，让老百姓修炮楼去，百姓去了。日本人也会打人，奸淫烧杀都有。咱村有被抓去日本的，有一个叫王守祥，日本投降时回来了，不知道他去日本干了什么。

  日本人穿的黄军装，有戴口罩的、有戴防毒面具的，不多。炮楼上尽汉奸。连家屯也有日本人，在华庄、杜楼我看过戴防毒面具的。见过日本飞机在天上飞，没见过从飞机上扔东西。一个穿灰衣裳的编席的人给一枪打死了。没有给村民吃药的。

  一个八路军县大队有三十几个人，一个省才有一个独立旅。1946 年，那年 18 岁，1945 年入的党，我当了七个年头的兵，跟刘伯承一起打仗，在山东高密、聊城、齐河、平原打过仗。1943 年出去待了一年。回来后当民兵，那时这里已经解放了，山东没有解放，去那边打仗，参加自卫（解放）战争，待了七天。

采访时间： 2008 年 1 月 27 日
采访地点： 清河县连庄镇解家庄
采访人： 齐 飞　廖银环　张利然
被采访人： 解解增（男　76 岁　属鸡）

解解增

民国 32 年正困难，挨饿那年我出去了，跟着老人往黄河南要饭去了。民国 32 年那时旱，蚂蚱跟刮风一样来，过去后，高粱就一秆儿了，在地上挖一条沟打蚂蚱。

日本人在村子里住了一夜，那时我有七八岁，日本人追鸡。日本叫人给抬水，人不抬就打，打了几个人，用鞭子打中国人。在这个地方打枪死了一个，一个人在这里编席，穿了一个大袍，看上去像八路军，就被打死了。杜楼、屯里有炮楼，里面大多是皇协军，给他们干活时，还带着烟酒。我那时小，没有被带去干过活。

民国 32 年没有发过水，1956 年发过水，记得发过两三回，1956 年是最后一次。灾荒年死的人抬都抬不出去，人都抬不走的。得病都是饿着的，那时有个老太太得了鼻痪，那时候没有粮食。

有一个人被抓到日本国，回来了，他叫王守祥，现在去世了，在日本喝过马尿，没说过在日本干什么活，村里被抓走的就这一个人。

杨豆坞村

采访时间： 2008 年 1 月 27 日

采访地点： 清河县连庄镇杨豆坞村

采 访 人： 齐 飞　廖银环　张利然

被采访人： 杨海文（男　82 岁　属虎）

杨海文

灾荒年时我家有爹娘，家里有三亩地，六七口人，灾荒年粮食不够吃，逃荒要饭，要不八路军怎么斗争，穷人就去干八路军工作，不敢露面，干地下党。中央军有好几派都是杂牌兵。

灾荒年天旱，我十多岁就逃荒去了，我从小就要饭，要到十六七岁。后来上东北，待了一年就放回来，回来待了一年又上沈阳，替人干活了，那时有日本人，替人刷锅做饭，干了几年，日本鬼子一亡国（战败）我就跑回来了。

灾荒年发了好几回水，开三四回口子，在油坊、临清开过，东边运河开水，地里（水）有两尺多深，村里打堰子，不让水进村，屋都是土屋，水大，装不了了。我还领着打堤去了，打得很高，还是鼓出来了，这边打堤那边又开。死的人多，没什么吃的都死了，有地主、有困难户，地主家有吃的。人怎么死的都有，有钱人死不了，有得霍乱病死的，一伐子病，它传染，很多人得这病。有扎旱针的，有扎过来的，扎腿、膝盖下边，扎了之后会冒血。

日本人穿绿军装，没见穿白大褂的，尽中国人、高丽棒子，他们帮日本人。没见着戴口罩的。给日本人修炮楼，去晚了就打人，打中国人。当老缺（土匪），会抢的都发财了。

在家里的时候俺替八路军出力，没参军，兄弟三个去一个，老婆、爹娘都不知道，开会就去村外坑里，都实行单线接头，连庄、华庄、黄金庄都去过，白天修好，晚上去扒。那时我跟刘伯承走了，打了很多仗，死里逃生，打太原，打国民党，在那干了，我家没吃（的），不回来。我把伤员从战壕里背出来，两人背一个，背到医院就走了。1945 年还是 1946 年我入党了，新中国还没成立。我山东、东北都去过。

尹豆坞村

采访时间： 2008 年 1 月 27 日
采访地点： 清河县连庄镇尹豆坞村
采 访 人： 齐　飞　廖银环　张利然
被采访人： 尹季堂（男　80 岁　属龙）

尹季堂

民国 32 年家里五口人，种 12 亩大地，那时候一亩相当于现在二亩地。灾荒年 1942 年不够吃，1943 年开口子就不行了，以后开口子，后来长蚂蚱就（把庄稼）给吃了，1944 年又开口子，连着开了三年口子。那时水有二尺深，过六七里地就有一人高。

过了 1943 年，1944 年逃荒的多，村里只剩下几十口人了。灾荒年死了不少人，村里饿死的也多了，那时村里有七十来户，出去逃荒的各家都有，出去逃的没大有死的，在家有闹病死的。在家没吃的，吃糠吃菜，有霍乱病，我家没有，上吐下泻的有，我不记得是哪一年了，那时岁数小。灾荒年得霍乱病是在发大水之后。

日本 1937 年进东北三省，在 1943 年我第一次见日本人。他们在村里修炮楼。中国人欺负中国人厉害，杜庄、连庄、黄金庄都有炮楼，我 15 岁去修过炮楼。村里领导人在村里摊派要人去修炮楼，青年人去修，不干活就打，皇协军管修炮楼。

日本人和咱这里人差不多，穿黄衣服，日本人给我吃过红糖，他们跟我说，他们不是来打中国的，是回老家。日本人来俺这个村，住了一宿就走了，他们放火烧房子，他们看中国人不顺眼，就逮人，皇协军报告说，这个村是共产党的村，日本人就包围村子。我舅舅很危险，如果是八路军，日本人就抓着不放，他们弄死了六七个人，共产党放了三枪我舅舅就跑了。日本人穿黄军装，多数和我们军人差不多，都是高丽人穿白衣服，高丽人被收服，叫他们过来就过来，冬天日本有人戴口罩，冬天也有戴面具的。在大街上看不出是不是日本人。

1942 年大扫荡，我那年 13 岁，俺母亲说要走，排长说大队伍上西北去。日本人进村就笨，把他们消灭了，整个清河县日本人不超过 30 个人，皇协军给他们卖力，后来日本投降。村里有恶霸，1946 年、1947 年共产党把这里解放了。

1945 年日本投降，我那时在黄河南住。日本飞机我看不出，不知道是哪一边的，投降那年他们的飞机往北飞。他们留下的东西，都叫老百姓给抢了。

那时河口子开了三回，东边的卫运河开的口子，雨水不小，老百姓都上那筑堤。有一年（记不清了）山东开口子，保护北京、天津，那时水大，向东边淌，那是共产党（还是）国民党挖的？具体记不清了。在德州南山东开的口子，最后把这边淹了。

张豆坞村

采访时间： 2008 年 1 月 27 日

采访地点： 清河县连庄镇张豆坞村

采访人： 齐　飞　廖银环　张利然

被采访人： 宋永路（男　80 岁　属龙）

当时有日本鬼子，屯里有炮楼。到后来在屯里给日本鬼子干活，在锅里贴两个饼子当干粮，日本鬼子更精，我给他们挑水，你挑的水向里倒的时候得喝一口，要不他就打人。当时按地出工，地多人出的也多。油坊、黄金庄、谢炉也有炮楼，没听说有被抓到日本去的。

宋永路

民国32年，在郭屯开过口子，在东南方向，临清以北，俺这边都淹了，淹了两回，民国32年一回，1956年一回。运河开口子，俺这儿堤不好，一开就是几十丈宽，不敢挖，八路军修堤。

灾荒年发过大水，日本人来之前也发过大水，人都逃荒去了。灾荒年饿死的人多，那时吃糠吃菜，吃树叶子，地里不收，没井，没收。大亩地，一亩赶现在一亩六，一亩地只收一口袋麦子。现在好了，要吃有吃，要穿有穿，不纳公粮了，还给老百姓钱，学生学费也免了。

灾荒年吃不好，得病了，没药，等你抓药了，都晚了。那时候有鼻瘙，鼻子长肉，叫急性梗塞。用针扎腿弯子、胳膊、鼻子、嘴、舌头，用妇女做活的针，出血，一呲老远，黑血。哪个村都死好几十口人，黄金庄死了300多口人，那时候吃红高粱掺糠，吃不好。上吐下泻也用针扎，请先生请不起，尽草药。民国32年时叫霍乱。那时候不识字，也不懂，得霍乱病也不少，死好几十口人，鸡也有得病的。

见过日本人，上炮楼干活时见过。日本人都穿黄呢子，很少有穿白衣服的，有戴口罩的日本人，人家干净。没见过戴防毒面具的日本人，没见过日本人从飞机上往下扔东西。日本人来村里能干好事吗？一个炮楼几个鬼子，皇协军在那儿，日本人也杀本村（人），俺村没有去下煤窑的，其他地方有。

民国32年，我逃荒到济宁兖州，济宁北康庄驿。在济宁待了一个年头，回来时日本（人）都走了，1946年、1947年斗地主，打恶霸。

"冀南人民一起来，成立自卫队，民主抗日有口碑，反对汪精卫投降小日本，枪毙了石友三，他与日本有关联，他是大汉奸。回到清河城，住在中西孟，你看抗日军民多光荣！"

我大哥1944年抗战，我的大哥在俺县大队，县大队有几十口人，后来当营长死了。我们的今天都是先烈用鲜血换来的，咱今天容易吗？不容易！八路军抗战也不容易。我在河东打过游击，在山东打过杂牌、伪军，他们跟日本鬼子一对，打仗死的人很多。

采访时间： 2008年1月27日
采访地点： 清河县葛仙庄镇武宋庄
采 访 人： 栗峻峰　郝素玉　宋俊峰
被采访人： 张翠萍（女　78岁　属羊）

张翠萍

我读书读到12岁，读了三年。1943年我十二三岁，娘家在豆坞。民国32年，灾荒年，近八月时雨，连阴下了七八天，先旱，后下大雨，淹了，然后老百姓病。

病死了很多人，都得霍乱死的，他爹张玉明，女儿叫什么忘了，十八九岁，张月贵，他的叔伯爷爷（病死的），那时没先生，扎胳膊，腿下的大筋，冒黑血，上吐下泻，难受，发烧。

不是先生，是村内的妇女，俺没见扎过来的。死的人多，都是霍乱死的，严重。俺老婆婆五屯武林氏，俺丈夫11（岁）时她死的。

发大水，从卫河过来的，开口子，渡口驿开的口子，淹着张豆坞，没淹到这儿，大堤是冲开的，不知道日本人挖过。

逃荒的不少，过了贱年，都往黑龙江逃难。村里有逃到沈阳干活的，逃荒到沈阳，在那儿抓的，抓到日本，抓到奉天。

采访时间：2008 年 1 月 27 日

采访地点：清河县连庄镇张豆坞村

采访人：齐 飞 廖银环 张利然

被采访人：张书廷（男 87 岁 属狗）

张书廷

民国 32 年我逃荒去了，我上黄河南去了，也去过沈阳，我穿着棉衣，也不算很冷，过了年去的。

过贱年时天旱，旱了一年多。河里发过大水，1956 年发小水，之前发过大水，哪一年记不清了。

那时小，饿死的人多，逃荒走的也多，有得病的，挨饿吃糠就得病。什么症状？就是挨饿，没吃的。闹霍乱时死的人不少，死得很快，霍乱病到现在几十年了，现在记不清了。灾荒时有日本人，霍乱那时还早，还没日本人，霍乱病不一会儿就死。

灾荒年挨饿就得病，有长鼻瘊（的），挑挑就好，用做活的针扎，扎鼻子里的泡，扎破的就好，泡血的就不好，什么颜色的记不清了，得鼻瘊病死的不算很多。

我见过日本人，还给他们盖过炮楼，华庄、黄金庄都有炮楼，上边人摊派去做活。日本人穿的衣服和电视上的差不多，穿黄军装，具体有没有戴口罩、面具的记不清了。

张二庄

采访时间： 2008 年 1 月 28 日

采访地点： 清河县连庄镇张二庄

采 访 人： 石兴政　马金凤　颜有晶

被采访人： 吴学禹（男　84 岁　属鼠）

吴学禹

　　我是 1944 年 9 月 29 日入的中国共产党。

　　民国 32 年啊？那时我在这个村子，那年先是天旱，到了六月初才下的雨，到了以后光下雨，我那时 12 岁，这好像不是民国 32 年，还要早。

　　民国 32 年也是旱，下雨后招的蝗虫，后来弄的那么些蚂蚱给炮楼送去，那时闹蝗虫，没粮食，就吃蚂蚱，粮食全让蚂蚱吃了，就往那送蚂蚱。没淹过，河水也没开过口子，开口子那会儿还早，我十二三（岁）时发过水，那次水才大哩，北边是清凉江，运河那边开的口子，淌到我们这边来，自己开的口子，水多盛不下了，就冲开了。

　　秋后了，下了七天七夜雨，俺村里没淹，地里也没淹，黑天下，白天下，一直不停。连灾三年，闹不清，反正那几年不平。民国 32 年，到了秋后，得病的死得很快，一家一家的死绝了，都说叫霍乱，上吐下泻，（死的）快，传染，不然怎么能一家一家的死啊，光这个病死了百十口子人，可是不少，连大人带孩子，光死净的就好几家，那时俺村 800 口子人。

　　阴历的八月二十八日，有编的歌，"八月二十八，老天阴了天，接接连连下了七八天"。下雨时，没得霍乱，下雨后潮湿就得霍乱了，持续了一两个月，哪个村的也有，那时都说是受潮湿得的。那时没医院，就有个会扎针的，好的少，也有扎好的，俺媳妇就得了这个病，后来扎针扎好了。放黑血，自己流，腿上也放血，脚上也放。

灾荒年那年没开口子，都是下雨下的，俺村的得有三分之二的人逃走了，逃荒逃出去那么些个，到东北哈尔滨。

民国32年，先旱，后来就淹，蝗虫在大雨后，那时有庄稼了，人也得病了，庄稼也得招蝗虫了，蝗虫是害虫，棉虫是下雨后，那年蚂蚱、棉虫都闹，蚂蚱得闹了20多天，说没就没了，都是在下雨后。清明种高粱，七八月收，红高粱六月底就能收，谷子四月立夏时种的，八月白露收，棉花头三月十五小满种。

民国32年地里么也没有，八月二十八之前下过一点雨，种上了点庄稼，没有高粱，八月二十八，往后啥也种不上了，太晚了。

日本人在这儿呢，那时，连庄那不有炮楼啊，光来抢，先打八路。俺村是老革命区，俺村六七百口人，40口子人是党员，在俺村原先还有地道，现在平了。没见过日本人戴过防毒面具，人家说是防毒气，咱不知道，日本人出来扫荡就戴那个。那会儿说日本人来了，就跑，光跑，我骑着自行车跑到北边地里，日本人差点就逮住我了，可命大了，俺村那时有三辆自行车，我就有一辆。

王官庄镇

大寨村

采访时间：2008 年 1 月 27 日

采访地点：威县常庄乡常庄村

采访人：王 浩 徐颖娟 刘文月

被采访人：王小凤（女 78 岁 属马

娘家在清河县王官庄镇大寨村）

王小凤

不记得小时候有多少地了，人都吃不饱，忍饥挨饿。民国 32 年闹饥荒，我没出去逃荒。

民国 32 年村子里也旱，不下雨，秋天下了七天七夜雨。民国 32 年有过河水淹。

村子里有得霍乱转筋的，扎针啊，扎得晚的就死了，得这个病的人多。一个胡同里死了人都用席子卷着埋了。看到过得霍乱的人，连吐带泻的，死得快，不知道抽筋不抽筋，我嫂子得这个病，什么样子不记得了，使草席子一卷就扔了，我嫂子活过来了，喝口凉水就死了，我嫂子死的时候十七八岁了。

蚂蚱来的时候乱蹦跶，我没有吃过蚂蚱。我没见过日本人，女的都藏起来了，一说日本人来了就往外跑，日本人进村来没人。

王小凤丈夫：日本人把我抓起来了，关了 13 天，交上粮食就保出来了。

丁龙村

采访时间：2008 年 1 月 26 日
采访地点：清河县王官庄镇丁龙村
采 访 人：王雅群　常晓龙　张　琪
被采访人：宓长士（男　91 岁　属羊）　秦长流（男　75 岁　属鸡）
　　　　　　赵红葵（男　69 岁　属兔）　宓敬学（男　65 岁　属羊）
　　　　　　马云田（男　76 岁　属猴）　赵其庄（男　76 岁　属猴）

1943 年天气正常，旱的时候靠天吃饭，不下雨，死好些人，死得都抬不过来，没人管，穷，没钱治。那年饿死的有七十来口人，还有霍乱，一放血就好了，得（霍乱）的腿酸，扎得及时能好，又饿，再加上一冷，就得了霍乱，今天好好的，明天就死了，急性病，扎不及就死了。扎的地方不固定。得（霍乱）的人不知道有多少，有俺大嫂子、长经家，西头也有。灾荒年与天气有关，先饿又旱，下了七天七夜大雨，霍乱啥时候记不太清，大概是在下雨之后。

民国 32 年遭水淹了，临清那河开口子了，开口子都是因为涨水，堤受不了了，就开了。

日本人 1943 年来了，王官庄建炮楼，抓共产党，抢东西，不得罪（他）就不杀你。大多都跑了，就小孩老人了，他不杀。强奸妇女都不知道，我们都逃地里了，他就不抓了。日本人抓劳工修炮楼，都各人带各人干粮，你不干就揍你。

董家铺

采访时间： 2008 年 1 月 24 日

采访地点： 清河县王官庄镇董家铺

采 访 人： 刘鹏程　侯文婷　白　梅

被采访人： 董计顺（男　73 岁　属鼠）

董计顺

灾荒年我可能六岁，记点事了。我以前是威县的，尹村的，弟兄两个，都逃荒来的，那时七八岁吧。

民国 32 年没上水，光下雨了，下了七天七夜，七月八月了，那时我在家。那时村里每天得死两三个，抬不及，三百来户的村得死几十口，有条件的挖坑埋了，秋天发的病。

我父母得霍乱死的，闹肚子，腿抽筋，肚子疼，死得快，针灸，扎针，有扎好的，我村里有扎的，我跟的那个老头就扎好了，董家和，就是我跟的这户，73（岁）才死的，治好了以后活得挺好。霍乱转筋过去，日本人才来的，那时还小，说不准。

那年年景不行，闹灾荒，加上日本人进中国，都抢大户。地里种点麦子，又招蚂蚱，都咬头了，麦子不熟快黄的时候来的，都吃蚂蚱。

见过日本人，那会儿记事了，他们到村里烧、抓鸡、烤火，拿刺刀挑着鸡往火上烤。他们抓八路军，那时八路军不露头，都是游击队。三里一个小炮楼，五里一个大炮楼，这里有个小炮楼。抓人闹不很清，没抓妇女。

后食店村

采访时间： 2008 年 1 月 24 日
采访地点： 清河县王官庄镇小屯乡后食店村
采 访 人： 齐 飞　廖银环　张利然
被采访人： 段玉章

段玉章

　　那时我家里有父母亲、爷爷和我共四口人，家有七亩地。灾荒年以前，粮食不够吃的，天旱了两年没收，一点雨也没下。

　　那时吃糠咽菜、树叶子，后来下雨了就好了。雨很大，下了七天七夜，房子没倒但是漏了，没淹。咱这儿没有洪水，没发过大水，就是当时天旱死的人不少，没吃的，都饿死了，饿来饿去没粮食吃，老人都在家里靠着。有得霍乱病的，没什么病的都是饿死的，下雨下的得了霍乱病。大旱又下雨，就有得霍乱病抽筋的，大多数都上吐下泻死了，死得多了，那会儿村里 300 多口人，有一家都死没了的，这个村大约死了八十来口人。那会儿有会扎旱针治这个病的，那会儿没医院。针有一拃长，很细，扎针扎穴道，扎肚子、腿、胳膊，得有会扎的（人）。扎旱针不出血，得了病腿抽筋，不传染。我那会儿小，没出去逃荒，爷爷出去了又回来，父亲又出去了。

　　荒年以前日本人就来了，来王官庄，日本人经常来村里抢老百姓的粮食，叫百姓做活去，挑沟、挖很深的沟。在王官庄村一带挑沟，有了沟八路军就过不去了。都叫过去做劳工，没有被抓到日本去的。日本人在村里待的时间不早。

　　灾荒年时听老人说蚂蚱很多，满地都是，我那时很小，只是听老人说，收了蚂蚱给日本人，日本人收了给发盐，日本人换盐。那时候蚂蚱多，满地都是，没完。

我见过日本人，那会儿我小，十来岁，日本人穿黄衣服，没见过穿白衣服的，也没见戴口罩的，见过日本飞机。日本人不在咱这住，只在咱村过。等日本人来了就往西跑去躲，过了威县就没事了。这边也有八路军，过了威县就管不着了，老百姓随着别人跑。

那时没吃的，饿的得病，现在好了，有了合作医疗，还给报销，还有补助。

采访时间：2008 年 1 月 24 日
采访地点：清河县王官庄镇小屯乡后食店村
采 访 人：齐　飞　廖银环　张利然
被采访人：魏凤琴（男　78 岁　属马）

魏凤琴

民国 33 年灾荒年，招蚂蚱是民国 31 年，民国 32 年是过贱年的中间。我一直在村子里面。父亲去逃荒，到山东平原县，父亲在那里待了两年。那时家里有四口人。

当时八路军力量不大，黑夜里八路军搞破坏。我在日本人的治安军待过。八岁的时候给人做活，村里派工给日本人做活。

这里发过洪水，从运河里来的水，这是鬼子来之前发的水，光把村子给围住了，村子外边全是水。这里光旱，成了大灾荒，那时村里有 300 多口，死了一百来口人，连旱带淹死了一百一十来口人。逃荒出去的没事儿，在家的都死了。有的吃新粮食死了，有的饿死了，发洪水后有得霍乱病肚子胀死的人。那时候没医生，中医都不在家，家里人有会扎针的，有扎过来的，也有没扎过来的，有扎胳膊、腿的，有的给放血，出黑血，不出血扎不过来，出血的能扎过来，得这病的人多。有累死的人、有不知道病因死的，饿死的人多。这个病不怎么传染，一般家里有一个人，认识的人得这个病的不多，因为那时候几乎不出门了。

日本人在村里不断来，路过，在村里乱窜，不怎么打人，日本人要东西，日本人穿绿呢子衣服，没有穿白衣服的，很少。特务队穿黑衣服，日本人有戴口罩，戴眼镜的，是当官的，小兵不戴。日本人修炮楼，轧汽车道，不抓人，按村摊派人做劳工，日本人在炮楼里养兵，抓人到炮楼里给（他们）干活。

家里的动物没有得病的。在这个村，日本人不乱祸害，日本人不给打针吃药。当时发水时，平地里个把儿深，发水，是在灾荒前两年。灾荒年时，日本人在王官庄，灾荒年旱后下过雨，河里涨水但淹不到家里，得病是在下雨之后。发霍乱病的时候，日本人在中国。

采访时间： 2008 年 1 月 24 日
采访地点： 清河县王官庄镇小屯乡后食店村
采访人： 齐　飞　廖银环　张利然
被采访人： 魏风庭（男　74 岁　属猪）

魏风庭

灾荒年时我在村子里，大约六七岁，那时家里的地有十亩左右，那时天气旱，灾荒年闹蚂蚱，很厉害，把熟谷子吃了，过了灾荒年下雨。

这个村子发过两回水，是闹灾荒时发的水，水小，是河里来的水，自南边来的水，没有人挖开的口子，是河堤自己开的，不记得民国 32 年时村子里发过水。

那时候没有吃的，有得病死的，死了不少，饿得长病，得霍乱，得了霍乱在身上乱扎，医生看不过来。看病时一般扎针，扎针时冒黑血，有扎过来的，有没扎过来的。一般还是饿死的多。

那个时候日本人在票子里。日本人在这里扫荡、那里扫荡，找粮食。

日本人抓劳工，修东西，抓劳工下煤窑，到日本，上东北。那些人有跑了的，有回来的，各个村子里都有，是在日本投降时听说的。

见过日本人，从清河到威县扫荡，日本人穿绿衣服，没穿白大褂的，日本人穿皮鞋。见过日本飞机，没见过从飞机上撒过什么东西。日本人没给村民扎过针、发过药丸。

采访时间： 2008 年 1 月 24 日

采访地点： 清河县王官庄镇小屯乡后食店村

采 访 人： 齐　飞　廖银环　张利然

被采访人： 魏广基（男　81 岁　属兔）

魏广基

民国 32 年灾荒年，旱，那年死人不少，吃不好，都饿坏了。那时家里有五口人，村里有 900 口人。灾荒年三年不收，我没出去逃荒，父亲去河南，哥哥去卖布衣鞋。后来下雨了，不记得下了多长时间。一九六几年发过洪水，民国三十几年从东边来的水。灾荒年时，运河里有水，能行船，六月天里水大。

那时候生活困难，得病死的，都是上吐下泻，干哕，老人们叫霍乱，都是吐。那得病的人不少，那时候不到街上去，都在家里，吃不好、穿不好，得病了。扎旱针治，用很细的针，扎上去不流血，有的治好，有的治不好，治好的不多。家里养的动物也有得病的。

那时候还有日本人，日本人穿绿色衣服，有戴口罩的，白色的，那时候皇协军多。天天给日本人做工，挖沟，也盖房，也盖楼，不给钱，给轧公路。做劳工的不去日本，做完工后放回来，晚上放回来。得霍乱病后，日本人不给扎针，不发药，没有检查身体。

来过飞机，从天上过，没见过扔东西。

采访时间：2008 年 1 月 24 日

采访地点：清河县王官庄镇小屯乡后食店村

采访人：齐　飞　廖银环　张利然

被采访人：魏魁英（男　76 岁　属猴）

魏魁英

　　那时候家里没多少地，大约有五六亩地。那时候俺家里八口人，村里有四百来口人。灾荒年不够吃的。

　　天不下雨，待了两年不下雨，后来下雨了，发过大水。1958 年、1963 年发过大水，1963 年水大。日本人在时发过大水。河开了口子，决口时日本人已经走了。

　　灾荒年死很多人，各人顾各人的，吃糠咽菜，一户死了人都不知道，从门里一拉出来就埋了，饿死的多，那会儿的人肚子大，气鼓。

　　霍乱病发病的时候，不清楚日本人在不在。得了霍乱病，身体不舒服，死得快，那会儿闹不清楚能不能传染，老中医那样说的叫霍乱。老中医给治，吃中药，有扎旱针的。俺娘眼看着不行了，没法了，找魏华方老中医，扎一针就好了，治好了活到了 90 多岁，没听说得那病有抽筋的。

　　日本人来时我岁数小，我见过日本人，从村里过，王官庄是个大炮楼，（日本人）在村里杀过人，老杂（土匪）杀的人吊起来，那会儿攒钱把人给赎回来。那会儿八路军的力量不大，日本人走了就解放了。村子里面没有日本人，不远一个炮楼，不远一个炮楼，我修炮楼时修沟了。日本人在炮楼里霸占一方，一个炮楼霸占一个地方。炮楼里日本人不多，净皇协军，中国人打中国人厉害。日本人穿的衣裳和电视里的一样，没见过穿白衣裳的，没听说过日本人给中国人办好事的，没给发过小证，日本人走的时候没留下什么东西，也没见着。

采访时间：2008 年 1 月 24 日

采访地点：清河县王官庄镇小屯乡后食店村

采访人：齐 飞 廖银环 张利然

被采访人：魏魁章（男 77 岁 属羊）

魏魁章

灾荒年第二年我逃到河南，咱这里不下雨，颗粒不收，旱了一年多，当时吃树叶子、树皮，当时村子里一二百人，家里四五口人。当时蝗灾很厉害，蝗虫一来，地里的谷子一会儿就没了，装蝗虫，一下一簸箕，蝗虫可以吃，不知道有没有毒。

家里下没下雨不清楚，我是民国 32 年去的河南，冬天去的，那时候穿棉衣，待了半年多回的家，家里的人都去河南了，在家待了一会儿又去北京给日本人干活。从河南回来时，多余的衣服卖了。

在村里时，有得病的，母亲就是得的这病，姓张，少吃没喝得了这病，得这病的上吐下泻，没记得有抽筋的。土医生用旱针扎过来的，旱针不粗，没记得出没出血，把母亲扎好了。家里的动物没有得病的，那时候不出门，不知道村里得病的情况。得病时喝土井里的水，喝烧开的水。家里人除母亲外没有得病的，这个病不传染，不记得哪家先得的这个病。母亲是在家生的病，不是在外边串门时得的病。

日本人有时候来村里抢东西，日本人不给老百姓检查身体，来了之后抢粮食，抓鸡，追妇女，逮着地下工作者杀，老百姓不杀。日本人在修炮楼，修汽车道，修炮楼为了保护公路。白天叫老百姓修，晚上地下工作者就让老百姓扒开。没听说老百姓被抓到日本去的。见过日本人的飞机，不多，没有从飞机上扔东西、撒东西。

采访时间： 2008 年 1 月 24 日

采访地点： 清河县王官庄镇小屯乡后食店村

采 访 人： 齐 飞　廖银环　张利然

被采访人： 魏延吉（男　78 岁　属马）

魏延吉

　　灾荒年时我在村子里，不记得天气如何。灾荒年两年没下雨，王官庄西边灾荒年饿死的人多，没人抬。（天）旱得厉害，那时候蚂蚱很厉害，东边到运河的情况好。运河里没有水。

　　后来下七天七夜雨时得的霍乱病，下雨很大。那年记得有霍乱，我妹妹是第二个死的，有用旱针扎过来的，魏华方用旱针扎，扎肚子，扎扎就不吐了，有个候妹妹（属猪）死了，得霍乱的没有其他的症状了，不记得有没有抽筋这种情况。旱针很细，像牛毛，段书和也扎过，那个老中医现在都死了。我七八岁时死的人多。缺吃的，缺喝的，就得病了。那时候吃四爷爷大湾里的水，喝烧开了的水，有柴火烧。我妹妹得那病可能传染，附近的邻居死了两个。不知道其他人得病的情况，家里的其他人都没有得这病的，死人后各家埋各家的，埋到各家的地里。过了灾荒年大约有三百来口人。

　　见过日本飞机在这边飞，在葛仙庄、城里扔炸弹。日本人来过村子里，到威县田村点火，在这边也要粮食，抢得不太厉害。我见过日本人，给日本人干过活，出工、轧汽车路、挑沟，天天去，去做工是按亩去的。日本人没有到村子里来抓人，没有抓到其他地方去做工的。有一个从王官庄乡抓到日本去的人，叫徐韩，是威县大和人，离这里有 12 里地，抓到日本煤窑去了，没有回来。

　　日本人穿黄军装，没穿白衣服的，有戴口罩的，我们不敢直接看日本人，戴口罩的人不多。（日本人）来了逮鸡，出了 12 里地就开始烧东西，要活埋人，日本人要鸡仔，他不给，日本人非要埋他，一堆人求情，没埋。日本人没给发药打针，日本人走时，没有留下瓶瓶罐罐的东西。

梁魏洼村

采访时间： 2008 年 1 月 26 日

采访地点： 清河县王官庄镇梁魏洼村

采 访 人： 王雅群　常晓龙　张　琪

被采访人： 常玉春（女　84 岁　属牛）

　　　　　　孙玉春（女　68 岁　属龙）

常玉春

　　我今年 84（岁）了，属牛，我是 13 岁来到这个村的，那年吃红薯秧子，后来又下了七天七夜大雨。那年七月初二河开了口子，南边尖庄来的水，堤是水截开的，就是冲开的，没听说是日本人开的。那年得霍乱，死得可快了，死的人数不清，哪儿都死，都是因为饿的。霍乱咱这儿死了俩，不知道叫啥名字，刘珠他爹，他大爷，那天一下子就死了俩。

　　日本人来村抢东西，不给就打人，没见杀人，没在这儿杀过。有抓劳工的，抓了就打。

采访时间： 2008 年 1 月 26 日

采访地点： 清河县王官庄镇梁魏洼村

采 访 人： 王雅群　常晓龙　张　琪

被采访人： 梁玉亭（男　83 岁　属牛）

梁玉亭

　　我叫梁玉亭，83（岁），属牛。那年头是旱，麦子没收到，后来又下雨，下了七天七夜，还得霍乱转筋，咱这儿死的人少，西边威县死的人还多，那时魏洼、梁洼还没合并。死两个，梁玉祥兄弟俩都得霍乱死的，得霍乱拉、吐、心乱，那会儿用土方扎旱针，扎不及就死了，扎么地方我也记不清。都是下雨那几天多，都是少吃没喝得那病。

那会儿少喝没吃的，还闹日本鬼。"皇军"连要带抢，共产党也要但不打人，人哪能不吃饭？欺负人也得吃饭。日本人是1937年来的，七七事变时在北京，后来大半个中国被日本掳去了。他们来抢粮食，主要还是汉奸给他们抢，日本人来后两年，共产党就来了。日本人杀人不眨眼，咱这里牺牲的就一个，叫梁玉湘。咱村没修炮楼，那边太庙三里都有炮楼。

楼官庄村

采访时间：2008年1月28日
采访地点：清河县王官庄镇楼官庄村
采 访 人：栗峻峰　郝素玉　罗洪帅
被采访人：包文喜（男　75岁　属狗）

包文喜

民国32年，我十来岁，也记不太清了。人得霍乱，扎不过来就死。拿针扎，也抽筋，别的俺不清楚了。那时日子苦。地里不收，旱，没井，后来水淹，光淹。那年不闹蝗虫。葛仙庄有军事博物馆，那什么都有。你们去那儿看吧，那儿什么都有。

采访时间：2008年1月28日
采访地点：清河县王官庄镇楼官庄村
采 访 人：栗峻峰　郝素玉　罗洪帅

被采访人： 刘一俊（男　85 岁　属鼠）

我抗战时参加的工作，中专毕业。

灾荒年，民国 32 年，日本在这儿，大炮楼。日本人抢，民不聊生，八路军势力不强大，日本人打了个围子当围墙，把俺村围进去，有个东门，守着门口，咱这里离日本人近，俺这儿是"保护村"，属于日本人的势力范围。晚上八路军来，白天日本人来，白天摆日本人的课本，晚上是抗日的课本。日本

刘一俊

人要粮、钱、抓鸡。八路军晚上来，发展抗日队伍，抗日力量。日本人在这里修炮楼，到村里要民工，俺也修来，没打死过人，没听说抓到外地、日本的，都是个人带着干粮和水。没抓过女人，女人都跑了，年轻女人都跑了。

那时候生活苦，树皮都吃光了，人都逃荒去了河南。民国 32 年有 500 多人，一个村里逃荒的人占多数，有回来的有没回来的，也有逃到山东枣庄的。那年天旱，打不上粮食，人都靠天吃饭，不下雨，颗粒无收，没吃的，有钱也买不到粮食。后来又下了七天七夜雨，都下透了，被子都湿了，1943 年的雨，没发大水，连阴天，时候长。1943 年水不大，把洼地淹了，其他地方没事。河里开口子，大运河，那时没人管，没人治理。不知口子是冲开的，还是扒开的，那时俺十三四岁，不记事。1937 年有大水淹，1944 年小范围地淹了一回。

村里又闹病，霍乱厉害，死了三四十口子，扎旱针的叫刘华堂，有了霍乱，就扎，他最后中了霍乱死了。主要是放血，扎十个手指头，（扎）尾中（在腿上）。这个病传染，是个急病，连吐带泻，发烧，喝水喝不下去，饥饿加病，双重灾害，俺家没人得霍乱的。什么起因不清楚，吃野菜树皮，那时候肠胃也不好。

蚂蚱 1943 年多，旱了出蚂蚱嘛，可是严重，把遍地东西吃光了，飞起来像刮风一样，呼呼的啊。

秦家洼村

采访时间： 2008 年 1 月 26 日
采访地点： 清河县王官庄镇秦家洼村
采访人： 张　琪　王雅群　常晓龙
被采访人： 马长林（男　75 岁　属狗）

马长林

我叫马长林，75（岁）了，属狗的。民国 32 年，我收的（粮食）都叫皇协军收去了。那年旱不旱记不清了，那年下雨了，下得不少，七天七夜，屋里都打窝棚。没吃的没喝的，人都逃荒去了，饿死的人可多了。

民国 32 年得霍乱，得了治不过来都死了，扎针都扎不过来。我姥姥家在邱县，死的人都抬不过来，逃荒的逃荒，死的死，都没人了，死得都抬不过来，就地埋了。邱县那个村，小河套村，都没人了。俺姥爷孙方龄得霍乱死了，我姨也得了，娶了四天也死了，我姨父叫顾金余，也死了，不是得霍乱死的，是饿的，浮肿。扎不过来，那会儿没医院，扎胳膊、腿，没扎好。俺姥爷说袁镇修会扎。三天死了他两个。

记不得日本人啥时候来的，啥时候走的。日本人要粮食，不给就打人，我一个姨父被吓死了。日本人打邱县，打了三天三夜，人们吓得都在地下睡。

采访时间： 2008 年 1 月 26 日
采访地点： 清河县王官庄镇秦家洼村
采访人： 张　琪　王雅群　常晓龙
被采访人： 马云生（男　79 岁　属马）

我叫马云生，79（岁）了，属马的。那年天气是春天旱，夏天七月以后下雨，下了七天七夜，下得人都受不了了，吃也吃不饱，喝也喝不好，闹饥荒，都逃荒去了，到东三省，山东枣庄、临清。我是儿童团团长，帮助灾民救灾。

马云生

（下雨）七天七夜期间，人们得了一种传染病，叫霍乱转筋，吃着饭腿一蹬就过去了。我父亲、哥哥会中医扎针，吃饭都没时间，都被人叫去了，在膝盖头上扎针，冒黑血就好了，90% 都治好了。因为这个，我哥哥死的时候，人们都敲着锣打着鼓（送葬）。要不是他俩，全村死老多人了。一个姓韩的，叫雀儿，浇着水栽倒就死了，还有一个在外面干活，治疗不及时就死了，霍乱了不得。国民党、共产党、日本人，也采取措施（治疗）。日本人发灵丹，别看他侵略中国，他也怕人都死了，但发的药少，（药）主要是共产党发的。霍乱是雨后得的，雨前挨饿，下雨又受潮，成了湿气，又饿又湿便得了，又没饭，光有菜，那哪行？我估计十家有七八家得了，我也是，上吐下泻，腿酸，父亲给我放黑血，好了。

这里民国 26 年闹了一场大水，民国 28 年又闹了一次。民国 26 年日本人进了东三省，那时国民党不对（付）日本人主要对（付）共产党，日本人还进马长林家里了，进去翻也没翻到什么，一吹哨，集合，他在门里出不来了，又叫我过去，我蹦过去给他打开，日本人出来了。在村里杀人杀得不少。日本人在孙庄扎了一个炮楼，我父亲是个干净卫生人，日本人把他叫过去了，问他八路军的事，父亲说不知道，就用枪把打他。我在 14 岁时，给日本人修炮楼修铁路，我爱吃山药（地瓜），拿了块吃，日本人也爱吃，就要，我赶紧给他，他没叫我干活。第二天又把我揍了，后来，是我同学的父亲把我背回来的。

民国 32 年发洪水，洼的（地方）有水，高的（地方）没水，这个村地势比较高，在这往西都淹不到，下大雨淹不到。这里民国 26 年、民国 28 年开了（口子），1956 年开了，1963 年开了，那个水在东南孟庄挡住了没来。

四家务村

采访时间：2008 年 1 月 26 日

采访地点：清河县王官庄镇四家务村

采 访 人：栗峻峰　郝素玉　宋俊峰

被采访人：王明臣（男　87 岁　属狗）

王明臣

民国 32 年，我在村里，灾荒年还记得，那年天旱水淹，旱了两三个月，七月左右又淹了，河水开了口子，河水从西南过来，据说是在尖庄开口子，在正南偏西点六七十里地。听说过口子是日本人扒开的，全县都淹了，逃荒的多得很，哪里去的都有，我家没出去。

灾荒那年村里 1000 多人，死的很多，大家走道都没劲。霍乱转筋，我见过，听说还传染，俺父母都是这病死的，还有叫王如昌的，得这病死了。当时死了 108 口，其实得霍乱也有活下来的，一般都死了，那病快，一两天，吃不好喝不好，吃水淹的谷子，那里边净虫子，粮食都臭了。俺爹得了霍乱病，一会就死了，他叫王西周，40 多（岁）得的，母亲姓王，那时候没名。

那时村里住着皇协军，他们找人修炮楼，村北村东都有炮楼，一个里边住几十个人，他们见到村民就打，没有杀过人，抢不到女人，因为都藏起来了。顾子龙，我知道是汉奸，在天津站干活。没听说被抓到日本去的。

采访时间：2008 年 1 月 23 日

采访地点：清河县王官庄镇王官庄一村

采 访 人：石兴政　马金凤　颜有晶

被采访人：张凤莲（女　73 岁　属鼠）

　　民国 32 年，记得，那时候可了不得，人搭窝棚住，发疟子，连呕带吐，都傻了，也长疖子，浑身痒痒皮都烂了。那先扎旱针，喝中药喝不起，好的少，死的多。俺村得霍乱的不多，其他村没吃的，没有抵抗力，哪能不得病啊！那会儿地里没淹，村里有城墙，好几百年了，能挡水，也能挡土匪，日本人来时又修了回，村里也没淹。

　　治霍乱就扎手指甲盖，挤血，黑血，越穷的地（方）得这个病越多，吃的少，抵抗力差。有治好的，我的老奶奶后来就治好了，俺家人背着我找医生扎好了，拉肚子，抽筋，那个俺咋不知道啊，扎的及时就能好。那时这种谷子、棒子（玉米）、绿豆、棉花，俺是四家务村嫁过来的。俺妹妹那时六岁，在家里地上玩呢，就突然吐黑水，拉黑汤子，几小时就死了。我那时也发病了，也跟那病差不多，都是扎旱针扎的快，治好了。

　　民国 33 年日本人到这了，王官庄，日本人就把这占了当活动地，治安军也占了一片院，那是汪精卫的兵，大部分是这庄上的人，那年我五岁，经常看见日本的飞机，没见过共产党，到打国民党时才知道，新四军倒有，我见过七八十口子人在村子里歇息，看见日本人来就打，打不过就往南跑了。

　　下大雨的时候，日本人也在这待着，人家那医生高级。见过日本兵，戴着面具放臭炮，听说有毒，都不在乎，叫小孩看，都看见了。在那个时候，日本人死了人就烧，干不了活喽，就把你打死了也烧，放个铁床浇油就烧，日本兵，折胳膊，折腿，不能打仗了就烧，地方就在现在的中心小学。他们征兵征到四五十（岁），他们十六七（岁）就当兵，想家啊，他们也是苦！

　　日本人要公粮，八路军也要，别的地方摊一斤，王官庄得摊二斤。那年都逃荒啊，没饭吃，死人可多了，死了就用树枝盖了，给你埋喽就不错啦。这村的人都伺候日本人，还能给点钱，你不伺候着就挨饿，你伺候着还（能）不给点钱，那时整个村子不足 4000 人，这里逃荒的不多，三里地外的逃荒的就多了，主要是这里过的还行，地多，加上给日本人干活，也能拿点钱，地主也多，当皇协军也能挣钱，那时谁知好坏啊，能填饱肚子就不错了。俺村子里没抓妇女的，都从外村的大闺女中抓，日本人欺负村里人就找他们的领导去。

采访时间： 2008 年 1 月 26 日
采访地点： 清河县王官庄镇四家务村
采 访 人： 栗峻峰　宋俊峰　郝素玉
被采访人： 张书祥（男　74 岁　属猪）

张书祥

　　我 74（岁）了，那年的（事）是知道一些，那年我六七岁了，我们这儿连淹了三年，民国 32 年也旱也淹，六七月里淹，发大水是在临清以北。那会儿不治水，发大水，好几个月不能出村，连阴天，大家都没法开火，没柴烧。

　　那时候我还小，村里开始闹传染病，身体老的扛不住。那几年的霍乱病，扎针能治过来，就是针灸，这五个村有一个会针灸的，张家村、四家务、葛家村、田家村。人都吃不好，喝不好，当然要得病，病死的多，饿死的也不少，村里没多少人，能走的都走了，逃荒到了黄河南。

　　日本人掌权，修炮楼，揭房檐，山东一直到邢台，五里一炮楼，在田庄还打死一个叫"二疤瘌"的，大名是王庆昌，还打死一个卖桃的。抓到外地干活的，俺也不知道。

孙洼村

采访时间： 2008 年 1 月 26 日

采访地点： 清河县王官庄镇孙洼村

采访人： 张　琪　王雅群　常晓龙

被采访人： 倪子豪（男　77 岁　属猴）

倪子豪

　　我叫倪子豪，今年 77 岁，属猴。那年天气谁记得，旱了，一直没下雨，没吃的，树叶子都吃光了，好多饿死的，死多少谁也不知道了。有很多得病的，霍乱转筋，扎扎旱针，没医生也没药，我见过（得）霍乱的，记不清症状，记不清多少人得，反正死的不少，那时候不会统计。死的人名字也弄不清。有七天七夜大雨，啥时候记不清了，霍乱是大雨前还是大雨后，也记不清了。

　　1943 年运河开了口子，在油坊北、临清那一块，水大了给冲开了，没听说过是日本人开的。

　　日本人是在春天来的，哪年不知道，走那年我在济南干零工，我 14（岁）那年在济南。

　　日本人在这儿也抢也杀，有嘛就抢嘛，不给就打、杀人。在那时候，强奸妇女的记不清。我给他们修过炮楼，那时候家里穷，吃了饭，几天在那里干活。修炮楼也不给吃的，跟谁干活就跟他们吃，没工钱，干了好几年。这里四周都有日本人，向南有个孙庄，太庙都有（日本人），日本人不多，三个四个的，其他的净中国人，皇协军，皇协军多少也记不清了。

采访时间： 2008 年 1 月 26 日

采访地点： 清河县王官庄镇孙洼村

采 访 人： 张 琪 王雅群 常晓龙

被采访人： 孙涣斗（男 90 岁 属马）

孙涣斗

民国 32 年，那年我（年龄）老大的了，山东省韩复榘当省长的时候，那年光挨饿，饿死人多了去了。得病的人不少，谁想那时候的事儿啊，日本人闹腾的。那时候又没医院，死了多少人，谁记得啊，反正就是扎针，闹肚子，乱七八糟的。我跟徐增福是同学。日本人到俺村来了这么多趟，抢东西抢了多少回，打死的人有的是，人都挨打，有一个小名叫大鼻子，叫人给打死了。咱这儿淹了好几回了。1943 年？谁记得？

田家村

采访时间： 2008 年 1 月 26 日

采访地点： 清河县王官庄镇田家村

采 访 人： 粟峻峰 郝素玉 宋俊峰

被采访人： 田坤生（男 76 岁 属猴）

田坤生

我叫田坤生，今年 76 岁，灾荒年逃荒到了徐州，那是民国 32 年，没过什么好日子。我在煤窑上班，后来到了招待所。

那时候三年淹两年旱，还招蚂蚱，地里不收粮食。七八月里，先旱，我逃了两次，先是到了山西，后来去了徐州，第一次逃荒十来岁。那年后来下了雨，我不在家，逃荒去了。蝗虫也多，都是自生的，哪都有。

那年后来淹，水是从油坊过来的，尖庄，在临西，河堤水大，河堤开口子，挡不住，冲开的，我这里房子都倒了，没听说过是日本人扒开的。

逃荒的人不少，去了枣庄和徐州，当时村里只有1000多口，有一半子都逃荒去了。饿死的人可是不少，我父亲、大娘就是饿死的，吃不上饭，有病也看不起。霍乱转筋，那时候得这病的多，吃那些泡臭了的糠菜。那是大水后，得有几十口死了，霍乱转筋，上吐下泻，还传染，那会儿没医生，葛家村倒是有一个，扎针能活过来，扎哪我也闹不清。俺见过霍乱病人，我母亲就得过，扎过来了，后来老死了，叫田宋氏，我知道扎指甲盖，俺家没别人得（霍乱）了。那年日本人在这。

日本人在这，扫荡，不管老百姓，（有个）老百姓叫田福正，被日本人打死在了丁村，离这正西七八里地。村里派人去干活，打围墙，挑土，挖壕沟。有没有被抓走的，俺也不知道。

王二庄村

采访时间：2008年1月24日

采访地点：清河县王官庄镇王二庄村

采 访 人：刘鹏程　侯文婷　白　梅

被采访人：解花玲（女　73岁　属猪）

解花玲

民国32年我才八岁，记事儿了，民国32年俺有爹娘，一个兄弟，一个嫂子，我娘家是本村的。那会儿穷，都挨饿，俺都要饭去了，有日本人。

正旱着呐，就是那一年，秋天下雨了，下得大，下了七天七夜，那会儿光下雨，没有淹，都搭着窝棚，漏水呐，得病的很多，就是又拉又吐，心口疼，什么都干不了，俺娘就是那个病，后来治好了，那会儿怎么治，就是扛，那会儿都是扎旱针，扎腿弯，扎胳膊弯儿，就是咱做活的针，扎得冒黑血。那死的人可不少，那会儿，哪兴说传染不传染啊，不知道，不懂。三四天就好了，不吐就算好了，那会儿哪去治啊。俺爹就死在地里了，给俺报信，俺就回来了，俺出去要饭去了，冬天里才上山西去的，下雨是秋天，那时还没走呢。得病后又吐又拉，都吐水，心口疼得在床上翻，发烧不发烧，闹不清了，不抽筋，都说是霍乱转筋。那时人家都有熬中药的，俺村没有，没医生，那会儿哪有医生，那时是老人，大胆的拿着做活的针扎，我见过，见过放出来的黑血，都说放放血就好了，黑血吱吱地往外冒。

那时候，庄稼刚刚长出来就被蚂蚱吃了，那院子里墙上都是（蚂蚱）。

这里有日本人，董庄南边有炮楼，他不经常来村里，他要啥东西就跟那个保长说，就来要，反正不交东西就抓，不抓妇女。炮楼远远地看是圆的，高高的，有壕，他也怕八路军进来。

采访时间：2008 年 1 月 24 日
采访地点：清河县王官庄镇王二庄村
采访人：刘鹏程　侯文婷　白　梅
被采访人：解振亮（男　75 岁　属鸡）

解振亮

那时我在沈阳，逃荒逃出去了。祖父、父亲都在外面，听说饿死的人可多了，在沈阳就要饭呗，人都上东北跑，在那里一个单衣能换一袋子玉米。村南有个炮楼，后面有条公路，去威县，去临清，我 7 岁走的，14 岁才回来。

我去挡过很多堰，挡过不是一次两次，那是共产党领导的时候，都叫老百姓去挡。

采访时间：2008 年 1 月 24 日
采访地点：清河县王官庄镇王二庄村
采访 人：刘鹏程　侯文婷　白　梅
被采访人：宋彦绪（男　83 岁　属虎）

宋彦绪

　　民国 32 年大灾荒，这个村（当年）见不着村儿了，光荒草。我正月出去的，待在东北，待黑龙江那里做苦工，卖力气，一年多回来的，回来后又和弟弟、父母去河南了。

　　（雨）下了七天七夜，俺父亲母亲都在这屋里，扎窝棚。下了雨后闹的病，那霍乱转筋，死可多人了，这说着说着话就不行了，死的可不少，记不清了。那病传染，这叫二号病，比如说吧我去埋人呢，我一下又不行了，死得快，叫霍乱转筋。

　　在这里见过日本人，15 岁走的时候就有日本人了，在王官庄住，这里也常来，烧杀抢掠。让俺们去修炮楼，让人和他们摔跤，他们摔不过中国人，（有人）一下子就把日本人给摔倒了，这日本人回去拿了枪，一下把和他摔跤的这人给打死了。

　　（日本人）抓人，抓了很多，俺爷爷就是被抓去的，抓到了石家庄下煤窑去了，抓到日本去的不知道，后来死那儿了，不死不让你回来，光抓能干活的，不能干的还不让你去呢，咱这没有抓妇女。我那会儿也担任过村主任，我和忠侠一块儿入的党。

采访时间：2008 年 1 月 24 日
采访地点：清河县王官庄镇王二庄村
采访 人：刘鹏程　侯文婷　白　梅
被采访人：宋忠侠（男　80 岁　属蛇）

那时我十四五岁，那时村里有三四百人，逃荒的逃荒，饿死的饿死，年下（腊月）二十九就去逃荒，半道上就能饿死好几个。

宋忠侠

那年前头先是旱，接着又下开雨了，下得大，七天七夜，下大雨以后，人呢，得霍乱，也没有药，有扎针的，扎腿，有治好了的，是咱做活的针。那是一个传染病，他饿的，没吃的。

谷子头熟了就剪下来吃。谷子约这么高时招的蚂蚱，一个挨一个，那年是先旱，又招蚂蚱，又下雨。日本人在王二庄住着。早晨就拿着袋子去装蚂蚱，装一大袋子就烤着吃。

那年俺姥娘、舅舅都死了，爷爷是扎针放血扎过来的。那时就是跑茅子，我年轻，抵抗力强，没事，大多数老人都拉不出来，便秘。姥姥叫邱书林，舅舅叫邱春迎，他俩都是得霍乱死的，姥姥死的时候七八十（岁），舅舅四五十（岁）。那时小孩死得少，大人有东西让小孩吃了，大人饿着。村里三四百人，还不得死一半啊，也有饿死的，吃不了嘛，对门有一个老妈妈，家里都逃荒去山东了，剩下她一个，七八天叫唤着就饿死了。

日本人来过，后面这个公路就是日本人修的，邢台通临清的公路，他光找人，找人做活，修公路、修围子，叫回来，让带着干粮。这儿都住着一个排，来的时候先炸，炸上三天，没了东西再来汽车，来了50辆，这家伙，都带着武装，把麦子给压了。八路军给他把路都挑了。（日本人）没抓妇女，抓妇女干啥？没抓去日本，村西这个炮楼是这片最早的一个炮楼。

解放后，那头儿又来了一趟，叫中村，从上海到石家庄，又坐小车来的，来看看，带了不少东西，他说这里是他的第二个故乡，给每个村发了点东西，有笔，有秋衣秋裤，他想去公社那边、新街那边去看看，不让他去，怕出事，他在这杀的人还少啊。

那年这里淹过，俺这两个村都挡住了，那边开的口子，尖庄开的口子，就是河涨的，不是他们（日本人）开的，把他们也淹了，要不他来的时候给衬衣衬裤。开口子是六七月，我九岁的时候开过一回，六七月，俺这村没淹，快开口子的时候都去看，村里人派的人，看涨到什么样子，一看都平了，不行了。

日本人在这打围子，清河县又有一个大的，出不去，有两个口，滏阳一个，那门一丈多深，出不去，没法生产，那一年每亩地产二斤麦子。

王官庄四村

采访时间： 2008 年 1 月 26 日
采访地点： 清河县坝营镇小马屯村
采 访 人： 石兴政　马金凤　颜有晶
被采访人： 张玉珍（女　72 岁　属鼠）

张玉珍

我老头子是八路军的连长，我脑子里光是那些历史。民国 32 年啊，那会儿我七八岁吧，地里嘛也不收，旱，俺村好多都逃出去了，只剩下两家，他爹那年 14（岁），逃出去给人家扛活儿，我们村都逃到枣庄。

灾荒年啊，有得病的啊，浮肿病，还有霍乱，霍乱那病得了就死，我母亲那会儿得浮肿病死的，四五十岁左右，和我父亲同一年死的，浮肿饿死的。霍乱怎么没见过啊？见过，一会儿就死，哪有钱治啊，那时村小，五六户，现在四五十户。

吃啥啊，那会嘛都吃，种高粱、谷子，啥都收不多，麦子种一点，都种粗粮，高粱，清明以后种，七八月收，生嚼喽。嗯，（种）红的（高粱），白的收得少。俺那会儿光种春地，谷子也和高粱一块种，春谷子、春高粱。收了地后，也种点麦子，都舍不得吃麦子，红薯、红萝卜，收得多点。富人种棉花，穷人不种。

反正不是旱就是淹，要不就是蝗虫，我娘家是王官庄四村的，那年我哥也逃到南方，家里只剩下我跟着婶子。我爹娘那会儿，别人劝他俩把地卖了，他们说我还有儿，不能卖，就饿死了。我哥叫张溪成，被富人买了，顶替别人去当兵，在江苏南通那边，现在81岁了，17岁就当兵去了。八路军打日本人，打土匪，打老杂，1946年（我哥）去当兵的，穷人才去当兵，好铁不打钉，好男不当兵。

日本人放臭炮，俺不知道，那会儿妇女都不敢出门，日本人"花花姑娘"地糟蹋妇女，要不这会儿和日本和好，我就觉得心里不得劲。日本人也有好的，在王官庄那会儿，在炮楼上扔糖，小孩去抢糖。土匪有，还有红铺衫子，就是红枪会，黑包头，村里都有，都是村里人，抗土匪。

运河啊？那时候没听说，那时还小，也没听说过卫河开过口子。

（注：张玉珍丈夫马景业，老红军，在"文化大革命"中受批斗，时任村支书，后来生活极为艰苦，"文革"中欲平反，后来上级收集证件时不慎将退伍证丢失，致使老人至死未得到平反。张玉珍老人一再说："老头子就是这样气死的，若这事得不到平反，我要到天安门广场请愿去，一直到死。"

据我们向村民调查询问，了解情况如下：老人在年轻时曾差点被日本人杀死，幸好被当地一个当伪军的同乡救下，自此开始给八路军当通讯员，1942年正式参军入伍。（参与）火烧谢炉街（放火的是八路军李向阳、郭为清、李华等人），两次从鬼子抓捕中逃脱，一次康庄，一次连庄突围，逃脱时硬生生地将一名日军的嘴撕开。

马景业1946年随刘邓大军南下，参加大别山、淮海、渡江战役，后担任西南军区军勤部监狱连连长、侦察连连长等职，多次立功受奖，曾受到贺龙元帅接见，响应国家号召，脱下军装在重庆复员。老人的简历清清楚楚，只可惜在后来的岁月中，未能好好保存一些证件和徽章，致使后来平反未能解决。）

王官庄一村

采访时间： 2008 年 1 月 23 日

采访地点： 清河县王官庄镇王官庄一村

采 访 人： 石兴政　马金凤　颜有晶

被采访人： 曹栾氏（女　86 岁　属猪）

曹栾氏

　　民国 32 年灾荒年，没吃的没喝的，又七天七夜下雨，涝啊，屋里得病的，都说是霍乱转筋，一会就死了。阴历七八月下的，八月二十八老天爷才阴天，七八天（雨）下得都不能干活，得病没治好的，得了病不会动了，咋治好，俺也不知道，当时俺刚从栾洼嫁过来，俺逃荒去了。

　　日本人也来了，他才不管呢，听说核桃皮熬水能治，也没试过，没有听说过抓妇女，咱也听不懂日本人的话："咪西咪西是吃饭，八格牙鲁是浑蛋。"那年光记得到地里抓蚂蚱。

采访时间： 2008 年 1 月 23 日

采访地点： 清河县王官庄镇王官庄一村

采 访 人： 石兴政　马金凤　颜有晶

被采访人： 杨九兴（男　76 岁　属猴）

杨九兴

　　民国 32 年，下雨好多天，得霍乱死了人，那病传染，潮湿，人容易得。那年是先旱，麦子没收，田里上蚂蚱，那是下雨前。到阴历二十八下了雨，有个歌："八月二十八，老天阴了天，接接连连下了七八天，民国 32 年，灾荒真可怜。"下着雨，受冷受潮湿，得的霍乱多，得病的有大人有小孩，又没粮食吃，饿着，不拉肚子，转筋，后来就死了。治好的少，十个人好一个呗，扎旱针。当时这村一千来人，霍乱、逃荒后剩下五六百人，村子里没淹。

我见过日本人，他在这住着，在地主家里，这不修炮楼，那时候，王官庄是县城。

采访时间：2008 年 1 月 23 日

采访地点：清河县王官庄镇王官庄一村

采访人：石兴政　马金凤　颜有晶

被采访人：杨林祥（男　75 岁　属狗）

杨林祥

那时候土匪、老杂，日本没来时就有，油坊村、朱庄也是个老杂村。

都是卫河开的口子，民国 32 年俺这没开口子，小卦（音）那开口子了，谁弄的啊，那会儿那个河堤啊堵不住啊，清凉江那儿没发。

旱，那俺不知道，蝗灾闹过，二斤蚂蚱换盐，一麻袋一麻袋地换，前丁、中丁、后丁村以东都掘坑，把蚂蚱都撵坑里去，用麻袋装喽换盐去。日本人为了治蝗虫，用盐换蝗虫，刚开始一麻袋蚂蚱换一斤盐，后来都是半斤盐。蝗灾在下雨后。

人都到泰安、徐州一带逃荒去，上河南去的都是郑州以南，（如果）太原逃不了，还有枣庄。那时，冬天地都冻裂开口子了。

当时谷子都割下来了，豆子也下来了，天下雨，来不及碾出来，全垛在场上，又没有塑料布，都发芽了，就记得下大雨时就这样，大约阴历七月左右。

采访时间： 2008 年 1 月 23 日

采访地点： 清河县王官庄镇王官庄一村

采 访 人： 石兴政　马金凤　颜有晶

被采访人： 杨绪成（男　81 岁　属龙）

杨绪成

你们找我啦，算找对了，我前天刚上县里领了解放前老战士退伍金，1000 多块钱，呵呵。我是 16（岁）当的兵，先在清河周边打游击，新五军整天跑，也不知到了哪，后来就走了，参加正规军，我那时跟着刘邓大军，就在他们身边打仗了，见过他们，都叫邓小平，叫刘政委，打完小日本就打国民党，后来到西南军区支援边疆，很多学生也跟着，很能干，跟你们差不多。哎呀，多少年都过去了，一提那时候的事，像你们这么大的学生也都成老头了，西南军区的学生很多都留那了。民国 32 年，哦，那时我都参军了，在县上打游击，不知道家里是啥情况。

（老人从旁边的箱子里拿出了许多军功章，泛着青铜色，沉甸甸的，有渡江战役、支援西南边区、湘西剿匪，还有 20 世纪 60 年代中苏友好青年联谊会会员徽章等。）

采访时间： 2008 年 1 月 23 日

采访地点： 清河县王官庄镇王官庄一村

采 访 人： 石兴政　马金凤　颜有晶

被采访人： 杨在田（男　84 岁　属牛）

杨在田

民国 32 年灾荒年，知道，那会儿我十好几（岁）了，日本人在这，在这村里住了五六年。那年没淹，没闹水，民国 32 年雨多，河水没来，地里大多都淹不着，大致是阴历六月跟七月吧下了雨。这村的霍乱不普遍，不太多，你们上西去，梁家庄多，那是威县。那个村子民国32年走得没人了。那会儿闹过蚂蚱，都是小蚂蚱蛹，一脚踩死十几个，梁家庄多，从这往西更厉害，往东就少，那会儿棒子、谷子长这么高，大约50公分，都让蚂蚱吃完了。

王官庄这死的不多，逃荒的也不多，那会儿日本人在这村啊，所以他得管好这一片啊，那会儿老人死得多，十好几（岁），二十几（岁）的年轻人能扛过来，我那会儿二十来岁，倒没走喽，我家开着药铺，不断地吃药啊，也就没事。那会儿治霍乱，就扎旱针，浑身上下都扎，腿窝、胳膊窝都扎，我没从我父亲那学来。霍乱这个病很厉害，治得不及时就死，扎旱针放血，有治好的，得赶紧治，晚喽就不好治了。

日本人对咱们也有好的，也有孬的，没事就打死村里人的也有，把人打死，埋到院里。抓女的很少。

这村没有八路军，日军经常出来扫荡，一出来七八十人，当时为啥没逃荒的，这儿过得还行，地多，种五亩收五百来斤红高粱，那会种白高粱、麦子的很少，好吃归好吃，收得少，谁也不舍得地呀！红高粱难吃，就是收得多。

皇协军这很多，头头是日本人，副手是中国人，有外地人，也有当地人，（中国人）当小官，连长、队长啥的。日本人对小孩很好，对大人不好，他们打胜仗了就给我们洋糖吃，打败仗了就打人。这儿也有老杂，围子里的三个村子里没有，外边有，大土匪没有，小土匪多，向村子里要钱要粮，大土匪不要粮食，人家绑人，然后要钱，不给钱就撕票。

也见过日本人戴防毒面具，放毒气时用，搞实验啊，在村南边放，忽地就冒开烟了，也不知是咋放的。

小屯村

采访时间： 2008 年 1 月 27 日

采访地点： 威县常屯乡高庄村

采 访 人： 牟剑锋　张　茜　刘　群

被采访人： 高王氏（女　76 岁　属鸡

　　　　　　清河小屯人）

高王氏

　　过贱年，老天爷不下雨，不浇（地）好几年，收（成）不好，饿死了好多人，都没人埋，饿死的多着呢。头几年不下雨，七月里下的，房子一个劲儿地漏，房一下雨就漏，家里人死了一多半，土很稀，路上净雨水。这样人就光得霍乱转筋，常屯有会扎针的，俺娘扎过来的，腿肚子受不了，传染，吃不好，也潮湿，一下雨一阴天就得了。（霍乱）死的不少，扎旱针，治了，治不及了。

　　民国 33 年收了，也吃不很好，长蚂蚱，我没去打，我小，蚂蚱有小的，有大的。

　　俺娘家，我听人说的，都逃荒了，到河南、山东，有饿死外边的。

　　日本人给你闹哄，要东西，不拿东西就拿钱，从日本来的，（日本）那里不乱，这里乱，（把人）抓走，烧煤窑的烧煤窑。

采访时间： 2008 年 1 月 24 日

采访地点： 清河县王官庄镇董家铺村

采 访 人： 刘鹏程　侯文婷　白　梅

被采访人： 郭芝兰（女　66 岁　属马）

我娘家是小屯村的，有六七百户人。民国 32 年我才一岁半，但听老人说过那时候的事情。

我父亲叫郭和龄，家里五口人，父母、一个哥哥、一个弟弟。那年没吃的，逃荒到山东，要把我卖了换 50 斤红高粱，我娘没让卖，父母、哥哥给人做笤帚，同时要饭。

那时下了七天七夜的雨，就说回来，用小红车（单轱辘的小车）推着我过河，那时候不是有河吗，淹得我不行了。回来屋里院

郭芝兰

里都是水，屋里也漏，把我扔院子里了，反正都是水，扔了三天三夜，脸上嘴里都是蛆，俺娘说埋了去吧，俺爹说没有死，还有气，没埋，弄回来洗了洗嘴，弄了弄，能吃了，这不又活了，没死喽。

听父母说有霍乱转筋，俺家没有，亲戚家也没有，咱不知道，那时小。

采访时间： 2008 年 1 月 26 日

采访地点： 清河县油坊镇南焦庄村

采 访 人： 栗峻峰　宋俊峰　郝素玉

被采访人： 田士正（女　79 岁　属马）

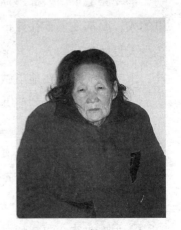

田士正

没上过学，我娘家是小屯村的，18（岁）嫁过来的，来了 60 年了。民国 32 年，我在张家口，过了年走的，这里旱，那两三年旱。后来又发大水，每年都开大水，从这往南开的口，可是有几里地，河里发水，没下雨，日本人不扒堤，它自己开的，那会儿没有去堵堤。

逃荒的有好几千人，没数，有逃荒走的，有死那的。邵庄闹霍乱厉害。各人埋各人的。

徐 店

采访时间： 2008 年 1 月 26 日
采访地点： 清河县王官庄镇徐店
采 访 人： 张 琪　王雅群　常晓龙
被采访人： 徐增福（男　92 岁　属蛇）

徐增福

我 92 岁，叫徐增福，属蛇，记不住哪年生的。记得 1943 年的（事），灾荒年天旱，庄稼叫蚂蚱吃了。

共产党来的领导，领着捕杀蚂蚱。庄稼少，没吃的，人得霍乱病转筋儿。吃不饱没劲，都死路上了。人都逃荒，人家过日子过不住了，求生活去了。死在村里的人，脸都发黑，往外抬都没人抬，人都吃树叶，树叶子都吃没了，死多少人没数，死的人的名字记不清，十分之五六都死了，很多，叫霍乱转筋，饿的，我姑父在地里做着活得这病，就死了。饭都不好吃，肚子都那么大，还吃不饱，我的前妻张大，就是 1943 年又饿又病去世的。

那年没怎么下大雨，就是旱，也有那么一次，下了七天，但不是 1943 年，那时下雨死的人少，就是旱死的人多。

决堤（时），共产党八路军领群众去了，这一片都淹了，八路军都上咱这儿运粮食、大米、菜、肉，头一回水淹不知是哪一年。水从运河（来），在临清德定门开的口子。水太大溅出来的，不是日本人（挖的）。

日本人 1940（年）还是 1938 年来的，1945 年那时候走的。共产党毛主席，那会儿对日本俘虏很好。我那时在抗日小学当教员，在小学教小学生。日本人来这儿，有人受不了饿，就当皇协军。我带着小学生就跑了，有两个被绑在树上打死了，（其中有）卖香油的赵琴，还有的活埋了，王官庄有个任区长在这里教学，喊着"共产党万岁！"都死了。他有个闺女后来也教书。日本人来看你的手有没有茧子，没有就说是八路军，就杀。人民都掘沟，在沟里日本人看不到。八路军没鞋，人都给他们送鞋穿，他们都穿得很破，给老大娘老大爷打扫院子，打水，八路军好啊，见了人喊大爷大娘，很好。

日本人有碉堡，给他干活，还得给他烟，要不他连干活的都打死，可厉害了，妇女都跑了，抓到碉堡上的都往下跳，顾不上腿怎么样。

张侯铺

采访时间：2008 年 1 月 24 日

采访地点：清河县王官庄镇张侯铺

采 访 人：刘鹏程　侯文婷　白　梅

被采访人：孙义福（男　73 岁　属鼠）

孙义福

民国 32 年我七八岁。那年村里都没人了，都出去讨饭去了。那年是先旱（还是）先涝闹不清，反正没收成。没下雨，下雨不就有收成了吗？招蚂蚱，满天飞，看不见天，从北边来的，夏天来的。秋天多数都出去了，我没出去，在家讨饭呢，跟我老父亲，家里五口人，父母和弟兄三个。出去逃荒的，出去打工的，我大伯在河北饿死了。

这里有日本人，公路两边有炮楼，王官庄是总指挥，俺村有仁兵部，下车点有一个。人家来了，咱就跑，日本人抓人，连打带抓，跑着撵人，都害怕。跑得早的牵着老牛，跑得晚的连牛也不要了，牛他们都宰着吃，抓妇女，抓都抢，卖钱去，哎哟，别提那个了。那时日本人来，他来还认时候嘛。他不打小孩，打大人。有传消息的，比如说"日本鬼子要来扫荡啦，快躲躲"，俺就去躲，再回来，愿拾掇东西就拾掇，愿牵牛就牵牛。

霍乱有，村子那时候都生病，霍乱转筋，死的不少，是秋天，见过死的人，他们说闹腾一会就死了，可能是天气闹的吧，没听说传染。（得霍乱的人）死得快，俺村有得病的，都死了，那时条件不行，医术不行，还治啥病。

我知道俺村死的几个，孙义亭，他死时二十来岁，还有解文忠，都是得霍乱转筋死的。得了什么病什么症状咱记不清，俺村没扎针的。俩弟兄逃荒走了，父亲给日本人干活，劈柴、烧火，混饭吃，给俩钱，母亲在家，反正那时就是受日本人的气。那时村里二三百人，死的少说也得几十口吧。被淹是民国 32 年以后（的事儿）。

中食店村

采访时间： 2008 年 1 月 24 日
采访地点： 清河县王官庄镇小屯乡中食店村
采 访 人： 齐 飞　廖银环　张利然
被采访人： 张翠平（女　73 岁　属马）

张翠平

灾荒年时我逃荒到北边去了，那时候家里有娘、奶奶、爹、哥，还有个亲大娘，回来时大娘死了，抬也抬不动。还有一个爷爷，连吃的粮食都没有。

那会儿没吃的，也没劲儿，跟着俺娘逃出去了，逃到北边枣强县，逃那边去了。给点粮食就住那儿，年头好了就回来了。家里闹霍乱病时，我逃出去了，回来时，家里人都病死了，家里什么都没有，田里什么都（收）不着。我不知道那时日本人的事，没经过那事，光知道这事。发大水的事，河水淹了几年，卫河水淹那时，我刚会跑，我经过了两回河水发水。

采访时间：2008 年 1 月 24 日
采访地点：清河县王官庄镇小屯乡中食店村
采访人：齐　飞　廖银环　张利然
被采访人：程房雁（男　77 岁　属羊）

程房雁

灾荒年时，我就在这个村里，老人都逃出去了，没吃的，那时家里有 20 多亩地，之前够吃的，一到灾荒年就不够吃。日本人一来就没法活，他们来家里翻东西。八路军那会儿也困难，来了也是没吃的，八路军不抢，没有就走。

灾荒年时，旱了两年，旱的时候长蚂蚱，把粮食都吃没了，第一年是小的，第二年就大了，把天都盖住，那会儿饿肚子都吃蚂蚱，地瓜地里（地瓜）牙牙都吃，可困难，饿死的人太多了。

霍乱抽筋，躺在地上没劲，那会没粮食，俺一哥哥逃到外边去了，逃到山东武城去了，东北去的不少，逃到山东要饭要不着，把小孩给人家换吃的。死的人也得过霍乱，一下雨就饿，就得病，埋都没人埋，饿得没劲，上吐下泻，霍乱都那样，有扎过来的，老中医，也治不少，光扎旱针，针灸一样，很细的那种针，扎穴道，死的多，扎过来的少，不能冒血。没听说过有冒血的，也不行，腿抽筋，没地方治。

旱完以后天下雨，在地里好不容易长出粮食来，肠子很细，一吃点东西就撑死了。那时喝井水，有一丈多深的钻井，有时喝生水，有时喝开水，喝生水的多。现在多好啊，享福了。

灾荒年的时候日本人在，把牛都牵走，鸡也抓走，日本人住在王官庄，那边有炮楼，几里地一炮楼。老百姓一听日本人来就跑。日本人来的时候，死的人不少，村里有三百来口人，都饿死。

谢 炉 镇

陈 庄

采访时间： 2008 年 1 月 27 日
采访地点： 清河县谢炉镇陈庄
采 访 人： 石兴政　马金凤　颜有晶
被采访人： 陈门陈氏（女　79 岁　属马）

　　民国 32 年，灾荒年嘛，旱，啥也不收。我娘家人啊，在陈庄，就是这个村，那年光挨饿了，那时我就十三四岁。也有人肚子疼，说是霍乱，拉死了。我婆婆就是那时饿死了，不是得病死的。民国 32 年卫运河没开过口子，那时候搭堰，不让水进村子，那是河水来，才搭堰子，雨水就没办法了。

采访时间： 2008 年 1 月 27 日
采访地点： 清河县谢炉镇陈庄
采 访 人： 石兴政　马金凤　颜有晶
被采访人： 陈秀富（男　81 岁　属龙）

　　民国 32 年，灾荒年，三年淹了两年，中间是闹蚂蚱，俺村饿死 52 口

子人，这是后来县里调查说的数。运河开的水，饿死的多，霍乱也有，逃走的剩下100多口人，东边的卫河是从西边太行山来的水，漫过来了，就淹了。民国32年，蝗虫厉害，那时棒子苗只一把长，不记得旱，那年雨不小，六月初一直下到八月初。鬼子扒了回堤，是"三年淹两年"的后个年，在临清塔湾挖开了，一直往北淹到清河县，村子里水一米深，一直漫到天津卫，搭堰也挡不住。

陈秀富

三年淹两年，中间闹蝗虫，1941年、1942年、1943年，头一年发大水，是河水，第二年闹蝗虫，六七月，把棒子苗全吃了，第三年是大灾荒年，前两年的灾全尾（叠加）到第三年上了，全爆发了，加上日本人来了，在临清炸开了口子，一直淹到天津卫，民国32年是先饿死52口子人，发霍乱又死了二十几口子人，扎旱针，大灾荒年没人得霍乱，灾荒年过后两年才得的霍乱。

楚太和村

采访时间：2008年1月28日

采访地点：清河县谢炉镇楚太和村

采 访 人：刘鹏程　侯文婷　白梅

被采访人：楚长生（男　85岁　属猪）

民国32年共产党没执政，这里有日本鬼子，日本鬼子跟皇协军、治安军。日本鬼子扒开了河堤，是在临清北边桃园，都淹了，民国32年呗。高粱刚秀穗，就淹了，

楚长生

村里剩下二三十户，饿的啊，都逃荒走了。

那时也是旱，这个御河从山西流过来，那里不旱，这里旱。旱才不长庄稼嘛。淹是秋天，都说是日本人淹的，临清有炮楼，怕淹了他那吃亏，他就把这扒开，让淹这边，发水时房子淹不了，光淹了庄稼。下七天七夜雨，不是那一年，在民国32年以后，下雨房子倒没事，就是漏，下雨的时候有没有死人记不清了。

人能不生病啊，那边一天死十几口，是北边的黄金庄，我们这没事，再往北几十里地那个村，一天死过50口，好好的人，说不得劲就死了。我们这只是老了，谁能没几个病，发疟子，先冷后热浑身哆嗦，发疟子没死人。那时我家五六口人吧，没出去逃荒，做小买卖，卖布鞋，穿的旧的，再出去卖了。我那哥哥得病死的，治不了，人家说他是气肿大，去济南做小买卖，在路上死的。

日本人来过村里，这里有皇协军，有治安军，日本人也来抢东西，有时也不抢嘛。皇协军抢东西。谢炉二里地有据点，到处尽是炮楼，人没处跑，咱不知道有多少日本人，也许抓（人）也许不抓（人），送到煤窑去呗，抓到关外的有，没回来死煤窑里了，人家都叫他小马，姓闫的，大名不知道。俺村里抓了不少去关外，有人死在那了，有回来的。

我常去给日本人干活，有时打有时不打，见天（天天）打谁还给干啊，给他修炮楼，挖围子壕。不抓妇女，哪有大闺女？没见过大闺女。

采访时间： 2008 年 1 月 28 日

采访地点： 清河县谢炉镇楚太和村

采 访 人： 刘鹏程　侯文婷　白　梅

被采访人： 闫子俊（男　80 岁　属龙）

民国 32 年天旱，灾荒，日本鬼子进中国了，不下雨，没有水井，靠天吃饭，不收东西。棒子刚刚有小穗就来蚂蚱了，六月份来的，满地的蝗虫。

发大水是 1937 年、1939 年，三年淹了两年，都是闹河水，村里淹房子，倒房子，下雨不是那几年。民国 32 年蝗虫过后发的大水，六月过来的大水，运河决的口子，日本鬼子在临清那里扒的口子，其他几次是自己决的。这儿离那又不远，都这么说，大家都这么说，传说过来的，都是事实。

闫子俊

得霍乱的有，不是水淹那年，水淹那年得病说不清楚。各人在各人那，发的水那么大，哪都去不了，又没船，又没有这交通发达，谁也不知道谁。

你说的霍乱没大有，就是头疼脑热的小毛病，听说霍乱上吐下泻。俺这村不清楚，这个内容不详细。民国 32 年闹过瘟疫，下雨七天七宿不是那几年，房子都漏了，忘了哪一年了，炕上搭的窝棚，也不是很大，就是不停地下。我都亲身经历过了，和爷爷搭的窝棚。下完雨还能不得病，过去（死了）就完了，没人管没人问，各人过各人的。黄金庄死的多，一天得抬出去六七个。

1938 年或者 1939 年不定是哪年招蚂蚱，可能是 1939 年，先是水淹的，后招蚂蚱。闹霍乱是旱的时候。

日本鬼子来的还很多，大家都跑，逮住就杀啊。有炮楼，向东 12 里地谢炉桥有炮楼子，康庄、油坊也有炮楼，这里光炮楼子。

抓劳工的没有，光去抓苦力，干活去，都自己去的，没抓妇女。我给他做活做的不少，我不是党员，我是庄稼人。

大闫庄

采访时间： 2008 年 1 月 27 日

采访地点： 清河县谢炉镇大闫庄

采访人： 石兴政　马金凤　颜有晶

被采访人： 马德庆（男　83 岁　属牛）

马德庆

民国 32 年，灾荒年，那年开口子，山东那边挡住了咱这边又开了。我还想着来，民国 26 年日本人进中国，那一年没好年头，没发水。那年二十九军退军，国民党宋哲元的部队，会使大刀。

民国 32 年，都走了，上关外了，饿死的倒不多。听说鬼子在临西县铁窗户那一块炸口子了，（日本人）下毒药，人就得霍乱，上吐下泻，都治不了，遍地是水，那水大着咧，喝了他下了药的水就得霍乱。

采访时间： 2008 年 1 月 27 日

采访地点： 清河县谢炉镇小闫庄

采访人： 石兴政　马金凤　颜有晶

被采访人： 邱桂荣（女　76 岁　属鸡）

邱桂荣

民国 32 年，那年在娘家，我娘家在大闫庄，河水淹，连着淹两年，那时受累啊，俺爹病了，在床上躺了六个月，我那时 10 岁，拎着鞋，赤着脚丫子蹚着水去抓药。

水淹都是六七月份，庄稼都秀穗了。只

吃糠，谷糠，糊的饼子，吃了都拉不出来。灾荒年那年，先旱后淹，饿得还不得病啊，是传染病，霍乱啊，拉、吐，死得快。大闫庄得病的不多，俺大爷家的哥哥就是饿死的，姓邱，想不出名字了，俺娘领着俺姐妹三个去东北逃荒，要饭，人家那粮食多，吃棒子、黏窝窝、高粱米，人家有么给么。到德州坐火车，走着到德州，累的啊，那时没汽车，人家走得早的回来捎信，那地方好，俺们就去，这才活下来。那时我才12岁，阴历二月走的，在那待了三年，俺爹病了，跟着俺姑去了那。

采访时间： 2008 年 1 月 27 日

采访地点： 清河县谢炉镇大闫庄

采 访 人： 石兴政　马金凤　颜有晶

被采访人： 邱殿文（男　84 岁　属牛）

邱殿文

　　民国 32 年，不是灾荒年吗？我冬天里走了，到关外去，到黑龙江省长岭县逃荒，给人家扛活。那家人不让我吃酱，我急了，就把他家的酱缸全打破了。在关外待了两年，灾荒年不是旱嘛，没收庄稼，我那时19 岁。那一年我走了，逃荒，下没下雨不清楚，郭屯开了口子。

　　从民国 29 年到民国 32 年，连灾三年，头一年下雨，河水自己拱开了，第二年长蚂蚱，蚂蚱一过去，谷子光剩下秆了，没穗了，那么多，我还逮着吃，飞得连晚上的月亮都看不见了，多稠啊，光是蚂蚱蛹，谁知道从哪来到哪去，反正都往南飞了，不记得下雨。第三年又水淹，就这东边的运河开口子，自己开了，连灾三年啊。人都上关外了，饿死的多，得病俺闹不清。霍乱，没听说过，都是饿，一天能抬出去两个。有一回，一个人死了，叫邱祥廷，邱东自、邱殿石来抬人，大家伙儿全饿得没劲了，最后吃了一筐菜瓜，才把人抬出去埋了。

日本来时是民国 26 年，还没入关，孙占元的兵在山海关坚持了七天七夜，一换防，张自忠的兵就退下来了。日本人一来，老百姓就牵牛抱着孩子都跑了。他们在那守炮楼，（老百姓）吓得不得了，（日本人）也经常打人，把我还逮住过呢，捆起来，那会一下逮了七八个，全把我们捆起来，系得很紧，威胁我们，这是皇协军，差点都勒死我们了。邱传文说了，"我是八路，咋的"，他指着皇协军的头头说，"我知道你姥娘家在那村，叫啥名，还有你三姑家，只要你把我们杀了，往后你全家别好过。"吓得那头头不行，最后把我们全放了，嘿嘿。

那会老百姓都入红会，打老缺，人家有枪，咱光有个红枪、红褂子，迷信。那会儿，老缺闹厉害了，家家（天）黑了都在房上睡，房檐上挂个铃铛，一家看见土匪来了，就晃铃铛，全村人都听见了，全来帮忙。那会都不是真老缺，都是饿的逼的，那会还有国民党的七十八军，让日本人打败了，剩下的全来抢老百姓，杂牌军。

抓劳工，那不常去啊，修炮楼啥的日本人才多少，全是皇协军，皇协军打人。韩凤鸣被抓到关外去了，跑回来了，那会儿征兵征得年轻人都没了。抓劳工时俺们全跑树林里。

韩双庙村

采访时间：2008 年 1 月 28 日
采访地点：清河县谢炉镇韩双庙村
采访人：齐　飞　廖银环　张利然
被采访人：韩新华（男　80 岁　属马）

1943 年 4 月 27 日，日本人来了，八路军跑了。八路军在这里住过，日本人把房子烧了，房子着了 110 间，烧死了两个大牛。

人挨饿挨得浮肿。1943 年秋后新粮食一下，一猛吃就受不了了，霍乱病就上来了，没听说过鼻子里长肉。

天没下雨，1943年秋后得霍乱病，霍乱病和浮肿病不是一回事。大年不济，霍乱病严重，饿得连死人都抬不动，死了三四十口人。那时村里三百来人，上吐下泻，跑茅子。医生扎针，放不出血就死了，血稠，肚子疼，打滚。我姐姐就是得这个病，俺都叫她喜儿，一吐一泻，血不流了就死，扎过来的人很少。韩庆林也得这个病，他是埋死人的，后来埋他了，都说传染，也闹不清。得这个病死得快，三个钟头就死了，当时日本人也在。

韩新华

村长一日一换，抓阄，白天支应日本人，晚上支应八路军。皇协军最大，用日本人名号连抢带夺。日本人穿绿色的衣服，也戴口罩。

清河县淹过一部分，俺这窝里高，没淹着，1956年、1963年淹过，这几年没淹过，1943年也没淹过，俺这边高。

后杜林村

采访时间： 2008年1月26日

采访地点： 清河县谢炉镇后杜林村

采 访 人： 罗洪帅　廖金环　李廷婷

被采访人： 顾呈财（男　69岁　属兔）

日本人来了抢东西，那时候我才七八岁，我亲眼看见过日本鬼子，那时鬼子看手里有没有老茧，有的是老百姓，没的是八路。

顾呈财

鬼子在村北边修炮楼了，我那时不到五岁，家里常住着八路。鬼子来的时候天冷，来了很多次，把柴火垛给烧了，抢东西。西王官庄常住着皇协军，经常有抢东西的。

民国 32 年，闹蝗灾，很多人出去逃荒了。我家里没有出去，我父亲当着村长。水来了以后，在村南边给挡住了，那时下过七天七夜的大雨，房子都漏了，没有好的了，下大雨的时候五六岁。开了口子，鬼子扒的堤，鬼子要不扒也淹不了，在临清尖庄那边，我没见，听人说的。

闹过蚂蚱，闹过蝗灾。闹过瘟疫，不大，闹过霍乱，没死人。记不清什么时候，闹霍乱在鬼子来之前，症状是又吐又拉的，光扎针，没什么办法，家里没人得过，会扎针的小医生，前杜林的。（霍乱）可能传人，没听说过抽筋。

灾荒年有饿死的，有 30 个人，出去逃荒的不少，到山东枣庄那边去，带着衣裳，带着布。那时小，知道的事不多。

采访时间： 2008 年 1 月 26 日
采访地点： 清河县谢炉镇后杜林村
采 访 人： 罗洪帅　廖金环　李廷婷
被采访人： 顾承道（男　82 岁　属兔）

顾承道

鬼子来了咱就跑，他们在村北修过炮楼，我那时候十四五岁。修炮楼时，抓老百姓去修的，不修不行，农历五月十三修炮楼，那是个节日，我记得那一天。这里鬼子少，皇协军多，修炮楼时，皇协军在这。鬼子在王官庄住着，住在西边，大家都往东跑。那会还没有土匪，光听说过，没见过。

也有水淹过，闹河水，1941 年、1943 年的时候有一次。日本进攻的时候水淹，水从运河过来的，有一米深，有的地方一米六七，地高的地方一米多，从南边过来的水，大水把堤给冲开的，不是人掘的，水大了挡不住，到六七月，容易涨水。下过五六天的雨，断断续续地下。

前后都来过水，都差不多大。1956年、1963年也发过那么大水，都给淹了，上级发的粮食都往这运。（老百姓）怕水怕旱怕淹。

有旱过，也有下雨的时候，下大雨也收不到粮食，没有饭吃，逃荒去了。也有要饭的，厚实的人家有吃的，我出去逃过荒，到西边威县。这边水淹了，那时候我13岁，八月份出去，到年回来。那时候一亩地收100斤算好，也有收五六十斤的，麦种都收不到。

也闹过蝗虫蚂蚱，不带翅的小蚂蚱，吃庄稼，那时候饿死的人多，具体（是谁）记不住了。闹过一年霍乱，就扎针，扎针也不要钱，药铺要钱，下来给你号脉，开个单，好就好，好不了拉倒。哪个村都有先生，扎针先生给扎针，有一个叫周金地，还有一个叫顾景年，都是白（免费）扎针，白（免费）行医，以前都这样。闹霍乱，哪个村都有死的，吐、拉、肚子疼，这是急病，扎针扎好了就好了，扎不好就死了，这病传人。记不住谁闹霍乱，想不起。我也闹过，又拉又吐又泻，吐水，肚子疼得受不了，找扎针先生给扎好的，扎在腿弯，膝盖下面，学校也给扎针。我妹妹就是闹霍乱死的，都叫她小五，我妹妹那时八九岁，小我五六岁，没治过来。霍乱闹了两三年，没钱，请不起医生。哪个村都有死于霍乱的，哪年都有，死活不一定，六七月、七八月的时候，吃瓜吃的，吃菜瓜，闹上那病。那会种高粱，也就七八月，新粮食下来的时候，吃了新粮食容易得病。什么病都有，那时得个病就扛着。

那时候从井里打水喝，渴了在井里打上水来就喝，做饭用井水，别的村水有苦的，也喝了，没办法。

家里没有牲口，喂不起，富人才喂，穷人喂不起，谁知道有没有得病。记不清鬼子有没有来。

鬼子找村来要东西，要粮食。鬼子不来，皇协军都来了。抢东西，随便抢。他来了咱就跑。老百姓也没办法，打也不敢打人家。红枪会早了，鬼子进中国的时候闹过红枪会，村里有红枪会，红枪会和土匪打。沈庄的红枪会还和鬼子打，没枪没炮怎么不死人。拿红缨子枪和鬼子打，死了人。修炮楼的土匪头子叫黄杂。具体名字不知道。待了三个月，住着皇协军，没有日本鬼子。

鬼子发过良民证，发给老百姓。跟现在身份证差不多，小孩不发，没有给过东西，光抢东西。

采访时间： 2008 年 1 月 26 日

采访地点： 清河县谢炉镇后杜林村

采 访 人： 罗洪帅　廖金环　李廷婷

被采访人： 顾奉章（男　81 岁　属兔）

顾奉章

　　我经历过这事，鬼子来装甲车，先在临清，往谢炉，天还没明，往北走，开了火，还不是和八路军，那以后日本人就占了王官庄。那边有四家务修了炮楼，咱村北边二里地也修过炮楼，谢炉也修过炮楼，那边的大，谢炉村东北角上，在杜林的正北有个谢炉镇，那儿有日本人住过。

　　皇协军、日本人常上这扫荡，村里人就跑，往东南跑。我那小时候光跑，老太太跟不上，年轻的就跑，牛也知道，（你）说跑，它也跟着跑，人都往南边跑，父亲、母亲、妹妹、弟弟都跑，八路军给咱说，鬼子要出来扫荡，收到消息就赶紧跑。鬼子来的时候，我十多岁，是 15 岁以前，鬼子来扫荡，拿着刀吓唬我。

　　日本人在四家务、油坊也有据点，打通了这一路。在东边有红枪会，还和日本鬼子打过。修炮楼那时我 15 岁，去修北边的炮楼，村子里的好木头，都给抢去修炮楼，炮楼周围几亩地，地里有高粱，都快收了，日本人修炮楼都给砍了。在北边修的炮楼，待了不到一年的时间，后来日本人不在这，光是皇协军，后来都撤了。来修过好几次，冢子村修过，比咱这晚两年，那时候炮楼里日本人不多，汉奸、皇协军住得多。

我村里也死过人，上西南边，被皇协军打死了，被抢过东西，老弱病残待在家里的，能弄走的弄走。（日本人）刚来的时候，可能是和八路军打的，就是在谢炉镇和他们打的，不断地扫荡，打死了个十来岁的小孩，在村的西边，他姓张，小名叫小本，他有兄弟。日本人来讨伐，看见人就打。

八路军在这发展抗日力量，建立游击队，孙蛮子、刘蛮子在这建地下组织。

这里闹过水灾。我11岁那年，大水淹了，水淹以后日本来闹，过水灾好几回，11岁、15岁，最后一回1963年，1963年以前两次，记不清哪一年。水从运河来，临清那边，那时河比较窄，水一来就淹，西边开了堤，从这往北都淹了，村跟前洼，地里就有一米深，往西那边更深，有一米五六，葛家庄淹不到，王仙庄那一带都高。我1927年生的，头一次（水灾时）我11岁，平地里修堰，掘了一米多高，没挡住，水冲过来了，我11岁那年，没挡住，六月初一，下雨了，还摘了红薯。都说阴历，不说阳历。

15岁的时候我记得有一次，后来闹过两次蝗虫，蚂蚱，人在地头掘沟，刨地头，就往里面埋。高粱长出以后，（蝗虫）一过来就把高粱给吃了，烧着也解决不了根本问题，小的还好，挨着地头掘沟，烧了就埋，一尺多深的沟。

我18岁那年下过七天七夜的雨，下的雨不大，这儿没大受灾，那边那几个村，地里洼受灾了，下了四五天，不是七天，这河没决堤。

17岁的时候我都不在家了，一个乡亲带着我上天津学生意，也上过济南蒸馒头，18岁离开家，上天津当工人，解放后，上北京当工人。水淹以后都闹过病，闹过黄疸型肝炎，眼珠子泛黄，找中医，不能吃豆腐，黏豆的东西也不能吃，我也闹过。

1966年闹水那次我没在家，1963年那一次闹得可大了。发水都是从运河过来的，雨水跟运河水，承受不了就决堤了。

受天灾，挨饿，有感冒发烧，老人承受不了死得不少。闹霍乱也有，拉肚子，呕吐，谁也不知道什么病，生病就死了。那时候谁也不注意这个，有的病传人，像黄疸型肝炎传人，上岁数的老人，小孩得的多。那一年饿死的人多，我记得是夏天，热的时候。

采访时间: 2008 年 1 月 26 日

采访地点: 清河县谢炉镇后杜林村

采 访 人: 罗洪帅　廖金环　李廷婷

被采访人: 张建西（男　71 岁　属牛）

张建西

我小时候光有皇协军，皇协军叫三本，想不起有过贱年的事，闹灾荒年的事听老人说过，也记不清了。三年灾荒，也逃过荒到山东枣庄，跟大人一块去的，也记不清当时多大。民国 32 年，那时没解放，去逃荒也是在那年，地里的收成一般，开口子的事也记得不具体，也听说过闹病，闹霍乱，具体也说不清楚，听老人说有过这情况，我记得蝗灾是解放以后的事。

黄台头村

采访时间: 2008 年 1 月 26 日

采访地点: 清河县谢炉镇黄台头村

采 访 人: 刘鹏程　侯文婷　白　梅

被采访人: 黄绍贵（男　73 岁　属猪）

我这户那时是这村最穷的一户，我9岁没了父亲，当时俺哥哥13（岁），家里地也不多，母亲带着俺兄弟俩讨饭，我姥姥家是大户，亏着那里接济我们。俺村那时候没几户，俺逃了，这么穷能不逃吗？那时候没在家。

民国32年淹了，民国31年淹了，连着两年淹，日本人扒的口子，在尖庄那里，离这里100多里地，闹不清什么县，可能在临清南边。为什么扒口子呢？他有用意，这边

黄绍贵

有八路军，日本先占山东，他这样让八路军站不住脚。我8岁时扒了一回，9岁时他又扒了一回。俺这里的地，春里旱，夏天下大雨，收嘛庄稼啊，谷子快黄了，水哗就过来了，地里只剩下上面那么一点儿。

下过七天七夜雨，房倒屋塌，下雨时我都十一二岁了，在家里。那时下雨也没吃没喝的。

我9岁时，日本人扒口子时得的霍乱，哪个村每天都得死一两个，八路军都接济难民。人都拉、吐、烧，上吐下泻，死的人可多了。我9岁时没怎么下雨。

有霍乱传染，这人吃不好，喝不好，能不得病？到后来听说是日本人来下的药，中央广播电台说的。我父亲那年死的，生活不好，水肿。以后没再听说霍乱，就那一年。能治的是那些有钱的，有几个能治过来的啊？那些土医生有扎针的，还是死的多，我现在也会扎针。反正症状应该就是上吐下泻。

蚂蚱是后来的，过去这两年淹，又来的蚂蚱，据说是南边来的，南阳湖，过去之后，那蚂蚱蛹子那么一堆堆的，像牛粪一样，用棍绑上鞋底子去打。蚂蚱过去之后是拉狗（蝼蛄），又叫土狗子（音），它把庄稼的根都拉没了。

日本鬼子常来啊，油坊有炮楼，康庄后边有一个，谢炉也有一个，光

炮楼。民国 32 年都淹了他还来干吗？抓人倒不怎么抓，常来扫荡，戴着小歪帽，穿着小皮鞋，带着刺刀，就这样，尽年轻的，都一般高。俺这没怎么抓大闺女，那时大闺女都不敢洗脸，还得从锅底摸黑灰。日本人看你手有没有茧子，只要有，就是良民，大大的，没有就得审，他怀疑。

（注：黄绍贵曾在葛仙庄防疫站中医集训班学习，现在黄台经营一卫生室）

采访时间: 2008 年 1 月 26 日
采访地点: 清河县谢炉镇黄台头村
采 访 人: 刘鹏程　侯文婷　白　梅
被采访人: 杨宝荣（男　83 岁　属牛）

杨宝荣

　　1943 年闹灾荒，记得，就是挨饿呗，天不好，庄稼也不怎么样，地旱啊，冬天地里冰都冻这么厚。收成不好，也挨饿。有蚂蚱，蚂蚱吃过去还长，什么时候都有，不论时候，秋天来的。

　　哦，那年开口子了，水淹了，民国 32 年，来蝗虫之前，秋天来的水，开口子来的，南边来的，运河里来的水。淌不出来憋的呗，就这样开的，不是日本扒的。又下雨，那雨大，过去大雨没有，到不了那么大，哎，房漏了，没有得病的，灾荒年饿死人，不知道霍乱，我都忘了。

　　日本鬼子来了烧杀呗，咱村里砍了四个，不抓妇女，能不抓青年吗，折腾青年，都是杀死的。日本人开大会，砍的那四个人，我都看见了，赵忠卫、黄元福、黄大头子，这村俩，还有那村儿的。

刘双庙村

采访时间： 2008 年 1 月 28 日

采访地点： 清河县谢炉镇刘双庙村

采 访 人： 齐 飞　廖银环　张利然

被采访人： 刘景彬（男　86 岁　属猪）

刘景彬

灾荒年日本人还没走咧，日本人来这修了炮楼。到民国 32 年闹灾荒，可能是，记不大清了，我那时十八九岁，到他乡逃荒。闹灾荒以后到了第二年，我 20（岁），又上山西，在山西洪洞县飞机场，找不着饭吃，去山里找八路军，八路军走了，我找不着。这以后，山东老乡说，日本的飞机场的一个头儿在山东，我就去那待了几个月，够了盘缠钱了，我就回家，家里有老人。到了六七月份就回来了，我回来以后灾荒年已经过去了，也不能说日子好过了，我家一共六口人，我父亲领着我们三兄弟上东北去了，就剩俺和祖母维持生活，我背着祖母织的布上枣庄，在那卖衣裳待了两个月，后来回来村里比以前好多了，人就都回来了。

第一次从山西回来村里没吃的，小心眼的人抢吃的。那时饿死的人多，一天死八口，都得霍乱，我祖母是扎针扎过来的，上吐下泻，没有腿抽筋。那时我饿得走不动，人饿得都躺在路上。

我们这有闹过河水。那时我十七八岁。具体哪年我记不清了。灾荒年没有发过大水，解放了开的口子，那时死的人多。

我见过日本人，日本人常来村里，他们来村里抢东西、讨伐，村里也有八路军。日本人打过人没杀过，在那边，谢炉镇十里也有炮楼。在清河县的据点多着呢，西王官庄是日本人的大据点，清河县的炮楼都属那管。还有黄金庄、油坊都有炮楼。我 16 岁去修过炮楼、修围子，日本人在炮楼干什么我不大清楚，他们穿黄呢子颜色的衣服，没有戴口罩和穿白颜色衣服。

采访时间： 2008 年 1 月 28 日

采访地点： 清河县谢炉镇刘双庙村

采 访 人： 齐 飞 廖银环 张利然

被采访人： 刘长菊（女 75 岁 属鸡）

刘长菊

　　灾荒年时我 10 岁，我出去逃荒了，跟大人走的。我春天三四月走的，回来记不清了，气候方面也记不清了。各家都没吃的，那时打死一个人也没事，谁也没法种地，日本人来了，天也旱，听说日本人来了就走了。

　　民国 32 年还有一个歌，具体我记不清了，唱不起来了，我记得歌里说："民国 32 年，灾荒真困难。"七月二十八日下的大雨，那时得的霍乱，没记得发大水，霍乱我也记不得了，就知道有霍乱，那时霍乱一村死很多人，都不敢说，装不知道，饿着没劲，抬都抬不动，都上吐下泻肚子痛。只有土医生，扎旱针，扎腿、肚子，扎过来就过来，不行就死了。那针很细，上边有一节铜，黄的，针头在针后边，现在还有旱针，有扎过来的，多不多不记得了，不冒血，咱这没有鼻瘟，河东有。日本人都和电视上演的一样，穿黄衣服，除了医生没有穿白（衣服）的，一般穿绿（衣服）的，咱这边没有被抓到日本去的，电视上演的有，这边没听说。

前苗庄村

采访时间： 2008 年 1 月 26 日

采访地点： 清河县谢炉镇前苗庄村

采 访 人： 罗洪帅　廖金环　李廷婷

被采访人： 宋清国（男　70 岁　属虎）

宋清国

　　1943 年，春季，我父亲已经牺牲了，那时候母亲还在，我那时 6 岁。皇协军进了咱村里，围住西边、南边，怕有人跑出去。我父亲是个老党员，做地下工作。村里的鸡都让皇协军逮住了，让我母亲烙饼吃，一脚把我踢向一边，他们用枪，我母亲在南房，在北房有几个皇协军，朝南房开枪，大娘让我躲开。皇协军来了，他们想烤红薯吃，他们用红缨枪，七八尺长，刺了红薯，抢了树叶，烤红薯吃，这是我亲眼看到的事。

　　一般到我们村里来的，大都是皇协军，日本人较少。我们设了个区部，我父亲领导，一次在区部开会，日本人知道了，他不知具体在哪个村，他摸来摸去，知道了区部在咱村里，找到了，把村长抓起来了。村长比较向着八路，叫宋云洞，在谢炉镇的炮楼给杀死了。我们这叫皇协军，也叫三本，是给日本人办事的。

　　在咱村没修过炮楼，在后杜林村北边修过，经常祸害，要砖、要东西，家中什么东西都拿，鸡也抓，真能祸害。那时小，这可是亲眼看见的。

　　过贱年，正困难时候，天旱，不下雨，运河让日本人给扒开了。我母亲领我向西南跑，拿布一下抓一包蚂蚱，在地里烤着吃，我亲手抓蚂蚱去了。1943 年，水淹又闹蚂蚱，日本人又来祸害。

　　民国 32 年，下雨，房子漏了，人就在房子里搭窝棚，下得也不大，滴答滴答，下了七天七夜。旱灾，西北地里种了五亩麦子，一个人就担回来，连麦根、麦头几顿饭都吃没了。五亩地收的（粮食），一个人就担回来了。

人都逃荒去了，逃到枣庄的多，人走了一大半，三分之二都逃了，走不动的就待在家里。我们这不算穷的，地里收不到，蚂蚱又吃了，先旱后涝，院里都长草，没人了。我院里一个舅爷爷、舅奶奶，活活饿死了，他俩是饿死的，逃出去的没饿死，那时真困难。我院里一个大娘逃到关外，过贱年那时得病死了。还有我叔叔，领着姐姐们都逃难去了，逃关外去了，拿着被子换粮食。我在家里，什么都吃，棉籽也吃，上地里找菜去，没饿死，活过来了。

1937年开过口子，民国26年、1939年开过一次，那时我刚会爬，不会走，1943年开过一次。小时候光听说，日本人开口子，扒开的，半米深左右，打的堰给挡住了，1937年、1939年我父亲领导着打过堰。我们这一家逃出去，逃到东北，（大人）都死了，剩俩小孩。闹瘟疫都是流感，没有治的，咱这村没闹。

那时我在沈庄，没闹病的。闹霍乱也有，家里有人得过。家里都烧过了，不敢回家来，那年可遭罪了。1943年闹过霍乱，挺严重的，治不及就死了，扎针扎三里（足三里），腿弯的地方，要是没扎针，一会儿就死了。也闹过痢疾，民国32年闹过，发疟子，光听说扎针就好，上吐下泻，拉肚子，一天之内就能死了。

灾荒年物价非常高，以前六毛钱就能买饭桌子，过两个集（五天一个集），油条100块钱一斤，价虚到那么高，有钱的买块年糕吃，有的人叫"夺街"的，别人吃着，夺过来就吃，饿得没法了。鬼子待在这涨价，1937年以后，物价乱涨，有十来种票都在花，上海票、东北农民票、西北农民票、冀南票、准备票、晋冀鲁豫票。准备票是日本人发的，日本人在这驻扎后花的。

皇协军叫治安军，皇协军抢东西，日本人少，我没见过日本人，光见过皇协军。红枪会抗日本的，抢东西，要东西，村里红枪会跟他拼开了，他都下命令，几天几天来要，咱不给。说日本人来了，吓得都跑了，顺着道沟走，这村和那村，挖着道沟，共产党领导的，防日本鬼子扫荡，宋专员、陈在道领导的。咱这没当土匪的，河东，过了运河有土匪，有个土匪大队长叫宋兆凤，也有王老杂，他杀了好多人，也是王官庄的，石五彦（音）也是皇协军。

皇协军来扫荡，抢了东西就跑了。日本鬼子净早上来，老人、小孩，都在家里，皇协军要衣裳、布匹，我还（没）从被窝里（出）来，俺娘把衣裳收拾到包袱里，让我抱着。他爬上炕，看席子里有没有东西。我在被窝里抱着个大包袱，他走了，我出来，满头大汗的。我父亲也在红枪会，穿着红马褂，那都有师傅，拿冰水洗身子，在身上拍刀子，有这个气，才跟日本人打着，说是不过刀，不过枪，跟日本人打去，不给日本人粮食。我奶奶吓得要跑，我父亲张尚岭不走，奶奶死活拉着他，不让他去集合，我爹非要去。沈师傅死了，让日本人灌辣椒水，踹肚子，两头冒水，死得很惨。日本人来了，我爷爷上车屋里藏，日本人过去，爷爷用刀把日本人刺死了。张凤玉，现在还活着，在沈庄，子弹擦到皮上没死，那时候我七八岁。1944 年烧沈庄，沈庄的难民都逃了，张慧兰逃到陈二庄，属猪的，现在 73 岁了。

还有一次，记得皇协军多，一上去就问有八路军吗，逮到普通老百姓他也说是八路，全村人都跪在那求情说不是八路，那人叫张凤西。日本人来，我姐姐怕被糟蹋，装扮成老太太。

我母亲有良民证，（上面有）半寸小照片，外边有一小塑料壳。鬼子用那个好逮住抗日力量。

沈庄村

采访时间： 2008 年 1 月 27 日
采访地点： 清河县谢炉镇沈庄村
采 访 人： 罗洪帅　廖金环　李廷婷
被采访人： 侯德昌（男　77 岁　属猴）

民国 32 年，挨饿，都逃荒去了，家里大都没有人，院子里都长草了。家里老人走了，到济宁，我没走。

那年闹旱灾，水淹，连着闹了好几年，那时候村里人也少，1000 多人跑出去逃荒了 500 口人，也闹过蝗虫，那时日本人在西王官庄收蚂蚱，跟鬼子换，鬼子收蚂蚱。

民国 32 年，闹病的不少，那时候也没有治病的先生，有传染病，不知道是什么病，都死了。没听说过转筋，说是闹霍乱，

侯德昌

也不知道是什么病，死的人不少，那也没记载，日本人打死多少人有记载，是水灾以后闹的病。

日本鬼子又给扒了一回水，在东边的运河扒开的，民国 32 年，紧挨着这些事，都这么说，听说的。下过七天七夜的大雨，是在民国 32 年，下得房子都漏了，外边不下了，屋里还下，也不是很大的雨。日本人想淹共产党，八路军踏着两三厘米的水从东北过来。

日本人在西边离这二三里地修炮楼，不能种高粱，修公路，我们不让他过，跟日本人干起来了，跟日本人打了三个月。邯郸、济南的敌人都来了，说咱这有兵工厂，其实什么也没有，其实是老百姓起义，皇协军队长王老杂空报的。我们村里有组织，红枪会和共产党合着的，那一仗村里死了十多口子，死的人也不多，在葫芦营和沈庄，一起和日本人打仗，他们先撤，18 口人一杆枪，18 个人冲他两顶机枪，都牺牲了。

日本人来了，尽是皇协军抢粮食，咱这村挺团结的，把皇协军吓回去了，不敢上这来了。我们有个大土枪，一打好几里地，把他们镇住了，鬼子到王官庄开会去了。

日本人发过通行证，有照片，发给青壮年，出门时带着，日本人查，老人、小孩不发，没发良民证。修炮楼是老百姓给他修，一个炮楼修了三道壕，一两丈宽的壕，让人过不去，修炮楼，他们从吊桥过，不让老百

姓、八路军过去。（日本人）在清河县把共产党成立的妇女救国会都赶到一个庙里去了，妇女救国会都是共产党员，给共产党送信。在戴家屯一个庙里，（日本人）把共产党围在那。

采访时间：2008 年 1 月 26 日
采访地点：清河县谢炉镇刘台头村
采 访 人：刘鹏程　侯文婷　白　梅
被采访人：沈玉兰（女　76 岁　属猴）

沈玉兰

　　民国 32 年我还在娘家沈庄，闹灾荒时还在家，过了年二月里去的沈阳，俺弟弟带俺去的。

　　那年就是旱，啥也不长，饿，道上都是饿死的。地里又招蚂蚱，头天夜里，俺爹去地里看，蚂蚱没进地头，明早再一看就吃完了，谷子吃得没叶了，那时谷子就长谷穗了，收不好了。

　　霍乱知道，那时候我在家，下了七天七夜雨，尽是泥，手往外蹬，人都在屋里搭窝棚，还能不得病？反正是伤寒，瘟疫，就是霍乱，又吐又拉的，俺家没得的。霍乱反正就是又吐又拉，还有别的什么病想不起来。也有扎过来的，得扎得及时，扎得晚的就不行了，扎人中。俺这沈庄大，有五六百户，得死二三十户，那会儿哪有钱治病啊？没钱治病，没医生，还看医生呢，哪有先生啊，都饿得不得了，饿死的有七八十户吧。三年淹了两年，能好过了啊，旱是先前，以后又淹的。

　　我见过日本人啊，光跑，七八岁，那年俺村着火了，俺跑出来了，日本人开着铁架车，在村里转了好几圈，沈庄西头有个炮楼，炮楼上要大闺女，不给啊，反正顶着他了，把俺沈庄村给烧了。沈庄有红枪会，拿着红缨子枪跟他们打，还有兜兜会，都戴着红兜兜，日本人来了就把红兜兜戴上了，俺们还没来得及戴呢，他们（日本人）觉得戴红兜兜的是俺们的人就打，打死了不少呢。不让出去，不是红缨会和兜兜会的也不让出去。俺那时候8岁，反正能跑动了，就从这当街跑过去的，跑到康庄了。

采访时间：2008 年 1 月 27 日

采访地点：清河县谢炉镇沈庄村

采 访 人：罗洪帅　廖金环　李廷婷

被采访人：田凤宝（男　83 岁　属虎）

田凤宝

民国 32 年那年日本鬼子在西边修了炮楼，有皇协军，到了咱村，咱不让他修，跟他干起来了。老百姓组织了红枪会，他上油坊去了，从西往东，要把这条线打通，这里的老百姓挡着，不让他修，在村西边，二三里地，不让他往东边修。他说咱这有八路军，把各处的鬼子都调过来了，还有坦克车，调来鬼子不少。老百姓联络四五个村红枪会跟他们干起来了。鬼子枪炮好，老百姓只有红缨枪，他把咱村烧了，打死不少人。八路军也有个主力部队，不敢跟他们打。八路军远远打了一炮，日本人撤了一下，把村子烧了。那时我十二三岁，在村里，因为不让（日本人）修炮楼，不给粮食，打起来，这村都抓人，给他挖沟、修炮楼，死的人不少。

过贱年，大水淹，收不到粮食。一九六几年有一次大水淹。民国 32 年又淹又旱，最艰苦。都逃荒去了，没有吃的，我逃到山东枣庄那儿，还没有 20（岁），出去逃荒时天不凉，逃了一年，在那挣点钱。记得下过七天七夜的大雨，闹过蝗虫，蚂蚱，也不知道什么时候，那地里都给吃光了，挖一条沟就埋，填满了，当时我有 20 岁了，咱没经受过瘟疫，想不起是不是闹过霍乱。

鬼子在村里没发过良民证，有人去修炮楼的，他跟村里要人，要吃的，要喝的。不给就到村里打人。那时候就找村里管事的，要这要那，没有就打，鬼子来过村里扫荡，老百姓都不敢在家，跑到地里睡，那时候有通信的。

孝义屯村

宋孟贤

采访时间： 2008 年 1 月 27 日

采访地点： 清河县谢炉镇孝义屯村

采 访 人： 罗洪帅　廖金环　李廷婷

被采访人： 宋孟贤（男　96 岁　属牛）

那时候我 20 多岁了，记得日本鬼子来的事，来的时候是民国 26 年，他们是民国 31 年、民国 32 年进的咱村里，来了十个八个鬼子，来到村里打人、揍人，"三光"政策，"抢光、杀光、烧光"。修了炮楼，老百姓给他修炮楼，不去不行，北边谢葫芦营、杜林、冢子村、东潘庄、大田庄各有一个，皇协军抓的人。

过贱年是民国 31 年、民国 32 年，那时地也种不上，饿死人了，不让种高粱，地洼，一淹就收不起高粱了。以前的水咸，没法吃，现在好了，闹旱灾时，吃井里的水。也闹过蝗虫，把庄稼都给吃了，一晚上能逮一车，现在没有闹过蚂蚱，民国 31 年、民国 32 年灾荒年闹过，是小蚂蚱。

记得开口子的事。头一回开口子，是民国 26 年。民国 28 年开口子。民国 31 年开过，鬼子给扒开的，叫做运河，在临清扒的，日本人修了个桥，在临清城北，木头桥，怕被冲毁了，开了口子，那是鬼子来以后修的桥。扒口子那时 27 岁，民国 31 年，日本也扒了口子，那时没见到，民国 28 年扒口子有人看到了。

闹灾荒的时候闹过病，那时候没医院，肚子疼，受不了，那时村里闹的不多，民国九年闹寒病死的人不少，没先生，没医院。民国32年，没见过闹病，听说过霍乱病，灾荒年闹霍乱，抽手抽脚，死的人不少。家里没吃的，都跑了，剩下老的、小的，走不动的都饿死了，得病的不少。民国九年是寒病，钻筋病，抽腿，夏天里闹的病，那时候我8岁。

有个挑果木的得霍乱，有个先生会扎针，给他扎好了，先生叫宋龙，在村南边。他早死了，那个人是西乡的，不是这儿的人。西边一个村里的，得了霍乱，抽腿，眼看着不行，来看先生了，他什么都不吃，光吃果木闹的霍乱。

那时粮食不多，过贱年没出去逃荒，四处找饭吃。有的村子都去逃荒了，逃得都没人了。九百来口人，出去了百分之七八十。村里有饿死的，说不清死了多少。没有数。饿得都浮肿。肿腿肿脚，浑身肿。都在民国32年，饿的，光吃菜，不吃粮食不行。

鬼子上孝义屯时，田士武当的村长，名义上指引鬼子，暗地里向着共产党。有人泄密，鬼子来抓他，鬼子把村围着，来扫荡，表面上不说来找村长，后来把村长抓了，被鬼子枪毙了，后来追认为烈士，还有他侄子，一块被枪毙了，小名叫小宝。

民国9年、民国31年、民国32年是灾荒年，民国32年是大灾荒，那个厉害，村里没人了，土地都互相卖了，没有吃的，那时候土地归个人，灾荒没吃的，卖了土地换几斤粮食，卖给些富裕些的人，十几斤小麦换一亩土地，艰苦到这个程度。后来遭淹，遭虫灾，蚂蚱、棉虫、谷子、棒子，蝗虫来了都给吃了。

民国32年，鬼子不让种高粱，怕八路来了，藏在高粱地里。只种矮庄稼，都收不成。

民国32年开的口子，是鬼子扒开的东边的运河，一是防共产党袭击，二是坏，拿这当笑话看，在临清城北，现在在临清桥以北，临清地洼，河中间有个十里塔，往北走，越走地越高。

采访时间：2008年1月27日

采访地点：清河县谢炉镇孝义屯村

采 访 人：罗洪帅　廖金环　李廷婷

被采访人：王啓岭（男　81岁　属兔）

王啓岭

我当兵当了八年，1945年六月当的兵，是八路军。记得一部分鬼子来的事，我当兵跟鬼子打过，六月的时候跟鬼子打过，八月鬼子投降。我是1953年当兵回来的。

鬼子来村里，那时我十几（岁），咱这里鬼子来得晚，来鬼子倒不多，来了一个班，十多个鬼子，皇协军多，来成百的。枪毙田士武那会（日本人）来的多。鬼子来咱村较晚，鬼子来时是冬天的时候，记得枪毙田士武，拿短枪没打死他，拿大枪才打死的，穿着棉袄，在村中间，我亲眼看到的。

下了七天七夜的雨，淹了后，又大旱，遭蝗虫，蝗虫之后又淹了，都是在民国32年，下大雨都赶上那一年。地里的庄稼旱得拿火一点就着，后来又淹，淹的时候可大了，地里水有四米深。

那时人都逃荒去了，逃到山东，又逃到东北，村里都没人了。还没到秋后，淹了没收的（庄稼），就逃荒去了，大部分逃荒去了。民国32年，六七月，出去逃了一二年，也有长的，逃荒在外面待了五六年，我是十三四（岁）出去的，19（岁）回来的，那会儿估计村里六百来口人，当兵回来是1953年，村里800人。

下的雨水有膝盖那么深，这叫"沥水淹"，庄稼没怎么收。遭了蝗虫，又被水淹，七天七夜大雨在四五月份，高粱高，淹不着。这些灾连着三年，头一个是雨水淹，后一个是河水淹，就在民国32年这几年。民国31年、民国32年那时候，都逼着卖孩子，顾不上来。开口子也听说了，我记得几岁的时候，后来河水淹是鬼子扒开的，临清那里，淹到这，听人家说的，也不知道哪一年，鬼子怕淹到山东，那会他没到这。1956年、

1963年各淹了一回，五十来年就淹这几回，第一次淹时鬼子在这。

也闹瘟疫，水淹后闹这病，光知道说是瘟疫，发烧、发热，别的倒没有，瘟疫也厉害，也死人。霍乱有，在家里饿死的，出不去了，也有抽风，又吐又拉的，得这病的不少，河水淹之后，听说传染人。那时候没医生，有中医，有扎旱针扎好的，扎腿弯、胳膊，这个病很急，不知道怎么得的，有因为这个死的，闹这个病死得不少。我村里有会扎针的，不要钱，孙万玉、薛四、老董会扎旱针，抓草药抓不起，都说一有水淹就容易得霍乱。

土匪有的是，土匪头子在山东的多，我打仗都打到那边去。红枪会各村都有，组织起来打土匪的，红枪会也跟鬼子打过，谢葫芦营、沈庄、韩葫芦营都和鬼子打过。这个村的人跑了，（日本人）打不着了，把房子给点着了，都在沈庄，韩葫芦营，这都不是传说，我亲历过的。老百姓的东西都被抢走了。（日本人）在这个地方没发过良民证。

谢葫芦营村

采访时间：2008 年 1 月 27 日
采访地点：清河县谢炉镇谢葫芦营村
采 访 人：罗洪帅　廖金环　李廷婷
被采访人：刘金龙（男　88 岁　属鸡）

日本人把房子都给点着了，那时候日子没法过了。五月十三来修的炮楼，打仗，炮楼在村后边修的，从村里这里打过仗，俺村里跟他干了，有红枪会，（炮楼）没修过去，日本人什么都抢，皇协军也来抢，红枪会和他干了。村里有游击队。

过贱年，都受罪，饿着捉蚂蚱来吃饭，（蚂蚱）满天飞，能遮住太阳了，那时候受罪，棉虫也有。庄稼长了没收着。

谢炉村

采访时间： 2008 年 1 月 23 日

采访地点： 清河县谢炉镇谢炉村南街

采访人： 王 凯 李 爽 刘 欢 宋俊峰

被采访人： 李玉江（男 77 岁 属羊）

李玉江

　　我不会写字，一直在这住，没逃过荒，那时候没粮食还不饿着？咱这里没井，靠天吃饭。民国 32 年没下雨，庄稼旱死，没收，人没粮食吃就饿死，饿死的人不很多，不如灾荒年（1958 年）多，民国 32 年死的人也不算少，来多少日本人咱不记哩。

　　日本人不住民房，自己盖的房子，他把炮楼修得圆圆的，他在上面看看，不在里边住，里面住的有日本人，也有皇协军。皇协军不少，要粮食，他跟村里要，收得少就给得少呗，有不给的，没有粮食给他啥？日本人不抢，拿着枪，日本人逮了八路军就杀，不杀老百姓。村里有八路军，在这个村子里住一会，那个村里住一会，人家八路军住民房。日本人在这里待了有多长时间啊，有两三年多，得有五年，我合着，日本人走时我有十八九岁，今年我 77（岁）了，有五六十年了。

　　日本人不烧屋子，炮楼盖在了公社那个院里，现在扒了。他又不盖好房子，不是现在的楼，找民工盖，日本人在村上找的，见了就抓去盖炮楼，不给饭，白干，你要回家吃饭，碰着谁就叫谁去。炮楼盖的时间不短，挖一溜沟，有一人半深哩沟，房子在沟里边呢，修了个吊桥，黑夜里吊桥一落，他们在里面待着。没听说过日本人抓妇女，光抓劳工修炮楼，要粮食。皇协军到村里也是扫荡去。

　　民国 32 年，也不旱，来过大水，来大水时日本人没在这儿。死的人多是得霍乱的，见过得霍乱的人，得这病死得邪快，上边吐，底下拉，没抽筋，没有人治，他那个先生找不到。针灸，现在也有扎针的，也有治好的，按穴道扎，不放血，扎针就好了，村里头就有三四个扎针的，忘了叫什么了，都不在了。说不清救了多少人，你扎好了，我扎好了，也有的人扎不好。

我家里得病的多哩，叔叔、婶婶都得的这病，婶婶得病的时候没治好，五天死了三口，他娘仨，有个儿，我的哥哥，他那时候有十六七（岁），叔婶五十几（岁）了，在一个院子里住，在街里。婶婶娘家姓刘，不记得叔叔、哥哥叫啥名了，就这三个人得的病。他妈妈先得的病，又传给叔叔，说是传染，那时候跟现在一样，听谁有啥啥病，这个病传染，说是传染。南街这一段儿死了有五六个，甚至没出门，在家里得的病。那时候也喝开水，小时候住在一个院里，得病的时候也住一块，生病后自己伺候自己人，得了病上吐下泻，眼不鼓，五天死了三口，村里人给埋了，跟现在一样，埋在了自家的坟地里了。

哪个村子里都有得这个病的，南街这一段就死了五六个，淹过一回又得的这个病。河里的水，运河里的水，来水的时候，地里水有一人深，水从南边来的，从临清南开的口子，自己开的口子，口子开了堵不住，淌够了才能堵。我现在住的这里原来是地，这里有水，往北是街里，当时是土墙，把墙拆了，把水挡在街口，家里没水，家里有水不淹死了？庄稼没收着，下雨了，不光下大雨，运河里来的水，光下大雨下不这么大，运河里不知哪里来的水。头一年发大水我还小，跑着玩去哩。后一次堵大水我就记得了，头一回发水是听说的，后一次我经过了，后来这次是南边运河，我说的发大水。

采访时间：2008 年 1 月 23 日
采访地点：清河县谢炉镇谢炉村南街
采访人：王 凯 李 爽 刘 欢 宋俊峰
被采访人：李玉科（男 83 岁 属牛）

　　小时上学尽挨揍，那时学习不好，先生不打嘛，我就不上了。兄弟两个，大哥刚死了，小时家里种十多亩地，五六口人，种的粮食够吃，一亩收二三百斤。

　　过日本那时我 20 多岁，日本人在北边过来的，在东边修的炮楼，修炮楼我没去，那时村人少，六七百人吧。见过日本人，这里就有，日本人修炮楼就见了，不多，来三两个，咱中国人皇协军多，有多少皇协军不记得了，百十口人吧。咱村有皇协军，也有八路军，八

李玉科

路军地方工作，也有，这里跑，那儿藏，多少咱也不知道。那时候死人可多了去了，没有数，日本人在这儿，又打仗，死了那么多人，在这儿村就打了，日本人成天打，在南门外打了，南街死了四五个，也许有五六个，日本人见一个攮一个，日本杀多少人咱不知道，我就跑了，在这儿住的时候，我很小。

　　逃荒时有 20 多岁，逃荒不做买卖，我没挨饿，灾荒那么厉害，我们一家都没挨饿。淹过吗？我不记得了，我不识字，哪记得那个？霍乱病咱闹不清，听说过霍乱病，得那病死的人有十几口，南街这一胡同有死仨的死俩的。村里有会扎针的，叫魏争魁，一扎就准，扎了就好，我家没人得这病，我没见过得这病。顾培滨家死了六口，死的时候 50（岁）了。有八成都是传染（得的），那家叫么了，忘了，死了三口，叫黑妮儿他爹，不记得叫啥，大黑妮儿、二黑妮儿死了，她娘也死了，有妹妹在山东哩，她闺女上山东了。那时候我上临城逃荒去了，临城在枣庄那里，那里没霍乱病。

采访时间： 2008 年 1 月 23 日

采访地点： 清河县谢炉镇谢炉村东街

采访人： 王　凯　李　爽　刘　欢　宋俊峰

被采访人： 谢振东（男　78 岁　属羊）

我没上过一天学，从小就住在村里，这里一直就叫谢炉，以前叫清河县谢炉集。我家里三口，有一个兄弟，一个父亲，这不就三口吗。我小的时候家里没地，村里有地主，也没大户，大户就几户，没大的大户。家里粮食不够吃，就出去给人家做活，给人家种个地，一年给点粮食，20斤粮食，给人做活。

谢振东

我16（岁）去当的兵，去济干二团当的兵，十中队，队长叫啥不知道，只知道刘伯承管这十中队。1947年南下我当副班长，1947年底我是正班长，一个班十二三个人，有一个班14个人，都有枪，子弹不多。那时连不大，刘伯承下有100个团，一千六七百人。

没当兵的时候在这里，日本人来的时候在家里，在这里待了三年。有炮楼，我13岁时在这里修炮楼，16（岁）我就走了，现在镇政府就是原来炮楼的位置。那时修炮楼，两房子高，用土坯垒的。那年我14（岁）去修，别人雇我，给米，去了以后谁雇谁给米，日本人往下派，派谁谁雇。修了好几个月，修的谢炉的炮楼，修的时候见过日本人，我小，做得慢了他就打。

油坊、尖家庄、康家庄、四家务一共有十来个炮楼，谢炉有炮楼，油坊、黄金庄都有一个，王官庄有一个。炮楼里有日本人、皇协军、治安军，日本人来的时候炮楼里有一个连，走的时候七八个人。日本人在清河住在城里，不知哪块了，待城里，在油坊待的时间多。

我见过日本人，日本人跟咱个头都差不多，模样一样，穿黄衣裳，平常不出来，待炮楼上。俺这里皇协军有100多人，一个连。他们不抢粮食，光要不抢，打死人没打死不知道。在这里打过人，他叫么，不知道叫么了，都叫他中成，他被打死哩，夜里死这里了，中成两下就死了，日本人打死的人不少，日本人拿刺刀穿死。为啥杀，他看你不顺眼就杀你呗。

日本人不抢粮食，问百姓要粮食时，要一亩地 18 斤杂谷，逼得老百姓没法，老百姓没粮食给他了，饿死多少人。

抓劳工，咱不知道，没抓到日本去的。日本人烧过房子，那时还没修炮楼哩，从西黄庄来的，烧房子，烧的刘家锷他家的。王离梅的那铺子叫日本人烧了，烧了前徐，烧了多少谁知道，反正烧了，他来了就烧呗，不为什么，那他为么？后来他们不烧光、抢光吗？日本修炮楼的时候就不闹这套了，原先从西王庄来的时候是杀光、烧光"三光"政策。

强奸妇女，咱不知道，原来多少人咱也不知道，县城里没见过日本人，在俺村里见过。日本人 1945 年阴历三月份走的。

那年就灾荒年，没吃的，旱，那年麦子可旱了，只收几斤，麦子都收不来。天旱完了又水淹，淹是河水，就油坊这水，卫运河开口子，就临清南边开的，平地上净水，家里打了堰，没进来水，地里水有好几尺深，水淹的时候日本人就走了，三年两年淹的时候就走了。1945 年（日本人）没走哩，还在这待着哩。河里开口子，都是上河堤上挡去，个人去，村里人去，日本人不管。开口子，从上边来的水，涨水涨的多。

那会，霍乱，什么病都有，抬不及，得这病的多了，谁记得，死的人多了，我记得有王二罗家，他家里，我不知道他叫啥，谁记得他叫啥，他死的时候 20 多岁。霍乱病肚子疼，连吐带拉，扎针能扎过来喽，那时候俺村有扎针的，王春和、魏镇魁他仨，好几个人都会。咱不知道扎哪里，我见过扎针，放出来血是黑的，扎好的不少。我家里没人得这病，不知道谁扎好没扎好，反正扎好哩不少。以前没这病，就那一年很多人得霍乱。1943 年，那年没淹，有霍乱病是秋天，暖和天里，没收粮食哩。（老百姓）一见粮食，新粮食，一饿，一撑，都得这病，死得不少，多着哩。我见过，真见过，死得快，一晌就死，有的用不一晌，扎不过来一会儿就死。

得这病的不分年龄，不用听大夫说，都传染，那时候各村都有得霍乱病的，不知道哪村厉害，反正都有，后来没啦。都知道是霍乱，老百姓说的，谁知道大夫咋说。谁知道吃么得这病。那时喝井里的水，村里有多少井，数不清了，有小井、有土井。喝凉水也行，开水也行，那时都喝凉水。

那年，反也就待那几年有霍乱病，不记得淹之前（还是）之后了，那谁知道死多少人，有这病的时候水就下去了，有逃荒哩，不少。我待家里咪，没吃的，逃荒走不了，就待家里呗。那时袁凯的爹，就是饿死的，连饿带病，死多少人。

日本人没来的时候，有多少人那我不知道，那时村不小，1945年日本人走的，从清河啥时候走不知道。1945年三月份炮楼上的日本人走了。我才15（岁），还没当兵，没验上，1945年岁数小。16（岁）当兵去哩，验上了，就当兵了。

那时打仗，山东高唐、济南、聊城、黄府，打仗还不死人吗？和日本人打仗，这里八路不多，没独立部队，游击队只有30个人、40个人的，打后街。他大爷叫日本人打死了，他是侦察员，死碉楼里面了啦，被打死了。那年我还小哩，（他大爷）叫啥，闹不清了，那是早年，挺早的，1942年、1943年吧，还没到灾荒年。

采访时间：2008年1月23日
采访地点：清河县谢炉镇谢炉村东街
采访人：王 凯 刘 欢 李 爽 宋俊峰
被采访人：谢志文（男 83岁 属牛）

谢志文

我上过几年学，八岁上的学，上到了十来岁，那时候是本村的学校，雇的先生。

灾荒年，闹土匪，闹日本，十七八（岁时）这里就修炮楼了，对面那儿就是炮楼。这个村大，那时七八十来个上学的，那时候村里3000多人，现在4000多啦。我家里有十来个人，兄弟姊妹五个，我是老小，上边三个哥，一个姐。家里有20多亩地，粮食好时够吃，不好不够吃，种高粱谷子，一年收一季，没水浇，一亩地收两百来斤，好年头两百来斤。

这里一直是谢炉，归清河县，属河北省。小时候这里是国民党管的，小时候有局子，有庙，庙里有房子，人住庙房，县里人来这里，就住那儿，十多个人，这里没部队。

过日本时是1943年、1944年，他们在这里待了三年零两个月。日本人是正月来的，那时我十七八（岁），在村里住，种地，这时刚修上道。日本人是从西任庄来的，这里住了十多个，下边是皇协军，皇协军有二三十个，治安军与皇协军不一样，皇协军是警察，治安军归国民党，他败了都打他。治安军一个排，有二三十口都住炮楼里，炮楼有两道壕，老大。我修过炮楼，去提搂泥，给他们修房子，给皇协军，他在那儿看，都随便打人，咱干活慢，挨了一巴掌，不杀人，各村派人去的。管饭？管巴掌！都是自己拿饭去。日本人看着你干活，他修了两道壕，皇协军在壕外边，日本人在壕里边，两个不在一堆。

平时日本人也出来，要粮食，一亩地上交18斤杂谷，派皇协军要，皇协军归他们支使。也有八路军，天黑了就喊话，说不出来有多少人。有游击队，打过仗，就在北边。在村口打了几枪，日本人开着汽车在地里找，在地里轧死好几口子，有四五个八路军，游击队都是八路军，现在没那些游击队了。八路军也要粮食，要多少没数了。

日本人平时出来烧过房子，烧街里的，那年"三光政策"，进村就烧，我家没烧。我附近那药铺，是山东人的，给烧了，那人早死了，他家现在没人了，家给烧光了，人就走了。他（日本人）那时不管什么，看见柴火就烧。没听说抢妇女的，老百姓一听说来了就都跑了。那时八路军都跳沟里，有一人多深，村里南边东边，都有沟，沟有老百姓挖的，一天给几斤米，八路军带着挖的，没地道。

灾荒年也有炮楼了，已经修了炮楼了，那年麦子是割不着，就搂搂，一亩地收十斤二十斤的，刚够本，光麦种就要15斤。秋里又旱，没收两季，就灾荒年，第二年春天又旱，一亩地只有一二十斤谷子。

这里有八路军，也有土匪，把庄稼盗走了，土匪都是本县人，这些人都是饿的哎，家里人多，饿呀，就抢粮食。吃么啊，在家里将咬了一口，他就咣当给你抢走了，也到集上抢东西吃，人给饿成那样儿。死人也不少，那时记不很清楚了，逃荒的人也不少，饿死的多，人都死了。那年，我记的有那么二三十天，天天死，都病死了。人得霍乱，记不清了，记得我那时七八岁，有人得霍乱，这里有一个先生，都不会治，就他会，叫王玉和，离了那个先生治不了，都找他。俺没得过，村里得这病的不少，治病的少，没见过得这病的，我那时小，才七八岁。水来了也有发疟子的，八路军治病，日本人不管。咱那时小，霍乱死了谁，咱说不上来，也不知谁是谁家。

灾荒年那年下没下雨，记不很清了，十几岁，谁记这？淹了两年，就那片儿淹了，这么深的水，麦子都倒了。水是漳河水，在西边，是从尖冢庄南边开的口子，西南，临清县过来的水。那时没人管，有人堵没堵着，都上这里了，院子里水都这么深，反淹了，没进屋。家里也是一汪一汪水，地里水有一米来深，种高粱，高粱高，不怕淹，淹不死，谷子、豆子不行，都淹死了。

赵台头村

采访时间：2008 年 1 月 26 日
采访地点：清河县谢炉镇赵台头村
采 访 人：刘鹏程　侯文婷　白　梅
被采访人：杨玉凤（女　83 岁　属牛）

杨玉凤

哪年不知道，光知道下了七天七夜的雨，各户都漏，咱家里啥也没有，我们在那边扎了个棚子，拉个席子住着。

那时靠天吃饭，下雨就有吃的，不下雨

就没有。下雨之后没有生病的，没记得有。不知道了，记不住，好几十年了。没见过日本鬼子。

采访时间：2008 年 1 月 26 日

采访地点：清河县谢炉镇赵台头村

采 访 人：刘鹏程·侯文婷　白　梅

被采访人：赵自兰（男　83 岁　属牛）

赵自兰

民国 32 年，家里没有人了，人都出去要饭去了。我没出去，我妈出去了，去的山东台儿庄，那时家里在那里有四口人，我六岁时就没有父亲了，没兄弟，我在家卖点衣裳，卖点破衣服。

民国 32 年闹灾荒，那时，地里不收，都没吃的，反正有两三年没有收成，又有蚂蚱。

那年就是旱，下雨也不大，不透啊，也没法浇地，下点雨也治不了蝗虫。七天七夜下雨不是那时候，不是民国 32 年，不知道哪一年了，记不清，时候长了。民国 28 年，这边让水淹了。民国 31 年，鬼子在临清，运河里的水出不来，鬼子把河扒开，淹了清河，淹八路军。清河是八路军的根据地，没记得民国 32 年淹，是民国 31 年淹了以后地里整不好，第二年才招的虫子。

蝗虫六七月来的，可多了，那时候我从临城往北来，卖了衣裳，买了个小牛往回牵，那蝗虫就在脚底下爬，满地都是。那时也没有药，挖个沟，把蚂蚱往里赶，再踩死，吃得谷子都没叶了，那是六七月份，谷子都结穗的时候。

就这样，人能不得病？吃不饱，饿的，谁知啥病，反正就是饿的，有些得霍乱的，反正得啥病的都有。得了病能有啥好样子，反正就是黑瘦，吃不饱呗，治病没钱。得霍乱的只是一部分，哪能记得多少啊，那时俺村四百来户，那时得死几十户吧，去外边逃荒的得有几十户。

我可是见日本人了，日本人光在俺村就杀了四个人，日本人那时，支应皇协军，村里兴保长，四个村里一个村一个。年轻的有往南跑的没跑了，我往南跑的时候被截住了，想去南边大场里，日本人从东边过来了，我背着个锄，鬼子接过去了，我想鬼子不杀了我，也得摔我俩个儿，他背了一会儿锄，又放下了。天天叫老百姓上场里开会，（俺村）头一个死的是西边村里的，跪着，喊我真冤啊，一刀就砍了，那头就在地上轱辘轱辘地转，头三个就这样被杀的，到第四个那个砍刀钝了，一刀没砍死，砍了半截，这四个死的都是保长。为啥啊？这几个人白天支应日本人，晚上支应八路军。

鬼子在清河有据点，石家庄、邢台、清河县城都有，俺村西南角四里地有一个。他们上村里要嘛去，要吃的，老百姓要么给么，要妇女上炮楼上去，村里人急了，拿那种红缨子枪把他们赶出去了。鬼子这就和这个村成对头了，连清河的鬼子也过来了，说这村有八路军。

鬼子没上俺村来要妇女，在俺村没干什么大坏事，在沈庄、葫芦营那村就给挡住了，沈庄死得多，坦克车、电驴子、炮，都来了，就因为日本人向那村要人不给，要什么都不给，这就成对头了，鬼子就再没上这来，在那边修了个炮楼。

油 坊 镇

安家那村

采访时间： 2008 年 1 月 25 日

采访地点： 清河县油坊镇安家那村

采访人： 齐 飞 廖银环 张利然

被采访人： 安茂桐（男 82 岁 属虎）

安茂桐

　　我灾荒年时在家，在家里没吃的，差点饿死了，民国 32 年，那个时候吃不好，村里也有逃荒的人。

　　1943 年是水淹，开河口子，开口子可是水涨了，没看住，没有人扒开，运河没护住，自己开了。那时候是南边也开，郭屯也开，开了个口子，那个水在村东边有里把地，五六百米远，南边来的水在这边有 500 米，水在这里是从西向北走，在郭屯是从东边向北走，南边的是清水，郭屯是浑水。种的高粱穗还露着，光下雨，赶快想法弄到屋里去，晴了再晒，晒了不长又下了，高粱长了芽了，带了个尾巴，可能是 1943 年。有的没种么的更不行，不少人种的谷子都坏了，有的户没吃的，就向东北、东南逃荒。

　　那年可是得死人，不很多，能走就走了。这里是闹"低指标"的时候死人多，600 多口人死了 300 多口。那时候也死，死的不多，病也是饿出来的，有吃的就没走，吃不安就闹病，有的死了，嗨，这会儿也记不清闹啥病了。霍乱病不是那么普遍，也是灾荒年的时候，也记不清嘛时候了。上吐下泻就是霍乱，也不记得谁得了这个病，那时候也没医院，没赤脚医生，也没有扎旱针的。1943 年，洼地里的水都下去了。可是也闹过蝗虫，1956 年、1957 年闹了蝗虫，飞机灭蝗。

1943 年王官庄有了日本兵，没上村里来，日本鬼子 1943 年农村来得很少。我见过日本人，在杜家楼修了炮楼，在郭屯炮楼边上掘了一个封锁沟，多数是皇协军在炮楼上。没见过穿白衣服的日本人，都穿军装，可能有的戴口罩，俺都跑了。

县大队在华庄、连庄活动，皇协军来这会儿，常政委叫三班打掩护，其余的都撤了，皇协军趴在地里往村里打，日本人见力量小，也向村里走，这一个班也撤了，常政委带两个护兵在东南角，日本人也来了，常就向东跑，护兵向南跑了。

安慎荣

采访时间： 2008 年 1 月 25 日

采访地点： 清河县油坊镇董家那村

采 访 人： 齐 飞 廖银环 张利然

被采访人： 安慎荣（女 79 岁 属马

娘家是油坊镇安家那村）

民国 32 年，我去逮蚂蚱吃，放锅里炒炒，剥着吃，蚂蚱吃得麦子光剩一个秆了，那时小，12 岁，吃了没什么反应。我们有时候喝热水，大多喝凉水。那年六七月份水开了，先旱，后来淹，连着下雨，很多人就出去逃难了，买了饼、豆腐渣就上那边去了。过了麦，麦子都这么高了，又有了蚂蚱，后来水淹，都是河水淹的。

共产党一来就都吃上饭了。灾荒年得病的有的是，小孩们、岁数大的得病的多，壮年人禁得住，脸黄肌瘦，吃不上饭。那时候很少有医生，没有面子的人叫不来，医生给号脉抓药，也有扎旱针的，穷人请不起。我哥哥 29 岁就死了，他是自卫队的队长，鬼子修的城墙，他们就去扒，那时我小，在门后藏着，他吓着了就有病了。当时得的病，还没有上吐下泻的，水淹后有没有上吐下泻的记不清了，也有吧，那时死个人都不知道什么病，有大肚子皮，肚子长病，现在一长就知道是什么病了。

北王庄村

采访时间： 2008 年 1 月 23 日
采访地点： 清河县油坊镇北王庄村
采 访 人： 刘鹏程　侯文婷　白　梅
被采访人： 王德清（男　74 岁　属狗）

王德清

现在家里就我自己，老伴去世了，儿子分家过了，我是 1937 年出生的。

日本鬼子在油坊修了炮楼，扫荡。炮楼建在南运河西边，得有十亩八亩，都围着墙，土围子。咱这有共产党，八路军，那时谁敢在家，皇协军跟日本人都来，这儿住八路军，来了先打一阵枪，但逮不住他们，扫荡了一回，逮不住八路军，八路军打游击他们逮不住，那是 1943 年。

那会儿旧社会天气不行，遭蝗灾。1943 年冬天，我去枣庄逃荒去了，村里没人了，都逃荒去了，有上东北的，我爷爷和父母都逃荒去了，剩我一个奶奶。

1943 年以前，种地光靠天哪。农民那时候闹病没钱看，没医院，闹感冒，闹霍乱，这村子死过几个上岁数的，没西医，只有中医，解放后才有西医，吃服汤药就好了。这村子没医生，都上油坊去，私人诊所。那时人尽病死的，没好医生，也没有医院，死得可多了，也没钱治。都是老（人）病，死的都是年老的，过冬过不去，一过冬天抗不住寒冷。

我没见过得病的，那时候我小，我逃荒待了一年就回来了，回来就解放了，已经把日本鬼子撵走了。民国32年，村里都没人了。这个河里的水，这个南运河，就是那个京杭大运河，从临清到聊城，俺们这里常决口，解放以前，堤修得不行，日本鬼子没炸开过，都是自己决的。

民国32年秋天没下雨，下得很少，春天旱灾，秋天也旱灾，地里没收成，有蝗虫，蝗虫就是蚂蚱，也没什么收成。那个集市上人也少，那时村里才三四百人，这会1000多人了，从民国32年到现在（已经）60多年了。那个社会，饿死人谁管啊，没救济的。

日本鬼子抢劫，抓人，那尽汉奸出卖的，怀疑别人是八路把人装在麻袋里往河里扔，那时候这儿死的人可不少，汉奸不少。没抓过女人，尽抓男的，其实八路打一通就跑了，日本小队长带着皇协军上西北扫荡去，八路埋伏好了。日本人不打小孩，不打小孩咱也害怕，他也没威胁过我。

采访时间：2008 年 1 月 23 日
采访地点：清河县油坊镇北王庄村
采访人：刘鹏程　侯文婷　白　梅
被采访人：王宗香（女　76 岁　属鸡）

王宗香

我娘家就是这儿的，当时父母带着弟弟妹妹逃荒去了，剩下我自个儿，就哭，哭得这个眼就瞎了。

这里河北边有日本炮楼，有站岗的，过河谁也过不去，东边那个大河，八路军也过不去。大人小孩看见日本鬼子就跑，（日本人）抓（人）啊，抓了再拿钱赎人去，光抓男的，不抓女的。

那时候靠天吃饭，有蚂蚱，那是秋天，吃高粱、谷子，高粱窜那么高，蚂蚱飞上去都吃了。地里收成不好，地里啥也不长，饿死了多少人啊，那时病死很多啊，都说是霍乱，其实啊，都是饿死的，咱没见过。后来发过水，遭大水淹，那是秋天，棒子、豆子都淹了，大河里过来的水，都说水是天津过来的，不是日本鬼子炸开的。

这个运河，是几百年的运河，经常发水，那年发了水人都挡堰去了，光是水了，一眼看不到边。生病的没先生治就死了呗，那时候也没法了，发了水人被困住就死了。河里发水，也下雨，没很大雨。俺这里下过七天七宿，那时都是土坯房子，轰隆这倒了，轰隆那倒了，俺这里有个庙，都跑里面躲去了。

采访时间：2008 年 1 月 23 日
采访地点：清河县油坊镇北王庄村
采访人：刘鹏程　侯文婷　白 梅
被采访人：曲长江（男　77 岁　属羊）

曲长江

民国 32 年我在家，我 14（岁）才出去。家里有我父亲母亲、一个哥哥、两个弟弟。一个弟弟饿死了，也就闹灾荒的时候饿死的，没生病，他就饿死了。我投奔姑姑了，家里没法过。这个村人不少，生病的不多，饿死的有。

那时收成不好，有日本鬼子，这里正东有个炮楼，有仨门，修的土围子，炮楼后面就是运河。俺都住城墙根底，他们在那住了好几年，他到下边抓人去，为嘛不在俺这抓呢，因为俺这儿有个翻译官，他后来跑东北去了，后来给枪毙了。

那会收成好不了，因为光靠天，贱年收成不好，那时年年长蚂蚱，很厉害，从地里往壕里飞，那么深那么长的壕，蚂蚱都往里蹦跶。民国32年，可能没发过水，下雨还能不下吗，（下得）不勤，在秋天，想不清了。开口子那年，连下雨带开口子，一九六几年开的，小的时候不记得了。民国32年可能没开过口子。

董家那村

采访时间：2008 年 1 月 25 日
采访地点：清河县油坊镇董家那村
采访人：齐 飞 廖银环 张利然
被采访人：彭万存（男 76 岁 属猴）

彭万存

闹灾荒年咱这不歉收，就是蝗虫把庄稼吃了。当年旱得很，那时小，十来岁。我是秋后去的关外。那时候，蝗虫很多，庄稼都被吃了，那时人也吃那个（蝗虫），没办法。后来也下雨，稀里糊涂的，下雨都下雨，大不大，这事迷糊，那时小。大水有，河水决口了，那时人各顾各的，水那边过来的，有钱人雇的过来戳口子。

闹灾荒死的人可多了，从小孩（到大人）都没吃的。有传染病，有霍乱病。谁请得起大夫，都说死于霍乱，什么症状闹不清了，得这病也是饿的，有没有上吐下泻症状俺闹不清。一开口子就淹，和房顶差不多高，俺这儿地势低，决口开的，有个人开的，也有下雨水位很高，河口窄，涨上去，有憋出来的。（决口）有人为的，有自然的。

霍乱病是在水淹之前，闹灾荒得的这个病。找医生得花钱请，请不起医生，医生号脉。那时没西医，有扎旱针，给病人扎什么地方记不清了。

日本人来过村里，那时我有七八岁了，日本人利用中国人毁中国人，那时迷信还去迎接他们。那时日本人来烧房子，把房子给点着，有抓鸡的，点着就跑，有抓人修炮楼的，都在这村朝左修，后来也有在东头修的。（日本人）一发大水就都跑了。

采访时间：2008 年 1 月 25 日

采访地点：清河县油坊镇董家那村

采 访 人：齐　飞　廖银环　张利然

被采访人：杨文传（男　84 岁　属牛）

杨文传

民国 32 年时我家里有父母亲、兄弟和我四口人，四口人有九亩地，都是碱地，没有好地，不长麦。灾荒年以前两三年，河里开口子。不是下的雨水，就是河水淹，收不好。民国 32 年开过口子。那时都淹，这里地势洼。

日本来清河时，是 1937 年以后，1938 年日本人上德州，鬼子先占火车线，他们戴铁帽子。我 1938 年去的北京，我上北京当学徒，学手工。1938 年我见到他们害怕。日本人住在半里外的炮楼里，在这北边有很多的炮楼，炮楼是日本鬼子修的。那时日本鬼子在杜家楼修了个炮楼，当时叫清河县拿钱修的。那时候好地都属山东管，坏地归清河。

鬼子抓工去修炮楼，摊派到村子里，不去不行。这个村子里没有被抓到日本去做劳工的。一个大车把村民拉去，连人带吃的，去劳动。王官庄那村房子多，油坊这边的炮楼也有鬼子。

皇协军要打你就打你，他随便打，日本鬼子上咱这村路过，把房子给点了，日本人来了点火、烧房子。

东边是卫运河，1943年开的口子，河水都淹了。民国32年长过蝗虫，蚂蚱太多了，用布袋收，沟里都爬满了。蚂蚱吃叶子、谷子，小的蚂蚱能吃。那时候这个地方三年到二年淹一次，经常淹。后来我上东北后又淹了一次。民国32年我上东北，那年我17岁。没人扒口子，河道很窄，开口子，地窄一冲就出来了。那时候都怕开口子。民国32年我走了以后一开口子，皇协军就淹跑了，回来的时候听他们说的。父母亲在东北得了伤寒病，都死了。那时兵荒马乱，我1948年和兄弟把父母亲的骨头背回来。到关外去后，不好回来，被抓上煤窑。

那时候死人很多，人都到黄河南去了，枣庄那边收成好，也有上东北的，上那边逃荒去的多。所以死了很多人，吃不好，得了病愁死了，没有医生。我那时十几岁，没注意那个事，也闹不清。治那个病都是拿旱针挑挑，没有西医生，也请不起中医生，穷人请不起医生，那时候也没药，有扎针筋冒血的，扎舌头、扎嘴唇的也有，就用钢针，妇女做针线活的针，血发黑，不红。

八路军保护老百姓，他不开口子。水是涨出来的，不是人挖的。

采访时间：2008年1月25日
采访地点：清河县油坊镇董家那村
采 访 人：齐 飞　廖银环　张利然
被采访人：杨文方（男　73岁　属猪）

杨文方

我灾荒年在家待了一段时间就出去了，民国32年是灾荒年，那时我有八九岁，家里不够吃的。家里有爷爷、奶奶、俩叔、一个婶子、母亲、一妹妹，父亲在哈尔滨打工，家里有十几亩地，在西边，是碱地，十亩地有五亩地是碱地。

灾荒年下雨了，淹，咱这个村低，出门得蹚水走，东边的地高，各处的水都往这里流，这里开口来的水都淹了天津、北京。一般开口子都是自然开的，有一次，国民党挖开了卫运河，淹解放区、八路军、游击队，挖口子的时候日本人还在，可能是在民国 32 年，皇协军给淹跑了，是听说的。"引黄入卫"淹这个地方。这里年年有蚂蚱，有厉害的，有轻的，有一处很严重，小蚂蚱满一沟，谷子上边全是蚂蚱，大蚂蚱是能吃的，没有毒。

那时受潮湿后，人就得霍乱，有的村多，有的村少，有老中医说是霍乱，那时候在杜家楼有个老中医。人得了霍乱病上吐下泻，不知道是不是抽筋，只是吐得很厉害，有救过来的，老中医给号脉，给抓中药，没有扎针吃药的，只有给扎旱针的，扎针的都让冒血，病得厉害的发乌色、黑色的血，这就是霍乱病。得霍乱病后，日本人没有来过村子里。

村子里一般没有日本人，但日本人路过过，老百姓点烟欢迎他们，日本人不吃东西，只吸烟，怕中国人药死他们。我见过日本人，穿绿肥军装，铁帽子，在哈尔滨常见。在灾荒年以前见的日本人，小炮楼里一般没有日本人，大炮楼里有日本人。没见过穿白大褂的日本人，也没有见过戴口罩的。有的猪也得病，叫传猪，有鸡传染，鸡大规模地死，狗很少，头几年都那样，一直到解放以后还传，肉发紫、发黑色。

灾荒年喝土井里的水，一般都喝开水，夏天喝生水。见过日本人的飞机，大翅膀，叫飞艇，飞得不高，没见过日本飞机往下扔东西。日本人在村里杀过人，烧、抢，西头那个村子，把一排南房给烧了。日本人杀人不多，皇协军打人，这边没抢过女人。日本人没有发过药丸、打过针。

采访时间：2008 年 1 月 25 日
采访地点：清河县油坊镇董家那村
采访人：齐　飞　廖银环　张利然
被采访人：杨文孝（男　78 岁　属羊）

我是小学毕业，念的私塾，（学的）"四书"，《三字经》《诗经》《易经》，都是古文。

民国32年，都（过去）60多年了，那时什么也不收了，场里没东西，麦子都让蚂蚱吃了。清河县大队、游击队领着老百姓逮蚂蚱，满沟里都是，日本人没有领着逮蚂蚱。

杨文孝

闹灾荒，天旱不收东西，旱了多长时间，闹不清。后来卫运河开口子，先旱后淹，到天津口子窑，下去来不及了，就冒出来了。水把堤冲开了，开了口子以后这边淹了，有一丈多深，老百姓都吃河里的生水。

灾荒年，人都逃荒了，有的是在河北省，这一片逃到河北省了，没多少饿死的。在民国32年个人种的地，不够一年吃的，地多的够吃的就不逃了，地少不够吃的就逃走了。我们家有30多亩地，有十几口人，不够吃，吃糠菜。

有生病的，没大有死亡的，那时候村里没有医院，有老医生，是中医，那会儿没西医。感冒引起的（病），人浮肿那样的情况多了。有（得）霍乱的，那病很快，上吐下泻，以后死得很快。咱村得这病的不多，想不清了，那时候12岁，记不清了。浮肿病是以后，那不是民国32年的事了，霍乱病是什么时候，也记不大清了，那时十多岁，不记事。得这病时，不知道日本人进没进中国，也没有打针的，扎旱针的是有，是老医生，看看书，看看针灸，看看穴道，这人有书，看书按穴道扎，没有出血，不能冒血，跟现在一样，得这霍乱病是解放前还是解放后记不大清了。

我见过日本人，日本人来时，我跑到村那边，被日本人围住了，叫我们回家。日本人到咱中国，一个村点一把火，一冒烟都知道日本人到过这里。他为了占地盘，以后有皇协军，叫老百姓给他当苦工，老百姓去当那边的兵。这个村有卫运河，屯里有炮楼，修了条公路，白天修，黑天人们和地下党给他扒，挑了去。他修得平平整整的，黑天给他掘沟。

皇协军打人，咱这个村没有被抓走的，后边这个村多，有个被抓到外边去的，抓到山东枣庄了，枣庄死的人太多。那里有个煤窑，里面堵死了太多的人，他们抓劳工叫你上那挖煤去，洞口给堵住口了，没氧气，里面的人都给憋死了，日本人走了就不管了。后边那个村，安家那，有几个人被抓去以后死了，咱这个村没有（人）被抓过，不知道那个人被抓去哪里，说不准是去枣庄了。日本人害的人不少，我们那时候还小，想不起太多那事。

咱这卫河三年有两年开口了，都淹，后来好了，现在水小了。民国32年那时候，水都是自己流出来的，灾荒年那时，河里经常有水，上边是卫河，上边是山，卫河的水过来，这里是洼地，那里的水冲过来很猛。河北这一带淹的时间长，一开口这边就被淹，我们这边最洼，你看前边那寨子，那时候水淹了，有半米高的水。

杜家楼村

采访时间：2008年1月25日

采访地点：清河县油坊镇杜家楼村

采 访 人：齐 飞 廖银环 张利然

被采访人：杜红昌（男 79岁 属马）

杜红昌

民国32年我家里有八口人，兄弟四个，还有姐姐妹妹，嫁走了两个，家里有十几亩地，没到灾荒年时凑和着能过。后来逃荒到了黑龙江的绥化市，住了两年回来。我逃荒时14岁。

我是 1943 年逃的荒，东边运河决口，决口得逃荒。三年两头决一次口，还闹虫灾、闹蝗虫，虫灾是俺走的那一年，蚂蚱都把麦子吃没了。开口子有鬼子扒开的，平常都是自然开的，听说是鬼子扒的也有。

灾荒年死了很多人，有饿死的，有得瘟疫病的，有吃肉吃多了撑死的，饿成了空肚子，一吃就撑死了。也有得霍乱的，死得很快，有一天就死的，一两天死的，得了霍乱病，都是上吐下泻，这病治不了，有扎旱针的，那时大夫少，几个村不一定有一个，霍乱扎舌头，扎完之后什么血倒没看见过。

那一年得病死的都有动物，日本人走了之后也有得病的。也有闹虫灾的，下大雨不收麦也是荒，东边的河决口也是荒，也旱过，旱也旱了不少年头，闹灾荒多，三年有两年闹。也有听说日本人决卫河口，是哪一年忘了。

我走的头一年，日本人来的清河县，在民宅上画圈修炮楼，炮楼在村后街，就在咱村，修了两回。俺是打了炮楼走的，在村东头打的。日本人在炮楼里没事，就是在里边住着，有时候出来扫荡，八路军等天黑了出来打他，联合群众。日本人烧抢杀"三光"政策。我没见过他们杀人，被他们逮住过，俺和爷爷俩给逮住了，逮住叫去开会，各户各家都喊人去了。我没当过兵。

日本人一进屯就烧房子，砖房子都点，日本人穿黄衣裳、戴帽子，没有穿白衣服的。天上常有飞机，人进村了，飞机也进来，飞机扔炸弹，炸过清河县城，没扔过别的东西。日本人走的时候，不清楚他们留的什么东西。

日本人的飞机我见过，没有投过东西，当时中国人打中国人。

采访时间：2008 年 1 月 25 日
采访地点：清河县油坊镇杜家楼村
采访人：齐　飞　廖银环　张利然
被采访人：杜龙海（男　82 岁　属虎）

1942 年、1943 年有炮楼。当时家里有六口人，村里不到 1200 人。1943 年闹蝗虫，压迫百姓，日子没法过。那时候种高粱，蚂蚱把穗都吃光了，百姓没得吃。

日本人建了炮楼，离炮楼近的地方，高粱都拔了，树木伐了。游击队晚上喊话："咱们都是中国人，你们的家在这里，都有妻儿老小，不要替日本人卖命，中国人应该团结，不要给日本人效劳。"

杜龙海

日本人派劳工，皇协军老是打人，这个村里没有被抓到日本去的，日本鬼子也出来扫荡、抢粮、抢东西。1942 年秋天，县大队、区大队把炮楼打了。1943 年日本又在村东边修了炮楼，让老百姓给做活，修炮楼，不去不行，休工时，皇协军有监视的，拿着棍子打老百姓玩。这时候人都没有吃的，饿得霍乱流行，死了很多人，老百姓没有抵抗力，就死了。哪个村都死几百个人，去埋都饿得没劲。

1943 年临清南过来水了，是日本人挖开的，为了淹抗日老百姓，这是听别人说的，日本人不让收庄稼，河水把日本人的炮楼也给淹了。

流行病那年都是饿的，人饿得没东西吃了，吃枕头秕子，用石头磨高粱皮吃，都逃荒去了。我哥哥饿的得了霍乱病死了，症状就是浑身抽筋，没有脉，12 个钟头就死了。年轻人吃了晚上饭，第二天早上就死了，老人死得更快，没有上吐下泻，眼都抽到眼眶里去了，那时候没有医生治病、扎血管，谁会扎谁就摸摸扎扎，冒黑血，但没有治好的。那时候动物都没了，那时候村里死了四五十口人，西边死的人更多，都是饿的得病死的，我哥哥叫杜龙河，饿死的，也是霍乱病，死时 22 岁（1943 年）。霍乱病都是传染，年轻的 12 个钟头就死。记不清哪一家是村里第一个得病的了。

那时候都是喝砖井里的水，咱这里常淹，水不缺，喝烧开了的水。

日本人穿黄军装，皇协军、日本人跟老百姓要东西，日本人一来老百姓就跑了。没有见过日本人穿白衣服，没看见戴口罩。十二三岁时，卢沟桥事变后，飞机在头顶上飞，我们藏在屋里，不敢出来。日本人不管发药、打针的事儿。安家那有一个人被抓到王官庄镇，抓到煤矿上去，死在煤矿上，没听说有抓到日本国去的。

后孙庄村

采访时间： 2008 年 1 月 27 日

采访地点： 清河县油坊镇后孙庄村

采访人： 王雅群　常晓龙　张　琪

被采访人： 王怀仁（男　89 岁　属猴）

王怀仁，到今年 89（岁）了，属猴的。民国 32 年我上东北逃荒去了，念了两年小学。那年挨饿，有个老乡带着我走的，小鬼子拿着棍子打，不让你上关外去。我是民国 33 年阴历六月十九走的。去了热河黑龙江，我在那儿找了个媳妇，不是当地的，也是逃荒的，在那儿落户，在那儿混得挺好。待了两年，回来时共产党就当家了，日本鬼子就被赶走了，我在那儿是个党员。

采访时间： 2008 年 1 月 27 日

采访地点： 清河县油坊镇后孙庄村

采访人： 王雅群　常晓龙　张　琪

被采访人： 杨宝昌（男　70 岁　属虎）　　贾如周（男　86 岁　属猪）
　　　　　　　贾振岭（男　70 岁　属虎）　　杨善臣（男　76 岁　属猴）

民国 32 年一直旱，没下雨，三年大旱，又下过七天七夜的大雨。那

左起：杨宝昌、贾如周、贾振岭、杨善臣

年麦子长不高，没吃的，人都拿衣服到临沂换吃的，饿死的人不少，有逃难死那的。

淹了一年，旱了三年，记不清哪一年，那时小。那会儿都是得霍乱，死得快，是快病，不知怎的就死了，头晕，倒那里就死了。霍乱就是上吐下泻，不知道怎么得的，光知道有那病。那会儿村里没医生，没治，也有旱针，没听说有治好了的，得的人不多，都是饿死的，得那病都是传染的。

日本人什么时候来的，不知道，走的时候也不知道，光知道油坊有炮楼。他们抓女的，也抢东西，谁敢不给？没有也算了，见跑的鸡就抓。修炮楼我都做过，自己拿吃的，白做活，不去就打，村里有保长，不去不行，修炮楼修了好几年。清河炮楼多了，在油坊就有，没听说有被抓到日本去的，八路军那时还没公开呢，日本人抓劳工他也不敢管。

采访时间：2008 年 1 月 27 日

采访地点：清河县油坊镇后孙庄村

采 访 人：王雅群　常晓龙　张　琪

被采访人：贾震华（男　82 岁　属兔）

我叫贾震华，82岁，属兔。民国 32
年，反正过去的事我都想着，民国 32 年头
年开口子，都淹了，民国 32 年、民国 33 年
又旱，河里开口子，堤挡不住，就冲开了，
是在山西来的水，南边有个河灌的。第二年
又旱，不收，第三年又开口子。老百姓有上
南去的，有上北去的，逃荒。

贾震华

民国 32 年没有下雨，没收成，民国 33
年、32 年都不行，人连树上的叶子都吃。
有没有得病的，现在想不很清楚，没听说过
霍乱，那年我还没 20（岁）呢。

过了三年，日本（人）又来了，占了油坊，待了三年，光要军粮、抢
东西、打人。油坊六里地有炮楼，我去修过炮楼，一天一趟，自己带粮
食，干了一年多，挖坑、修炮楼，给日本人修道，八路军就去扒道。

黄庄村

采访时间：2008 年 1 月 27 日
采访地点：清河县油坊镇黄庄村
采 访 人：王雅群　常晓龙　张　琪
被采访人：王宝成（男　84 岁　属牛）

王宝成

民国 32 年长蚂蚱，连旱了三年，地主
有吃的，其他的有饿死七八口的，饿得人都
抽筋，树叶都吃了，记不清有多少人得抽筋
病的，黄有祥饿得死在地里了。

日本人 1941 年来的，在俺村一个老坟地

里，扎在那儿，谁敢看去？他占了油坊修了炮楼，抓劳工是在以后。来了就招兵占地盘，人饿着都去当皇协军，日本人不抢，皇协军抢，有一个日本人就有 100 个中国人，中国人给他们卖力气。我也去修炮楼了，自己带着粮食。

民国 32 年没大水，下了七天七夜大雨是后来的事。后来民国 28 年、1956 年遭大水。民国 28 年是鬼子扒的，是别人说的，旱天哪来的水？就扒的。人都把房子扒了，去枣庄了。

刘唐口村

采访时间： 2008 年 1 月 25 日
采访地点： 清河县油坊镇刘唐口村
采访人： 罗洪帅　廖金环　李廷婷
被采访人： 节永泽（男　82 岁　属牛）

节永泽

这里日本鬼子来过，那一阵子很紧张，日本鬼子非常恶劣，那时候我十八九岁。鬼子是 1938 年过来的，我是 1944 年入的党。

1943 年，那时候正是困难时期，都外出逃荒，灾荒年都出去逃荒了，生活困难，1943 年，外出的外出，没吃的。我那时候在家。这个地方河水淹了，没有出路，东边的运河开的口子，下的雨多，雨越多，开的口子越大。山东、河北淹的面积不小。

逃难回来，又遭了蚂蚱，那时候蚂蚱多了，在地里掘个洞，埋蚂蚱。后来水又淹了，这都几十年前的事了。那时候没有传染病，有很少，不是传染病，闹病的也不是挺多。没有闹霍乱的，没这个传染病。

那时候有日本人，有八路军。中央军还不多，离这儿远，就日本鬼子、八路军，鬼子在那边盖炮楼。

马庄村

采访时间： 2008 年 1 月 27 日

采访地点： 清河县油坊镇马庄村

采访人： 刘鹏程　侯文婷　白　梅

被采访人： 马春普（男　88 岁　属猴）

马春普

那时家里只有四口人，父亲不在了。都出去要饭了，我去逃荒了，去的山东临清。村里人都出去逃荒了，我是闹灾荒时走的，闹大水的时候，七月份吧，秋天走的。

那时候旱，天气前边旱，后边淹，又发大水，水是从河里来的，东边的运河，自己涨的，开的口子，在南边开的，尖庄那里。没听说过日本人扒的口子。闹水灾那会儿下着雨，下雨我记得，那时候连大水带大雨，下了一两个礼拜呢，哎，一直下，有大也有小，咱房子都是土房子，漏，人就堵呗，找东西盖呗。

生病的可不少，没有吃的还能没有什么病啊，有吃的就没有病了。霍乱搞不清，可是生病的不少。咱见过，怎么没见过，像感冒啊，夏天热的不行，冬天冻得不行，像疟疾。可能叫霍乱吧，吐啊，泻啊，没听过抽筋，肚子不疼，有治好的，土偏方。有的是呼啦呼啦，吹吹，捏吧捏吧。死的不少，有每天死两个的时候，那时候村子里就六百来人，死了十几口时，家里就没有人出去了。逃荒都是在下过雨后，发过水以后。

日本人来过，这里很近啊，油坊有炮楼，田庄、许庄也有炮楼，他来村里还有好啊，抢夺的都是中国人，抓去做工，有时候放回来，有时候不放回来，没杀过人，不抓妇女。日本人在油坊只有一个班，有十几个人。

（注：马春普曾属第三野战军，参加过徐州会战、渡江战役等，曾去台湾作战被俘，一九八几年才回乡）

采访时间：2008年1月27日

采访地点：清河县油坊镇马庄村

采访人：刘鹏程　侯文婷　白　梅

被采访人：马同荣（男　83岁　属虎）

马同荣

民国32年大灾荒，俺都在家里挨饿。那时候出去的不少，待那里安家了。后来可是发水了，连着淹了好几年，民国32年淹了，灾荒。

采访时间：2008年1月27日

采访地点：清河县油坊镇马庄村

采访人：刘鹏程　侯文婷　白　梅

被采访人：马宗荣（男　75岁　属鸡）

马宗荣

民国32年我怎么不记得，大灾荒年，头一年是日本鬼子扒开了口子，都淹了，连着淹了两年，淹得没吃没喝，是民国31年扒的，在运河，在临清那一窝，那是日本人，这个大伙都知道啊，都这么说。八九月了，把庄稼都淹了，人没吃的，大灾荒。下了七天七宿的雨，日本人就给扒开口子了，民国31年，（我）十来岁，民国32年时我12岁了。

人家都去河南逃荒了，我没有去。那时天气没什么变化，光淹了，春天淹了，地里不旱，不收庄稼，以后有蝗虫，那时庄稼都长出来了，是六七月里。下雨的事不大记得了，那时候不大旱。

得病的不多，反正生活条件不行，死的多，老人死的多，年轻人没死的。闹浮肿，生活不行，没有营养，身上肿来肿去就不行了，都死了。霍乱也闹过，时间我想不清了，治不了，闹霍乱的时候，反正就民国32年那一块。也有长鼻瘝的，出血，那时也没有医生治，那病快，一会儿就死。现在有法治，那时候没法治，长鼻瘝就扎针，放黑血。上吐下泻的也有。那时候主要是生活不行，治病反正也有治过来的。认识的人，有得这病的，不记得有谁了，得这病的也不多。什么病也有，也有传染性，不一定什么病。那时候治不了，医术不行。

日本人常来扫荡，在油坊有炮楼，啥都抢，吓得人不行了，抓人，放在地窖子里面，有钱就赶紧赎人回来。咱这没有给抓走的，小屯有一个人被抓到日本国去了，到解放以后又回来了，没抓妇女，来扫荡的皇协军多，都是中国人，日本人在炮楼里也就五六个。

采访时间：2008年1月27日
采访地点：清河县油坊镇马庄村
采访人：刘鹏程　侯文婷　白　梅
被采访人：温立元（男　79岁　属蛇）

温立元

那年天气反正是旱，旱了好几年，到后来又光淹了，淹了好几年，是六月份淹的，我说的是阴历。开口子都是六七月，那时我十四五岁，东边的河开了，在临清南开的口子，大家都说是在铁窗户，都是民国32年那一块，连着淹了好几年呢，有一年是日本人扒开的，这是听人家说的。村边都挡了二尺多高的堰，下雨人都往外逃，这样庄稼还能不淹啊，咱这里尽淹，所以咱这就种春庄稼，那时庄稼少，种春庄稼，春谷子。

头里来过蚂蚱，秋季来的，谷子都齐了，人都打蚂蚱，吃蚂蚱，拿个布袋子去装。后来又光下（雨），那年河水跟河堤一样平，俺们都过去看水去，屋光漏啊。

生病的倒不是很多，死人闹不很清，那时候没死人的，那咱想不清，还小啊，那还早啊，我听人家说得霍乱，自己没见过。咱光听人家说有得霍乱的，好好的人一会儿就死了，那是更早的时候，灾荒年倒没死多少，都逃出去了。

我给日本人做活去，见过日本人。日本人来是来，都不要嘛，光皇协军来要东西，要烟要鸡蛋，日本人不敢吃，怕药死他们。他不抓人，都是自己去给他做活，油坊的来村里要人，从村里叫去，哪村都得去几十户，自己带着干粮。（日本人）不抓妇女。

我去给日本人干活，干了得有两年，修路、修房子，啥都干。炮楼里都是皇协军，日本人有十几个。没有给抓回日本的，日本人走的时候，没有动静就走了，他们不太杀人。干得慢他能不打你吗？反正尽吓唬你，那时候都要活埋我，嫌我小，说你们大人不来，让孩子来。

南焦庄村

采访时间：2008 年 1 月 27 日

采访地点：清河县油坊镇后孙庄村

采 访 人：王雅群　常晓龙　张　琪

被采访人：焦江青（女　73 岁　属猪　娘家南焦庄村）

　　　　　焦淑田（女　82 岁　属兔　娘家南焦庄村）

民国 32 年挨饿啊，旱灾，这里没淹，民国 32 年以前淹过，民国 28 年淹了，这里是一直旱，也长蚂蚱，那是过了麦还是过了秋记不清了，一堆一堆的。人都饿得走不动了，饿死的不少，咱记不清谁饿死了。那时候谁知道是不是霍乱，反正都说谁谁死了，别的不知道，也分不清是饿死还是病死的。那时候咱小，连门口都不认得。

日本人在清河待了八年，日本人不怎么去村里，他在黄庄过来，不常去焦庄。那儿有河套，开了三回口子，那回是1956年。民国32年没开口子，光旱。没听说过日本鬼子掘（堤），1956年尖庄有一回，1961年一回，是西边来的水。

焦江青（左）、焦淑田

日本人光抓劳工修炮楼，折腾人，让人带着找八路。在南焦庄没杀人，光打人，那儿去的人少。那会儿八路军不敢露头，黑下（晚上）八九点钟敲门，就是"老八"来了，第二早又走了。

前孙庄村

采访时间：2008年1月27日

采访地点：清河县油坊镇前孙庄村

采 访 人：王雅群　常晓龙　张琪

被采访人：孙明浦（男　77岁　属羊）

　　　　　孙魏氏（女　78岁　属马）

我叫孙明浦，77岁，属羊，没上过学。妻子孙魏氏，78岁，属马，18岁嫁来本村。

民国32年天旱，没收庄稼，民国33年好点了。民国32年吃糠吃野菜，都干死了。到以后，忘了多久，下七天七夜大雨，房子都漏了，都饿得慌，人都死了。闹瘟疫，光躺那里，起不来就死了，就叫霍乱病，得的人也不少，都忘记多少人了，这是干得呗，没下雨就得了呗，大概也得有几十个。60多年了，不记得谁死了，那会儿我八九岁。

日本人来，我都去炮楼干活，来了年轻的就躲，日本人看着你不顺眼，就放东洋狗咬，有一个差点被咬死。日本人都待见小孩儿，还给我吃的，大米饭，送我地瓜吃。日本人都在油坊炮楼里。没抓劳工，修炮楼不给钱，不去不行，叫去就得去，去干活我拿四个饼子，干完活了再回来。

运河开口子我经过四回，1956年，1963年，鬼子来的那三年开了两回，那是鬼子扒开的，大家都说，在临清以南扒开的。

采访时间： 2008年1月27日
采访地点： 清河县油坊镇前孙庄村
采 访 人： 王雅群　常晓龙　张　琪
被采访人： 孙家中（男　77岁　属羊）　　孙家蕊（男　72岁　属鼠）
孙举生（男　75岁　属鸡）　　孙佛生（男　73岁　属猪）
孙家广（男　71岁　属牛）　　孙家很（男　79岁　属蛇）
孙鸣上（男　66岁　属马）

那年一年没下雨，地里扬土，麦子都发不出来，人都逃荒去了，去东北哈尔滨。春天下了点小雨，没下过大雨，没有霍乱，这里没有。那时常开口子，民国32年没开口子。那时村里有六百来口人，饿死的人多了，连饿加得点病，那没数，咱那时候太小了。人饿的得病，没劲，没营养，就饿死了。家里人想法吃糠，咽菜，吃树皮。

日本人民国31年来的，民国33年走的，一共三年。九月底来的，先在王后庄，一亩地要九斤谷子，收不起来就走了，来了就牵牛、抓鸡、要东西，不给就打，当时（老百姓）都跑了，嘛都不要了，人们都跑孟庄了。

还要你天天给他修炮楼，我们常去，从家带干粮，日本人不给干粮还打你，一天没点儿，干活算一天。看着谁不顺眼就杀了，让狼狗咬，也有

左起：孙家中、孙家蕊、孙举生、孙佛生、孙家广、孙家很、孙鸣上

枪毙的，没听说抓女的。民国 32 年日本人在油坊，他不上农村。八路军白天不出来，搞地下活动，慢慢活动发展。

前魏村

采访时间：2008 年 1 月 27 日

采访地点：清河县油坊镇前魏村

采访人：刘鹏程　侯文婷　白　梅

被采访人：魏林房（男　75 岁　属狗）

魏林房

我光知道那时日子老难过了，没粮吃，种地也种不好，我家里那时有八九口呢，去了哈尔滨好几个，哎，逃荒去了，后来回来了，我没有去过。

有蝗虫，过了麦以后，谷子刚秀出来这

么高，谷子秀齐的时候，都给吃了，大水还没来，过了蚂蚱，立秋这一窝，到了水淹的时候了。俺村那时得 400 人，哪个村都得死几个，大多逃荒去了，吃不上饭，要是吃上饭能逃荒去吗？

五六月下的雨，下大雨就入这个运河，那雨下了七天七宿，光下，屋都漏了，下的小雨，也不是很大，就是不住下。扒口子才淹的，在南边鬼子扒开了河，都淹了，就是大运河那儿，日本人扒开的，扒过两次吧，过了民国 32 年，三年有两年淹，都说是日本人扒的。

人没怎么得病的，没听说得霍乱的，这没听说，其他地方也没听说，都是饿死的，有病的吃不好、喝不好得的病。针扎的多了，那时没有医院，扎针，吃草药。有上吐下泻的，有长鼻瘪的，俺这都叫鼻瘪，扎出黑血来，有因为这病死的，有下雨时候得病的，也有不下雨时候得的，下雨之前得的多，下雨的时候得的也多，下雨之后得的不多，没有发疟子的。

日本人占的是油坊，油坊有好几个炮楼，有土围子，村里得有支应的，保长要了东西给他送过去，不抓人，都给他做活来，挑沟，嘛活都干。他给小孩吃的，给老人点吃的，咱这不要妇女，都是要粮食什么的。

劝礼村

采访时间： 2008 年 1 月 23 日

采访地点： 清河县油坊镇北王庄村

采访人： 刘鹏程　侯文婷　白　梅

被采访人： 王灿秀（女　82 岁　属兔

娘家劝礼村）

王灿秀

日本人上村里来，上老百姓家找鸡，吃鸡蛋，老百姓都跑，都害怕。鬼子在油坊有炮楼，鬼子下村不抓人，打人，不抓妇女，

（老百姓）都害怕，都跑。

那年收成不好，不是水淹就是旱，都是六月七月里，庄稼齐了淹的。开口子的时候，是七月初六，运河水大了就开口子了，可不自己开的呗，没人扒，三年开了两回，淹了棉花。雨下了七天七宿，没油布，屋顶盖不住。

那年得霍乱的多，报丧的时候去两人，去一个人怕死，这是传染病，反正就这一块，向南向北二里地都有，都不敢出村儿，传染。谁知道死多少啊，谁知道害的什么病啊，老了，饿的。怎么没医生，那时候没钱，东边村里有，听说的。

人有逃荒的，东南、东北都去了，俺没去。那一年走得没人了，那时候，提不起，现在，嗨，吃饭没个菜还咽不下去。秋天六月的时候来的蚂蚱，都上手捧，多啊，一宿一块谷子就给你吃没了。

邵庄村

采访时间： 2008 年 1 月 25 日
采访地点： 清河县油坊镇邵庄村
采 访 人： 栗峻峰　郝素玉　宋俊峰
被采访人： 刘雨文（男　76 岁　属鸡）

我今年 76 岁，上过小学，念到了四年级。民国 32 年，记得点，那年我十岁，住在油坊镇，咱们这没有炮楼，在杜林有，离这十几里地。那年没有吃的，雨下了七天七夜没住点，那年春节前后就开始旱，前半年

刘雨文

旱，下半年淹，旱到五六月，然后是连阴天。皇协军在临清的铁窗户扒开了卫河的口子，俺听说的。据说他们怕淹了临清，临清是个城市。

　　我 17 岁入党，是个老党员，1949 年 6 月入党了。邵庄原来有八百来口人，那年死得老多了，到处逃荒的。那年有霍乱，不过这边没赶上，我是听歌里说的，咱村没有。霍乱病是大水淹后，我那会儿有二亩地，没逃难，就淹了庄稼，村里没淹。有个歌是八路军编的："民国 32 年，灾荒真可怜，接接连连下了七八天，大水受潮人人得霍乱……"

　　我见过炮楼，那上边皇协军多，大约有一排来人，日本人在孝义屯杀烧最厉害，说是因为他们不听话，我见过他们杀人，是一个八路军指导员，先被打伤了，后来死在了我的地里。他们来村里抓劳工，就是干活，修炮楼什么的。他们也没抢过女人，后来这河再没决过口。

采访时间： 2008 年 1 月 25 日
采访地点： 清河县油坊镇邵庄村
采 访 人： 粟峻峰　郝素玉　宋俊峰
被采访人： 孙玉和（男）

孙玉和

　　民国 32 年，那年我在家，在啊。这里是前边旱，后来下雨了，到六月开始下雨，下的雨不小，乱七八糟的，没有发大水，没被淹，卫河没开口子，到后来开的口子，那会儿我 14（岁）了。在这后来发过，那会儿 15（岁），往北南焦庄开的口子，大堤啊，是自己冲开的，没人挖过堤，日本人也没挖过。

　　村里死人多吧？不多，灾荒年也没死多少人，那个时候八百来人，这会儿 3000 多啊。

王唐口村

采访时间： 2008 年 1 月 25 日
采访地点： 清河县油坊镇王唐口村
采 访 人： 罗洪帅　廖金环　李廷婷
被采访人： 王铺隆（男　88 岁　属鸡）

王铺隆

我十几岁进了部队，民国 32 年已经当兵去了，在部队没用真名，叫王运河。

那时候妇女同志唱的歌谣叫"唱五更"："民国 32 年，老蒋下通令。奴家十八岁，丈夫二九龄。二更里，月儿照窗前，奴儿家中泪涟涟，别的他不征，征去奴的郎。三更里，月儿在正西，人在窗前泪渐渐"，其他的我想不起来了。

鬼子在这抓鸡，在刘唐口抓老百姓，又上王唐口，打死了老百姓，又上西王官庄去了。

采访时间： 2008 年 1 月 25 日
采访地点： 清河县油坊镇王唐口村
采 访 人： 罗洪帅　廖金环　李廷婷
被采访人： 王维忠（男　90 岁　属羊）

王维忠

那时穷，我做点小买卖，七月十五的时候，去那边收枣子，日本人说我是八路军，要刺我。（我）到油坊给他们修过炮楼。我哥哥、兄弟当过八路。

都指望我做点小买卖，姐妹有六七个，什么都干。地里不收粮食那会儿，挑个担子就把地里粮食收回来了，一亩地等于以前一亩六分七，最好的收 100 斤，一般收六七十（斤）。

这河两三年就开口子，两个钟头就把房子弄毁了，那个年头别提，没法过，家里不够吃了就上东北，我有三个孩子，就领着他们上东北了。

又遭蚂蚱，一收就只有半布袋，那时候我 20 多岁，西边临清净来水，那年头生活不行，挺高的高粱只露个头。下了七天七夜的雨，不是雨水淹就是河水淹。北方的郭屯、武城，向北二十来里地打堰了，要不都给淹死了。那时十来岁，还刚记事。

村里有闹霍乱的，发疟子，一闹病，治不了，那时候发，11 点发，隔一个钟头又没事，到那个点又闹，年年发疟子。我没闹霍乱，闹霍乱、发疟子，都在那个时候。村里尽去要饭去了，我那时也在村里当队长，在日本鬼子来的那时候闹霍乱，我家里有人死过。村里天天有人死，饿的，死了七八十口子，一天死一两个。那时候常有各种灾害，闹霍乱那时鬼子没在这，都打走了。

西渡村

采访时间：2008 年 1 月 25 日
采访地点：清河县油坊镇渡口驿乡西渡村
采访人：王 凯 李 爽 刘 欢
被采访人：李文顺（男 86 岁 属狗）

民国 32 年我 16 岁，现在 86（岁），70 年了。我不会写字，七月十三过生日，上过学，那时上学松，9 岁上学，念到 11 岁就拉倒了，是在本村上的学，村里当年有 100

李文顺

多学生，有仨老师，不是本村的先生，那是中央从夏津县里派过来的。九岁上学时，日本人没来到，到十六七（岁）那年才来。

灾荒年，民国 32 年，这里天旱，年头不济，天不下雨，从春天开始旱，地里都是旱庄稼，没井，下雨就收，没下雨就不收。那时谷子都一人来高了，已经抽穗了，地里遭了蚂蚱，蚂蚱蝻子把庄稼全吃了。

灾荒年以前年头都不好，但没这么厉害，民国 32 年太厉害了，后来下雨，到七八月了，不管事了，过了八月十五了，下了小雨，没这么大的，那年下了七天小雨，房子都漏了。那时候没现在这房子，都用秋秸铺房顶，都漏了，下雨没淹，除了河水淹，咱这里下雨淹不了，地高。

后来这里河开了口子，在南边那块儿。我 17（岁）那年日本人来了，就那年河里的水鼓开了，把地淹了，就在咱这村里开的，一直淹到了德州那里，往西都淹到了黄金庄和高庄，淹到那里水就上北去了。

就在这个河开的口子，就在南边，这不现在修桥了么，就在北边，高速公路的北边，那边是清河，这边是夏津。那时这还是夏津哩，就这一个庄是夏津的，南边那一个小庄就是清河，武城上西都是清河，郭屯属于清河县，咱这（属于）夏津县。清河跟夏津接头的地方开的口子，那里低，口子是南北的，堤是南北的，口子越开越大，南边是郭屯，北边是渡口驿。前年修的高速路，这就在北边，紧挨公路这里。

那是阴历七月十四开的口，半夜 11 点开口子，天一明就是七月十四，我那时刚能拿铁锨，就在堤上哩，在河沿上看见了，傍晚的时候还没开，那到 10 点就开了，到 11 点那地里、河里都平了，我在堤上，那时 16（岁），刚能拿铁锨，那堤矮，不高，现在高了，地里水淹得谷子刚露头，高粱泡了半截，高粱都熟了，棉花白呼的都淹了，一大片光水哩，村也淹了，房子外面打堰了，水没进院子。村里打堰尺把高，水上不来，村里水没大劲。

后来，1956 年南边临清也开了，还有 1963 年这两年都开口子了，临清开了，就淹了咱这边，就这个河。1956 年下大雨，那水下了一个钟头，下这些水，下得大。

　　灾荒年，一年死了二十来口子，咱村里净是病死的，病死的那时没这些个药，当时有点病就死了，没吊针，那年闹霍乱，一个庄仨俩的死，南边唐口那里有人得霍乱死了，不是说都闹霍乱，咱村没闹，我没见过得这病的人。我家没这病，那病状，病不三五天就死，这是听别人传着说的，说三五天不见大夫就死了。也得有法，是病就有法治，有治好的，也有治不好的，咱这村闹得轻，没大些得这病的，都尽比我年龄大，这病以前就有。

　　民国 32 年灾荒年，那时日本人来了，也有皇协军，也有日本军，咱这有炮楼了，那时炮楼都有了，炮楼修了四五年日本人就走了。日本人没来时咱小，来那年下的雨，是哪年闹不清。我见过日本人，在咱村里路过，没在村里住，在堤上过，不说话跟咱一样，一说话不行了，也不招人，也不打人，也不骂人。尽皇协军，是咱中国人当他的兵。河东有炮楼，咱这没有，西边杜家楼，离渡口驿七八里地，有炮楼，上边有 70 多人咱说不准，连南油坊、谢炉都有炮楼，上边有仨俩日本人，没真日本人，尽皇协军，嘛也不抢，人家不要咱的，也不杀人，咱这里日本人没打死过人，没抢粮食，也没抓女人。

　　咱村有被抓日本去的，叫王金乡，男的，在关外被抓去的，现在这人没影了，在哈尔滨抓走的，他那时在关外，赶上日本抓劳工，抓走了也没回来。当时有人在关外哩，传着说王金乡叫日本人抓走了。

采访时间：2008 年 1 月 25 日

采访地点：清河县油坊镇渡口驿乡西渡村

采访人：王 凯　李 爽　刘 欢

被采访人：张自瑞（男　81 岁　属兔）

　　灾荒年那年我十多岁，那三年有两年开口子，开口子紧接着闹蝗虫，又开口子，我那时候才十二三（岁）。

我是 14 岁上的学，跟着私塾先生，在本村里学的，有三个老先生，上了两年学，当年日本人没来，上学第二年鬼子进的村，没住下。原来这里属于夏津县，出了这儿是清河，这儿三不管，谁都不管，河东河西各一个村，一条河把村分开啦，分成俩村，现在这里成河北的，解放以后那边换给清河，东边原来也属于山东德州夏津县，现在那边的那个渡口驿归夏津县。

张自瑞

日本人来时到六月份了，收麦子了，高粱都起来了。鬼子从南边来了，俺正放学，在一个老街，村长在道上，鬼子骑着马在街上跟他说话，鬼子拿刀砍，他一低头从马底下跑东边去了，东边是他的家，我放学正好看见，那年我 15（岁）。

日本人刚进村不打小孩，村长没给伤着，但吓病了，死了，也算吓死了，鬼子跟村长说话后就走了，回去了。（鬼子）可能是从油坊来的，离这 15 里，那有据点，油坊那里有炮楼，往西六里有小楼，河东有炮楼。现在没有啦，都扒啦。河治了以后，我们家都搬了。

炮楼有三层那么高，可能是三层，鬼子在上面站。我 16 岁时是民兵，鬼子来是第二年，民兵是村里找的，我白天干活，晚上站岗。我们有 12 个人，是村里组织的，怕鬼子抢东西，（如果鬼子）来了给报信，共产党找的，那时我不是党员，我没入过党。

我们白天不敢站岗，都是在晚上，不叫村里人知道，是地下的。那时村里有四五百户，不带（包括）河东，那时这个村就不小。

可能 1942 年，日本人来，是头一回进村，到以后，每次运河过船时候，鬼子跟着在岸上走。1943 年时，油坊、武城都有炮楼，船运粮、运货啥的，都是鬼子押着船。

民国 32 年就是 1943 年，那年也是灾荒，光闹蝗虫，那年高粱、谷子老大了，都出穗啦。不知道（蝗虫）从哪来的，收粮食的时候很稀松，叫蝗虫吃的。老百姓有逃荒的，我没去，这村里出去逃荒的有几口，还有没回来的，刘光地、哑巴他们几个。王金凤家、李重华逃荒出去了，不知道逃到了哪里。双城集逃荒的也多。这里那时候没多少做生意的，这里种菜的多，全凭河里水浇地，那时这边富，村里饿死多少人，咱小儿，不记得。

10岁那年，河西边决的口子。东边没淹，咱西边淹的地大了，咱也说不很清，淹到清河了，到老城了，到多远记不清了，能到清凉江了。老城里西门就是清凉江，清凉江没开口子。连开了三年（口子），十岁时是村南开的，第二年（开口子）地方远。1943年南边开了口子，这边被淹了，临清以南开了口子，这里开口子还早，那时我10岁，开了40多丈的口子，水能到这里（胸口）。村里打了堰了，没进水，河里都是水，从南边来，漳河、卫河来的水。咱这运河叫卫南河，那时叫南运河，这卫河通天津，这是卫南。

挨着村，房子外面打堰都围起来了，水淹的时间长了，开了口子。水下去后，南边儿又开口子，又来了，水跟南边接上了，时间长。到后来耩麦子时，水下去了，那时地皮还有水，刚刚能种，人都赶着有水，又上了麦子。

这一片儿，鬼子来以后，没闹过流行病，霍乱有过，不是普遍的，从以前就有，不很多，跟平常一样。我没见过得（霍乱）的，也记不清谁得过。知道这病是听说的，都说霍乱了，这病不好治，都知道，也有治好的，也有治不好的，多数治不好。吃中药，得了跟严重感冒一样。这是传染病，都知道哩。咱村里原来有大夫，李开龙，他是中医。他治这病治不了。人们都上离这十来里地石佛，请中医，那里有个老中医，在正北哩。

日本人有时候来，那时候交粮食不多，派皇协军来抢，没有抓劳工的，有一个李永和，他是自己跑回来的，解放后当过支书。

清河县城离王官庄15里地，日本人上这里来抢东西，他抢老百姓的牛、大车，没有抓过妇女。那个时候有个乡长还是村长吧，叫张立仁，在一个村，跟那边县里有联系。

咱这共产党杀皇协军、汉奸，（这些人）没本村的，都是河那边的。皇协军头子，当伪乡长的，都抓起来了，都解放以后的事，解放后又抓哩。

朱唐口村

采访时间： 2008 年 1 月 25 日

采访地点： 清河县油坊镇朱唐口村

采 访 人： 罗洪帅　廖金环　李廷婷

被采访人： 刘印西（男　79 岁　属马）

刘印西

那年油坊有炮楼，镇上也有炮楼，北边离这 18 里地，西王官庄村也有，向北杜家楼、谢炉也有。日本人开着汽车进各村，打死的人不少，鬼子扫荡，进村后，看谁不顺眼就打。那时候我九岁，还小，没被抓去干活。

过贱年，收不到粮食，都种棒子，高粱长得老高了，没别的庄稼，春天里因为旱灾，浇不上地，连苗都旱死了，也收不到粮食，后来又闹蝗虫，一夜把谷子吃光了。毛主席号召打蚂蚱，有半麻袋，那时我十五六岁，招蝗虫那年，一晚上把庄稼都给吃光了。

民国 32 年，那时候没吃的，过年馍馍都吃不上。开口子水淹，淹了不少东西，后来毛主席修了水库就不淹了，原来三年有两年开口子。我那时十几（岁）了，"尖庄开了口，淹了清河没处走"，老人家是这么说的。口子不知道怎么开的，大堤淹了一半，现在堤宽了。

开口子是河里来的水，越开口子，越下雨，这里没下过很大的雨，水没过了脚面，天天下雨，七天七夜，土房子都给下破了，雨渗进房子里，一般房子都漏了。

过贱年有死了人的，都饿死了，咱这村里死得还不少。

过贱年人都出去逃灾荒了，我那时还小，没出去逃荒，要饭去了，去泰安，离这好几百里地的地方。也有瘟疫，忘了哪一年，咱不识字。闹过霍乱，我那会儿没闹毛病，闹霍乱还有不死的吗？想不起死了多少人。霍乱病死的人不多，听人家说的，那时候就十几（岁）。闹霍乱，快了一会儿就死，那会儿没医院，没有先生，各村有吃大药的，号脉，没有打针输液的，想不起死了多少。我家没有死人的，不知道（这病）怎么得的。有扎针的，扎得晚了，扎不过来，有会扎的，六七十岁老人会扎，年轻人不会扎，六七十年了，闹霍乱病也五六十年了。也有长鼻瘰的，60年了，扎了几天又犯了，那病不传人，叫长鼻瘰。想不起有什么症状，都说是霍乱死的。别的都想不起来了。死了都埋了。

日本人来了看谁不顺眼就打，也有用枪打死的，死的人不少，鬼子来（时）我就八九岁，想不清打了多少人。（鬼子）没抢粮食，就打死人，跟村里要人，给他干活的，村里有干部，要多少人就（找人）去干活。村里没皇协军，都是亡国奴，伺候鬼子去了，中国人拜日本人去了。

各村都有土匪，兴这个会那个会，土匪叫什么记不清了。有红枪会，鬼子以前的时候有闹义勇军的，是杂牌兵，红枪会拿红缨枪打仗去了，油坊街北头被打死的很多，是义勇军打死的，把这片占了，他说什么是什么。红枪会是好人，义勇军不干好事。红马褂打不过人家，闹了一年这个，那时候七八岁。日本人来，没有红枪会。鬼子来的时候（我）八九岁。

清河县葛仙庄镇黄金庄村调查报告

一、位置与人口

黄金庄村位于河北省邢台市清河县境北部，1943 年时约有 200 余户，人口 1000 余人。历史上附近地区常年闹水灾时，邻近村被淹没，该村因地势较高从未受患。日军入侵期间，黄金庄村北有日军炮楼，日本人经常进村扫荡。

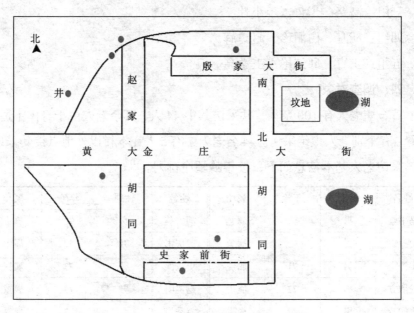

黄金庄简图

二、调查时间

1. 时间：2009 年 1 月 18—22 日

2. 计划

18 日：摸底调查，筛选采访对象

19—21 日：重点采访

22 日：进行补充采访

3. 日程

上午 8 点半：出发

下午 3 点：返回

晚上 7—9 点：开会总结一天调查情况；商定第二天调查计划

三、调查人员

本调查共有 16 位人员参加，分成 5 个调查小组，如下：

一组：张伟、张鑫、朱田丰、栾晶晶

二组：薛伟、毛倩雨、董艺宁

三组：高路、于哲、李小玮

四组：胡月、白丽珍、赵勇辉

五组：王青、邱红艳、王学亮

四、调查对象

黄金庄老人有 100 余人，共采访其中 44 人，其余老人由于身体不适或忙碌，有个别老人拒绝采访。44 名老人中有 5 人在本村以外地点接受采访。

采访老人基本信息如下，按年龄顺序排列。[①]

姓名	性别	年龄	属相	姓名	性别	年龄	属相
马书豪	男	69	属龙	胡秀英	女	72	属牛
史振山	男	70	属兔	殷庆彬	男	72	属牛
史沛全	男	71	属虎	史玉保	男	73	属鼠
史敬方	男	72	属牛	赵宝明	男	73	属鼠
史印芳	男	72	属牛	赵秀梅	女	73	属鼠

① 为统一标准，表中年龄是根据被采访人生肖属相推算出的周岁年龄。

姓名	性别	年龄	属相	姓名	性别	年龄	属相
李兴全	男	74	属猪	邱俊珂	女	78	属羊
赵兴甲	男	74	属猪	邱美荣	女	79	属马
史星桥	男	74	属猪	李玉可	男	80	属蛇
李书章	男	75	属狗	潘书图	男	82	属龙
刘桂苓	女	75	属狗	殷福龙	男	81	属龙
邱金霞	女	75	属狗	赵庆吉	男	81	属龙
殷永年	男	75	属狗	潘书常	男	83	属兔
赵秀芳	女	75	属狗	赵玉梅	女	82	属兔
李树珍	男	76	属鸡	李新堂	男	82	属兔
殷明广	男	76	属鸡	赵玉成	男	83	属虎
李福来	男	76	属鸡	张兴隆	女	84	属牛
潘书军	男	76	属鸡	张金喜	男	84	属牛
王京华	男	77	属猴	牛凤文	女	85	属鼠
殷庆广	男	77	属猴	牛桂英	女	85	属鼠
赵现强	男	77	属猴	殷运生	男	87	属狗
赵清坡	男	77	属猴	韩保蕊	女	87	属狗
史海昌	男	78	属羊	史立芳	男	72	属虎

五、灾害情况总结

1. 总述

（1）民国 32 年为灾荒年。

（2）民国 32 年时，霍乱情况一般比较严重，典型例子不多。

（3）下雨时间基本可以确定为民国 32 年秋。由于该村距河较远，加之地势较高，洪水并未淹到本村。

（4）民国 32 年，干旱、饥荒、逃荒、蝗灾也较为严重。

（5）日本人当时强行征用大量农村劳力建炮楼，但该村没有抓去日本的劳工。

2. 各项灾情总结

（1）霍乱

时间：大部分老人回忆说是民国 32 年，具体月份老人记得不是很清楚了，一部分提到雨前或雨后，一部分提到七八月份，还有的说是吃新粮食后，但大部分集中于后半年。

程度：总体说来比较严重，所有的老人都提到当时有霍乱，本村因霍乱至少死亡几十人。典型例子不多，老人大多为听说，只有极少数曾亲身经历。由于时间久远，老人对霍乱症状的描述不甚清楚，有些应该是其他病。老人用来描述霍乱症状的主要词汇：吐，泻，肚子疼，上吐下泻，死得快，传染。

据老人回忆染霍乱者名单：

姓　　名	性别	染病时间
赵保生的父亲（李福来提供）	男	民国 32 年下雨之前（农历七月下的雨）
李云龙（李新堂提供）	男	民国 32 年下雨之后（收庄稼之后下的雨）
梅大爷（李福来提供）	男	民国 32 年下雨之前（农历七月下的雨）
李方圆（李树珍提供）	男	民国 32 年下雨之前（农历七月下的雨）
赵清坡的奶奶	女	民国 32 年下雨（农历六七月份）
赵玉成的祖父（赵玉成提供）	男	民国 32 年下雨之后
赵保存家的三两口人（赵玉成提供）	/	民国 33 年下雨之后
史兴禄（史立方提供）	男	民国 32 年下雨前后（父亲 28 岁）
史桂方的父亲（史立方提供）	男	民国 32 年下雨（28 岁左右得病）
赵保生的母亲	女	民国 32 年下雨之前（农历七月下的雨）
王京华（2009 年仍在世）	男	民国 32 年下雨下雨之前
史福堂	男	灾荒年
史星桥的五哥	男	灾荒年六七月份
殷玉容的爷爷奶奶	/	灾荒年
史海昌的母亲	女	灾荒年下雨后
史印芳的大娘	女	灾荒年吃了新粮食后

续表

姓　　名	性别	染病时间
史印芳的婶子	女	灾荒年吃了新粮食后
史印芳的小萍姐	女	灾荒年吃了新粮食后
史印芳的叔辈兄弟	男	灾荒年吃了新粮食后
马书豪的爷爷、老婆、孩子	/	灾荒年吃了新粮食后
马长年	男	灾荒年吃了新粮食后
赵宝明的父亲	男	1943 年秋后
李玉可的父亲	男	记不清了
史敬方的叔叔	男	1943 年秋下雨后
史敬方的奶奶	女	1943 年秋下雨后
赵玉尊（赵现强的爷爷）	男	1943 年腊月
赵凤喜（赵现强的邻居）	男	1943 年腊月
牛桂英（幸存者）	女	1943 年秋
赵秀芳的婶子	女	赵秀芳七八岁时
赵秀芳的母亲	女	赵秀芳七八岁时
赵宝真（音）	男	1943 年大贱年，六月里
潘竞荣（音）	男	1943 年下雨后，七八月份
潘书菊	女	1943 年下雨后，七八月份
田立业（音）的妻子	女	不知是哪年
殷郎氏（殷庆广的奶奶）	女	不知是哪年
张臣（张兴隆的侄子）	男	不知是哪年
小龙	男	不知是哪年
张凤鸣（幸存者）	男	不知是哪年

（2）大雨

时间：大部分老人回忆民国 32 年秋七月份下过雨。

程度：雨不大，但是延续时间较长，七天七夜，或是好几天。

（3）洪水

黄金庄距河较远，地势较高，虽然有些老人提到民国32年曾有卫河决堤，但未淹到该村。

	大雨	洪水	霍乱
有	26	1	37
无	7	29	0
记不清	4	4	1
未提及	1	4	0

注：本次调查人数总计44人，其中胡秀英、牛凤文、邱俊珂、邱美荣、邱金霞、赵秀梅所述非本地，故实际统计总数为38人。

（4）旱灾

时间：大部分老人说大旱是在民国32年，一直旱到六月或是上半年旱；也有不少提到是其他年份开始，如民国30年、民国31年，3年连续干旱。

程度：严重影响庄稼收成，有些甚至颗粒无收。

（5）蝗灾

时间：大部分提到民国32年或民国33年有蝗灾，但也有很多记不清了。

程度：比较严重，有的老人形容说是夜里把月亮都遮住了，蝗虫过后，庄稼都吃光了。

（6）逃荒与饥荒

时间：从民国31年到民国33年都有，但以民国32年居多。

程度：由于干旱和蝗灾，加之社会动荡，百姓吃糠咽菜尚且不行，逃荒者超过村中人数一半。大多逃往河南、山东、沈阳三地。

（7）社会情况

①当时日军在黄金庄附近修建大型炮楼，也时有对该村的扫荡。但据老人回忆，没有见过穿白大褂的日本军医，也没有日本人给检查身体。有老人说日本人会给小孩一些吃的，或给老人一些药，并无中毒情况。

②日本经常抓村民去干活，但没有抓到日本的劳工。

③当时饮水为井水，有喝凉水的，也有喝煮沸后的水。没见过日本人往井里放什么东西。

六、存在的问题

1. 老人的记忆力模糊，很多有关的具体时间已经记不清楚。

2. 有些老人拒绝接受采访。

3. 与老人谈话的方法有待进一步提高。

4. 适合采访的老人数量越来越少。

七、经验总结

1. 提前写调查提纲对调查很有帮助。

2. 问老人要选择合适的提问方法，既要有礼貌，又让老人能够听懂。

3. 必须在调查现场做好重点归纳表的填写。

王　青　薛　伟
2009 年 1 月

黄金庄村

采访时间： 2009 年 1 月 19 日

采访地点： 清河县黄金庄村

采访人： 薛　伟　董艺宁　毛倩雨

被采访人： 韩保蕊（女　87 岁　属狗）

韩保蕊

俺叫韩保蕊，87 岁，属狗的，没上过学，这里就是我的老家，一结婚就在这里。俺很小时候就没了娘，没人管，现在想起来就难过。

那时流行小岁数结婚，所以我是 17 岁

结的婚，很早就结婚嫁过来了，他有弟兄五个，家里就二亩半地（大亩），提到那时候我就难过，那时候卖布，自己织的小粗布，那时流行那个，现在盖的也是粗布的被子，跟着他可是受罪了。

那时候一亩地能收一布袋麦子，一担（十斗）麦子，那时一亩地收一担麦子都喜得了不得。灾荒年我见着了，人各种树叶都吃，柳叶、槐叶，还挖野菜，找灰菜吃，经常吃红高粱贴饼子，那时的挨饿还有法说啊？吃的不好，喝的不好。枕头里的秕子都倒出来晒晒，贴饼子吃。家里没有那些糠，地里多少种点谷子收点糠，自己也就吃了，都是买的糠，是别人到这里卖的，四九是大集，二十来里地的都到这里赶集，这里老早就兴集，这集大。

逃荒俺也经历了，这村子大，穷，没那些地，都逃荒去了，逃到沈阳、哈尔滨、陕西，哪里有熟人就到哪里去。我二十二三岁去逃荒，到沈阳逃荒了，（当时）有坐火车去的，买票坐车，中国人还是外国人开火车那不知道，我们住的离火车道远，没钱也上不起火车，我是坐大车去的，在沈阳待了两年。

灾荒年闹日本鬼子，闹了一回，咱啥也没有他拿啥？日本鬼子来了，（老百姓）吓得都跑，都跑了，都不敢在家。鬼子在大街上转悠，（鬼子）怎么不进屋？还在屋里住下。没吃过（这里的）饭，水还能不喝？从地里打水，都没井（看不出来）了，井里都满了。有义勇军，日本人都来了，抓八路军、义勇军，要枪。日本人和义勇军打了一场，八路军把日本鬼子打走了。

那时二十来岁，天旱，村里没井，靠天吃饭，光等雨，一个村有一口两口井的就不旱。有时又下大雨，记得有次下了七天七夜的大雨，街上都是水，房子塌的，漏的，都塌了，破房子都倒了，有钱的修，没钱的就不修，有的好歹修修找个地方住。二十来岁，油坊那大河开了口子，那河冲得远，冲到这里来了，这是听说的，这里倒是没开口子，这里地高，淹不着，东乡里淹了，咱这里淹不着，六百庄那里都淹了。

那时候得传染病啊，得什么病的都有，这就没法说了，那时不说得什么病，就说是饿死的，挨饿死的多。有得霍乱病的，人难受，会蹬会踹会

滚，有拉肚子的，症状不一样。吃药，吃中药，熬了喝，喝了有的好，有的
不好就死了。村里也有先生，治病扎针，好几个哎，给人扎旱针，扎在肚
子胸膛上，不出血，是老先生，能治的就给你治，不能治的就不给你治了。

采访时间：2009 年 1 月 21 日
采访地点：清河县黄金庄村
采 访 人：薛　伟　董艺宁　毛倩雨
被采访人：胡秀英（女　72 岁　属牛）

胡秀英

　　我上了两年小学，六七岁的时候，日本
鬼子扫荡来了，咱光（顾）着看热闹来。红
高粱、窝窝咱家都没有，家里有一头牛，他
也给你牵走，你要是喂个猪，他也拿鞭子赶
走，粮食他也抢，被子也抢，你要是有钱，
他更凶，人也杀。我那会小，光听说，他熬饭叫中国人吃，实际他那饭里
都下了药了，把中国人都害死了。在上海，大男人在路上，他拿刺刀挑
了，小孩他也挑。

　　日本人准备把中国杀光杀尽，把中国变成他的地方。他们还抓劳工，
叫修炮楼去，他也不叫老百姓吃，也不叫喝，不行还打，穿着脏汗衫。我
听说金山的哥哥给抓走了，死外头了。我家里倒没有，记不住了。光听说
村里有炮楼，咱没上过炮楼，他不叫老百姓过，你要是个大闺女，他们会
弄到炮楼上祸害去，咱村有，回来就傻了，吓得抽风，治不好就死了。

　　民国 32 年过了年，天也不下雨，老百姓都挨饿，闹旱灾，种不上
地，现在都兴浇地了，那会儿没水，要人使大肩膀担水去，肩膀头担两桶
水，不够用的，村里有大坡累得你上不来气。春天旱，风又干，不等小苗
出来，就又晒干了。二三月里种地正是好时候，二三月里不下（雨），干，
不等你种子发芽就干回去了，到五六月（农历）才下透雨啦，那会儿种什

么庄稼都晚了。一直到六月，雨又下好几天，好几天它不晴天，那时候房子都是土的，房子漏了，咱就只能揭起席子来遮雨，漏得大人孩子都没地去，那会没卖塑料的。蝗虫也闹过，那会也不兴（农）药，我记得到耩上谷子那会儿，都叫蚂蚱吃光了，小谷子苗，又嫩又好吃，我那会儿还小，光吓得跑。

我六七岁就去东北逃荒，父母领着我，去沈阳北的郑家屯，待了一年多回来的，来到之后日本人才走的。

这油坊有条运河，据说那运河通太行山，水从太行山淌下来，说运河水涨来，我那（时）也就十来岁，俺这高。人都说"淹了清河的塔，淹不了高庄的锅"，高庄就在俺村后。

霍乱病听老人说过，我不知道，咱村有，不知道霍乱啥症状。（这病）传染，这一家得那一家也得，说死就死。咱那时小，这样的事咱不问。得那霍乱病特别快，也是别人给我说啊，谁谁得过霍乱记不得了。日本鬼子得不得霍乱不知道，咱不敢瞅日本人。

大多数的人都逃荒走了，那时候我有六七岁，好多俺都不清楚，咱那会儿小，都不记得事。有得病的，瓜都下来了，吃瓜吃的，喝凉水，小孩不计较，水咕咚咕咚地喝，都尽说吃瓜吃梨得那病。霍乱死的人可不少，那会有先生，土医生，扎肚子，扎好就过来，都说谁谁死了，是霍乱病，没听说哪个人扎好了。

采访时间：2009 年 1 月 19 日

采访地点：清河县黄金庄村

采 访 人：胡 月 白丽珍 赵勇辉

被采访人：李福来（男 76 岁 属鸡）

我念过 3 年书，私塾，没有当过兵，不是党员。

大饥荒那年，我在家咧。民国 32 年开始是旱的，旱到民国 33 年，不下雨，旱了两年了。那年一直都挨饿，年景不济，天灾，不能收什么，人都上东北了。下过雨也不管事，七天七夜大雨也是那一年，民国32年吧，也不记得几月份，下雨的时候正挨饿，下雨的时候是农历七月里，房子都漏了，光下雨，十家里九家都漏房子，路都没法走了，水深倒不深，没下很大雨，天天下，没有把庄稼淹了，下得走得没人了。那年也闹水灾，俺这闹了，洪水之后，又上了两次蚂蚱，地里出蚂蚱，人逮蚂蚱，一年出了两次。

李福来

人都死了，饿死好多人，天天死人，当天埋，埋不迭。赵保生他爹是那年饿死的，俺家没死人，都上东北了，就我自己没去，家里就剩俺娘和我俺俩，没别人了，别人走了。那年俺九岁，树皮都没得吃，吃草根。卖油条的走到哪被哪抢，抢人家。

后来都走了，俺家十几口就撂下俺自己，母亲也走了，逃难了，家里没啥吃的，我在家看家，家里没一个人了，俺娘去南方逃难了，南方哪里闹不清。村里人也都逃难去了，有去东北的，也有去山东的，没有去山西的，三千来口落下一千来口，死（了一些）后剩下了一千来口，逃出去一千来口，就没多少人了。

那年有瘟疫病，埋不迭，得病死的很多，瘟疫，不知叫嘛，觉得不得劲，一会儿就死。得病什么症状的都有，有拉肚子的，有吐的，吃甜瓜、西瓜，吃吃就死，一会就死，吃嘛都死。得病好了的很少，医生很少，给扎针，扎好的不多，埋不迭，我见过得病的，赵保生他爹他娘都得了瘟疫，他爹死了，娘没死，他娘体格好，俺娘和我都没有得过。这病传染，瘟疫，净死的，人吐，大部分人都吐，吐的人不少，拉肚子的人也不少，没别的症状，没有抽筋。没见有治好的，光病死的，病死的人有的是，有赵保生他爹、梅大爷。

我见过日本人，民国32年，日本人来了，跟八路军穿得差不多。有日本医生，穿白衣服，叫Kuliga（音），他在这被打死了，八路军打的。日本人少，穿白衣服的也就三个人，不多，发过东西，洋火、饼干，白给，别的没再给。你娘那眼不得劲（注：对女儿说），是Kuliga给看的，俺家老妈子（指自己的妻子）。

日本在这里抓过劳工，俺爹（哭）死在本溪了，东北的本溪，咱这里被抓走的不多，抓了几十个，抓到外地去了，做劳工，挖煤窑。（日本人）在俺村建了一座大炮楼，现在的粮局就是，炮楼是咱这边的人修的，中国人也住炮楼里，皇协军多，后来光皇协军了。闹不清什么时候，见了日本的飞机，没撒东西。日本人烧杀抢掠有的是，鸡也抢，见嘛抢嘛，不杀人，拿枪打人，不杀老百姓，杀八路军，没有强奸妇女，不抢妇女。日本人少，闹不清有多少日本人，势力大，皇协军管着这里。八路军人少，在暗处，不敢露面。

那时候都喝井里的水，井多了，有凉的喝凉的，有烧开的喝烧开的。没有听说过日本人决堤，这里没河。

采访时间：2009年1月20日
采访地点：清河县黄金庄村
采 访 人：王　青　邱红艳　王学亮
被采访人：李书章（男　75岁　属狗）

李书章

我叫李书章，75（岁）了，属狗的，1932年出生，没上过学，不是党员，没参过军。

民国32年，我岁数还小，那时候地里不收，人死得不少，就是大灾荒，像这里就是没吃的了。过了年，春天开始旱，地收不了，当时主要是靠天吃饭，地里庄稼种上，下了雨，地湿了就能种，要是不下雨，地里干，种上也长不了，那时候不能浇，没有井没有条件，旱了几个月，种庄稼季节已经过去了，再种也收不了了。

天下雨不由人，每年有下得多有下得少的，不下雨就收不了，就是饿，挨饿了就是贱年。那时候不下雨就是没办法，吃水要在井里打水，浇地也要水，弄不出来，就一连串的灾，家里都没粮食了，出去逃荒呗。

后来下了点雨，种上了点庄稼，收的也不多，有的没人的地，没人耩不了，就收不了，有的人耩点地，收点。后来（粮食）下来的时候，有么吃的，不行就死了，有的吃点就坏了。雨下不很大，没下过很大的雨，那时候下点雨，地里透了，能种庄稼了。那时候小，时间记不清。

没记得下很大的雨，那年是青黄不接，有的早庄稼就下来了，有的晚庄稼还没下来，也就是五六月份的时候。咱这里地势高，东边有个运河，下雨大时有运河就淌下去了，像咱这个地方，没淹，洪水是地势洼的地方雨大就泡了，据我记事没有。

蝗灾也招过，那一年，也就是谷子快熟了的时候，蝗灾很严重，地里种的庄稼，你要是不轰蚂蚱，这一宿就把那个叶子给你吃掉了，那个多了。那蚂蚱说来就来了，有大的小的，小的不会飞，小蚂蚱蝻，找个杆子轰，在地头上掘一溜沟，蚂蚱跑沟去了，蚂蚱在沟里上不来，有翅的大的呢，这一赶就飞，不在这个地里就在那地里。那一年，那叫蚂蚱蝻，老百姓见天（天天）就拿着棍子这头跑那头，那头跑这头，轰蚂蚱，轰沟里去就埋了。那时候庄稼快熟了，也就八九月，（蚂蚱）吃完谷子叶，再啃穗，天黑的时候也得去轰，要不去轰，把叶子吃了，庄稼还长嘛？那一年收得也不行。

那时候吃树叶，柳树叶，凉水拔拔，把那个苦劲都拔出去，洗干净了，加上蒜调调，连当饭连当咸菜，那时候能吃的就吃，跟现在没法比。

那时候都是打的井，砖井，有两人来深，下面用砖砌起来，在地下的水，找绳把桶顺下去以后，提溜上来，烧开了喝，热时喝凉水，冷时候喝开水。

人都逃难，去这去那的，上河南去的多，咱这里是产棉区，有棉衣裳，从穿上不很缺，就拿着这个上河南，河南那里不兴种棉花，拿这些衣裳上那里换点粮食，换粮食回来以后维持生活。出去逃荒的很多，那时候没嘛吃的，还能在家里饿死吗，在家里饿，就得想办法维持生活，那时候不兴做买卖，就出去拿点衣裳换点粮食吃。

我没有出去逃荒，那时候我家里四五口人吧。我父亲出去了，我父亲那时候也是没么吃，收拾了穿的衣裳，上河南去换点粮食。人家那里地多，收的也多，住那里粮食不缺，咱这都上那里换点粮食。那时候你要做买卖也没买卖做，那时候挨饿也没办法，能在家里全都饿死吗？有的上西边去了，上河南的多，也有上东北去的，到那里换点粮食吃维持生活的。

饿死多少人？那个数不好说，原来有的是老的人，家里没年轻的，出不去门的在家里饿着呗，饿来饿去的以后得这个病，那时候死的人可不少，这一天呀，也不定死多少人，也没数那个。今儿好好的，明儿接着就不行了，就那一年人死得多，上地里抬，有人抬呀？没人抬！不死的人也没劲了那一年。摞门上，找两个人找个杠子，抬到地里挖个坑，埋了就回来了，那时候死的多了，埋吧，家里没东西，刨坑就撂里头了。饿来饿去的人就有病了，有病了，那时候也没请医生，也没钱治。主要是饿，饿出病来了，那时候叫霍乱，跟传染病一样，那时候说死死得很快，这个死了那个死了，很快。老百姓从吃上来说，饥一顿饱一顿的，吃不好，加上有点病，就死。听说叫霍乱，那时候叫霍乱，要不死那么快，霍乱病死的人不少，都上地埋去了谁也没让谁看，那时候顾不得别人。

症状不好说，主要原因也就是饿的，不饿也不这样，他不能死得那么多、那么快。这个病传染，这时候说传染，那时候闹不清，死就死了，有毛病也闹不清是什么毛病。得这病死的人多，像这个村里，一天就是几十口。我家里没有得这病的，老人也不很大，没医生，也治不起，也治不过来。土医生在村里过去开个诊所，也没西药，都是中药，抓服点药，熬熬，那时候也没时间，病来这么快，说病就不行了，熬好药喝不了就死了，中医治不了。得这个快，你治哪一个？死那么多人，有扎针的，很少，一个村里一个两个都是土医生，扎针管事不管可不知道，扎肚子的多。那时候小，也不注意这个事，除了熟悉的人有病了看看，外人不知道也就死了。

霍乱病，我记得头里是先挨饿，死得人不少，没死的也都饿坏了。后来，庄稼熟了，能吃了，那时候饿得那样，有粮食了，撑得撑坏了，一吃东西多，受不了。没么吃饿死了，有么吃撑死了。凡说是撑，也就是饿得有毛病了。霍乱病那时候我岁数小，记不很清，死的人不少，死的老人多，一般的年轻人还好点。哪一天一个胡同里要死些人。主要是挨饿，肠胃病多，要不挨饿他就那样了嘛，挨饿很普遍，饿来饿去的，就有毛病了，有毛病那时候又没医生，吃药得花钱，请医生看病也得花钱，那不是一个两个，都那样。死的人都没确诊，都没有经医生，一开始不得劲，不是说不愿吃，吃也没东西吃，不行了，支持不住了就死呗，那时候死的大部分都是老人，老人多。

日本那时候一开始上这村扫荡，他在一个大村里修个炮楼，那是他的据点，以后到处上各村里扫荡。扫荡是什么呢，实行"三光"政策，烧杀抢，到村里以后，见到好拿的就拿了，见到吃的就吃了，人都吓得跑。一说日本（人）来了，南边向北跑，有熟的村的，偏僻的（地方），沙漠里，或是有些个小树，跑这些地方去，他不好去，没公路，走不动了都。（日本人）到村里以后，老人跑不动，打就打呗，有好拿的就拿，有吃的就吃，再看到房子不顺劲就点着。一般来说，也不拿很多。后来的时候，他在这里安炮楼、据点，都不跑了，吃的喝的都向老百姓要，村里都有干部，用的东西，要什么，干部就给村里联系联系给他们送过去。去修炮楼，有什么活，这里就抓去了，去了以后，干不好就拿鞭子甩，天黑的时候再叫你回来，明天再叫人去。没有抓人到别的地方去，有也都是八路军，那时候八路军做地下工作，被抓去以后上东北煤窑了，都死了。

炮楼里有土匪，他家里是穷人，没么吃，有么就抢走，偷走换点粮食，都是为的吃。在这里修炮楼以后，不下来吃，在里面吃，那时候日本人叫鬼子，他那人不多，都是皇协军，混碗饭吃，那时候都挨饿，当日本兵为的维持生活。咱中国人多，他来了以后把咱中国人收买的，都给他当兵，当兵就是为了吃饱饭。

见过飞机，没有撒东西，撒东西是建国以后，哪里遭灾了，共产党发些食品，日本人没有（发）。飞机那时候还不多，日本人主要是拿刀枪打咱中国。

采访时间： 2009年1月20日

采访地点： 清河县黄金庄村

采 访 人： 白丽珍　胡　月　赵勇辉

被采访人： 李树珍（男　76岁　属鸡）

李树珍

民国32年那个时候我也逃荒去了，我走得晚，是二月份走的，待了几个月，下了麦子后四五月份就回来了。我不是党员，念过书，没有上过私塾，念了四年小学，那个时候是在解放以后上的学，上学时也就十三（岁）。俺回来以后炮楼里的日本人已经被打走了，打走了以后，小孩全部上学了，上学不拿学费，连书也白给，我上学是在解放后。

民国32年，我十三四岁吧，出去的时候是二月份，五六月回来的，回来时灾荒已经过去了。那几年是连着三年荒旱三年不收啊，气候不好，乱病多，霍乱。旱到一年也没下雨，连着三年荒旱，这里逢到旱的时候就不收，庄稼嘛也不收，那时候浇不着地，现在呢，解放以后遍地打了井，才可以浇地了。

我逃荒回来的时候下雨了，下雨的时间挺长，下雨我都没在家，听人说的下雨，收庄稼了，麦子收得还不赖，不下雨就收不了庄稼。

民国32年不收，寸草不生，不逃荒那是不行了，人都往北去了，往北去不要饭，卖一件小衣裳就能吃一大会子，可以买粮食了。

　　我逃荒去的是蚌埠，安徽的蚌埠，离蚌埠 60 里地，那个车站叫新马桥，有一个古镇桥，一个新马桥。古镇桥离蚌埠 30 里地，那是淮河，我在淮河北，我去的那个地方，是新马桥贴西的北张集，我在北张集住着咧，它那个村叫北张集，那个村里姓张的多。我住的那个地方，房东叫张有龙，不收我钱。住的是车屋，放车的屋子，放车的屋反正叫你白住，也不赖。

　　这边人都去逃荒了，走得早的好，那时候走得早的有钱，钱方便，走得早的都上东北了，东北的洮南，洮南是个地方。有的去山东枣庄，她就上的枣庄这一块（对着自己的妻子说），台儿庄、枣庄，去哪的也有，反正上东北去的呢还比较好点，上南去的都要饭，上东北的没工作，你卖件小衣裳，咱这边不是产棉区嘛，有衣裳，有部分人是带着旧衣裳去的，在那里卖一件就够吃的。那边人给钱给粮食，那会儿光咱这一窝啊，东头走的还少点，咱这西头走的多，这头穷，这头没剩几家了，这一个村子里多数都走了。我走的时候刚弄到那里的盘缠就走了，刚走到新马桥，下车以后就没钱了，住的车屋。那里没院墙，光一溜堂屋是北房，东西厢房少。

　　我那一年在新马桥，要回来吧，在那里也是找了一个人，把我送到车上的，等走到徐州了，那个车不通，走到徐州得倒车，在徐州倒车的时候我没买票，人家送我车上去的，买票吧，没那些钱，回不来，赶到以后，找一个人，也是花两个钱吧，给送车上了。一倒车的时候呢，有一个木桩子，比身高，那个时候吧，我这脑袋瓜子也好使，要去木桩子那比身高，比桩子高就要交钱，我比那个高，我弓着腰吧，结果叫日本鬼子拧一个老虎钳子，腰上给拧黑了，到这些年了还没变过来，他说我小孩的心坏坏的。我没钱啊，没钱又补的票，是补的车票。

　　咱村附近没河，这一道渠是 1959 年、1960 年才开始挖的，北边有道河，离这五六里地，是清凉江，下雨那时没开口子，它大旱能开口子吗？开口子是 1963 年开的，村里开口子没淹，淹了东乡里（1963 年）。民国 26 年可能开了一回口子，我听老人说的，我那时候小，到民国 32 年我才十几（岁），民国 26 年那我不知道了。民国 32 年没有洪水，旱情严重的时候没有洪水。

　　饿死人也不少，人都得霍乱病死，反正没么吃，都是得乱病。有在道上走着死道上的，不知道是哪里人就埋了，那个时候又没有身份证，那个时候找不着，都埋到路边上了。有的是死道上的，就是得的霍乱，那病快。连吐带泻、肚子疼，那个叫霍乱，围着肚脐疼，那时候老中医说是霍乱。有治好的，针灸一扎就好了，中医扎针，一会儿就好，晚了就不行了，及时发现及时治。哪有那么准啊，那时，你道上犯了，你就不行了，再一个，没人，你找先生也不好找，那时候针灸医生也缺，也少。村里医生倒有，现在那医生都死了，现在都没了。在村里那一阵得这个病的，那也不好说。

　　咱这是砖井，在砖井里打水，使砖打的井，放下桶去，在里面提溜，水烧开了喝，有喝凉水的，喝凉水的少，喝凉水的怕闹乱病啊，生水里常说有寄生虫呢。

　　那三年里，可能就是那一年招棉虫啊，棉虫跟蝗虫差不离，会飞的是蝗虫，不会飞的是棉虫，都是爬的，这样的虫子。那棉铃虫咬棉花，谷子都在那里，它在上面一爬就不收了，减收成了，好比说能收一百斤，它一闹腾连五十斤也收不了。那时候没农药，那时候要怎么样呢，就撒一部分灰，柴火烧的灰，拿灰一撒，撒到那上面，它就不敢上了。一个是治那个，一个是治蚜虫，蚜虫不是蜜虫子吗，棉花招蜜虫。

　　民国 32 年也有蝗虫，也招过蝗虫，会飞的蝗虫来过，它来了就危害庄稼，它飞哪哪就不行了，有危害。那这里，治不了，你这一户怎么轰也不好轰，不跟现在一样，这一弄集体都去了，一赶，走了。那时候谁也不管谁，各人过各人的日子，各人种各人的地，你地里有了，他地里没有，她不管你的事。各家一入社这才行，别管什么虫子，齐心协力，到时候就打去，到以后也有农药了，相信科学嘛。不团结就赶不了蝗虫，那时候是逮蚂蚱，一逮逮多少，把它腿嘛的一撬，放油炸炸，炸炸都吃了。蚂蚱吃叶子、棉花，也是唰唰地响，咱就拿着个纸拍子，上面弄个棍，拿着拍，拍着的时候就捡着，我那时候十来岁。民国 32 年以后也有啊，那个蝗虫。以后就是共产党了，学校里就去轰去，我在学校里带着队去轰。这几年是连着三年荒旱，我记得，连旱带招虫子，一年两年的也（不能）这么厉害，逃荒的也（不能）那么厉害，就是民国 31 年、民国 32 年，日本进中国的时候。

民国 32 年没下雨就民国 33 年下雨，我记不清楚了。我二月份就逃荒出去了，二月是古历（阴历）的二月，可能是民国 32 年，下大雨可能是到了 33 年了吧。我在那回来以后，下了七天七夜的雨，是哪一年记不清了，反正有那么一回。房屋倒塌，有一个房子不漏都上那里避雨去，我家也漏了，咱没好房子，那时候都没有塑料，在家那多大，十五六岁，那时候也就是古历（阴历）的七月份吧，庄稼还没成熟，成熟得到八月份，八月这个十五不是叫中秋节吗，那个时候才收庄稼了。下雨收庄稼有好处？晒谷子的时候应该是露天晒，它阴着天你怎么晒，不是晒不干，是那粒它不出。

春天里风是常有，哪个时候也有，北一场南一场的常有，那时没刮倒过树，以后可能有刮倒的，连风带雨。

那时候都吃高粱面，穷的都吃红高粱，有的都吃白高粱。挺旱的，庄稼也不收，收也不够吃，不收了才逃的荒。民国 32 年有吃秕子的，秕子就是枕头里枕的秕子，你枕多少年弄出来再碾它再吃。那时候都是使碾子，掌棍推，在那上头有一个土块，有个轴，转转，推着它转悠，碾花种皮子，棉花种。

逃荒（时）我家里就剩我父亲和一个姐姐，我俩姐姐，我姐姐跟我母亲，我们三个去逃荒，我父亲把我送到那后又回来了。

咱家里人没事，没得病，那病死的人，净自己一家子上外抬，掌个板凳，掌个门抬出去，把死了的埋了。村里人走的也没剩多少了，再一个吧，他饿得那个劲，他也没人去抬，都是自己的人去抬，这个叔伯那个叔伯的，粘着点毛的亲家。那一年饿死得多了，北院里一个爷爷死庙屋里了，土地庙，北边一个土地庙，他一个是饿，另一个也是有毛病了，他名叫李方圆，是我爷爷那一辈的，他可能也是霍乱病吧，不知道是嘛，光知道他死庙屋里了。

当时得霍乱病的有扎好的，这先有一个老医生叫"三义堂"，姓赵，

会扎，他针灸好，中医，我见过他扎针，我那小时候还叫他扎咧，都扎
怵了，一听三义堂来了，都摸不清上哪里逃。那时候那针叫笨针，针得
粗，和现在的针不一样，一寸的，两寸的，半掌长的也有。治霍乱的时候
他扎的也不少，治活了的也不少，现在别说他，他的儿子也死了。发病很
快，有叫的及时，就扎过来了。（得霍乱）不抽筋，就是肚疼，上吐下泻，
腿酸，不能动弹，反正得有别人叫个先生去，来了才行，那个扎针就扎肚
子，扎胳膊，也扎腿，腿这是外三里啊，不流血，他扎的都是穴眼、穴位。

霍乱就是传染，都是吃得不行吧，不跟他一起吃东西也传染，就跟现
在流行感冒一样，好像都是嘛呢，都是空气污染。那时候你不好采取预防
措施，不好办，你不上他那去就行了，不靠近行了，没有别的办法，那时
候是那老中医说的，传染。

死的人不少，一个是乱病，一个是饿的，死了多少人那事儿咱都记不
详细了，咱这个街上那时候有三千到两千。反正你看吧，死人都弄个枕
头，都那个灰，人死了临出棺的时候把枕头烧了，要是死男的吧，就烧
左边，胡同的左边，要是妇女呢，就烧右边。得病那时候没下雨，天干
了，气候不好，人出毛病，要有一场雨的话，人的病就减轻了。这现在气
候好，那时候没雨，可能要是下雨的话，就没这么些乱病了。病流行的时
间不是很短，得有几个月。秋种没收，麦子没收，旱得严重，逃荒出去
之前，那时候就有了病，走以后就不知道怎么着了，寸草不生可能是民国
31 年。我走的时候还没止住病，我走的那会儿就有死道上的，那时候又
没吃的没嘛的，你反正地上走，走到平原，一天顶多走七十来里地。

我那没走时就见日本人了，他在这修炮楼了，他们抓的人，修了得几
个月吧，不光抓咱村的，别的地方也有。我知道炮楼在哪儿，就在这东北
角，在咱这个村里，在咱这村里要多少人，在他那个村里要多少人。西边
峨二庄有一个，在它的庄的南边，康家的老坟；离咱村二里地，老城里修
了一个，西王官庄修了一个，连庄有一个炮楼，杜家楼有一个。那里有日
本人，皇协军住炮楼里，咱这叫皇协军汉奸、走狗，伺候日本人的都是汉
奸啊。赵立峰叛变，就在杜家楼，他是地下工作者。

炮楼修遍了，哪地方也有，现在都拆了，解放以后都给拆了。他说你是八路堡垒户、地下党，就打你，灌上辣椒水，使棒子碾肚子。我见过日本人出来，他看到小孩还不大理，大人就不行。日本人跟小孩说话，给小孩糖、罐头、肉罐头。他对小孩说的"咪西咪西"，"咪西咪西"就是叫你吃，给过我吃的，我那时十来岁，顶大有九岁十岁，给过我那肉罐头。

有日本医生，一个叫 Kuliga（音），一个叫 Jia tang（音）。你要是不得劲，他就给咱治病，日本人有好的，也有坏的。日本人也杀人，扫荡时杀，烧杀奸淫，那是这里没修炮楼时。这的炮楼是民国 30 年修的，他修完待的时候不长，也就一两年的事儿，他从炮楼里出来干不了什么好事。那时候日本人还好些，皇协军更厉害，干汉奸的多啊，皇协军受他统治的厉害，一个炮楼里就几个日本人，剩下的都是皇协军、警察署的人。日本人强奸妇女，烧房子。

没多少飞机，来一个的时候，看哪的地方人多他扔炸弹，一看那么些人，他就寻思都是八路军了，他都那么打。没见（日本人）撒过东西，反正人多了扔炸弹，你别打团儿（聚集成一堆人），人多了不行。

抓劳工是常事，上炮楼里给人干活去，挖那个大坑，苇子坑。炮楼那儿，（日本人）把咱村里一个科长，他叫李金城，还有李福来的爹被抓走了，抓到了本溪煤窑上，在煤窑上干活，死那儿了。清河县的县长，峨二庄村的，他叫宁新立，宁县长也死那儿了，没回来。这个李金城死了以后，他哥哥在沈阳，到那看他去，把他的尸体拉来了，他哥哥在沈阳，他在本溪。他被抓那去，他哥哥去那儿看了他两次，看两趟吧，人给信儿说他死了，他哥哥就把他尸体带回来了。宁县长尸体也没回来，以后县里给他打了个银人，都是为国家出力了，牺牲了。他媳妇去年才死了。李金城他是什么科长闹不清，反正是一个科长，他（宁新立）是县长，他是科长，"四九"合围时一起被抓走的，"四九"合围就是嘛呢，就是日本扫荡，为了纪念这个事儿，给他起了个名儿。"四九"，那几天是集啊，"四九"，是每月的初四、初九、十四、十九、二十四、二十九，这是大集，那时候反正他这边都有内线啊，有叛变的人和日本人说，这是县长、科长。

采访时间：2009 年 1 月 21 日

采访地点：清河县黄金庄村

采 访 人：白丽珍　胡　月　赵勇辉

被采访人：李新堂（男　82 岁　属兔）

李新堂

　　我没念过书，民国 32 年我在家，没出去过，一直待在家里，光做活，那年我自己在家，家里人都出去逃荒了，那时候我还小。那一年人都上河南逃荒了，也有上东北的，没有上山西的，山东也不多，家里人都出去了，我在家里看家。我家里人不少，兄弟三四个，我是老大。等到日本人要走了，他们才回来，出去了也就一年吧。我那个时候也就十七八岁吧，家里穷，从小我都给家里拾柴火去，捡粪去，收庄稼的时候都是院里人帮着收的，邻居有近点的就帮着我收。那会这个村也就是不到两千（人），一千多口人，那会人多少我是闹不很详细，逃荒以后，人才都回来了，反正闹灾荒死了些人，死了不少。

　　那年旱，旱得不狠，地里没怎么收，天气不好，又闹日本人闹的，日本人闹得人也不敢在地里干活。一旱了收成就不好，这里该种庄稼的时候不能浇，干等雨，不下雨它出不来。

　　那一年也闹这虫灾，蝗虫来过，那一年不严重，来了都治住了。飞的好治，掌上个杆子，上边绑上个红布，红布一晃，它就飞走了，就是这个小蚂蚱蛹子，来这死啃的这个，这不好治。蚂蚱蛹子厉害，那个你撵不动，你得下药，毒死它，不治它，对收成影响很大啊。谷子上的虫子也得治，这虫子会爬，爬到上边去，咬那个谷头，那个也得治。当时有在地里掘壕的，它掉里头上不来了，越治就越少，治了就行呗。别的时候也有，别的年景也有，反正年年有这虫那虫的。

　　后来下雨那就晚了，雨下晚了就收不好，几月下的雨，那我记不清了，下的雨大都坏庄稼了，晒不干也晒不好它都坏了。这里不淹，那雨下了七天，这里倒是不淹，这村这一窝淹不着。

附近这里的油坊，东边那个村，那里有个河，那个河有水。西边的沙河，这个河里不存水，没水。清凉江这个河，它开了口子，那水淌到这个河里了。那水都绿的，非常清。也是热天里，那是豆子生芽了的时候。那河开口子，不是掘堤，是自己涨的，别处都有水，就这边几个村淹不着，当时人们都扛着锨挡水去。咱这个地方没事，洪水它淹不着这里。在那个清凉江开口子都向北开了，上北开向北京那里淌了，走到那里，水都顺到海里去了。

这淹的范围不小，在这里好几十里地都是水，上北也是光水，就俺这里没水，就这几个村，黄金庄、武家那、谢家那、东高庄这里没水，这有句俗话：灭了临清的塔，灭不了高庄的瓜。临清塔，临清不是有一塔的吗？临清的塔灭了，也淹不了高庄的瓜。

下雨这里没怕过洪水，开口子的时候都是地里有庄稼，高粱还没收，它开口子了，淹里边了，有坐那小木船的，撑着小木船，都去砍高粱去了，拿着刀，把那高粱头割下来。开口子的时候不少，开过小的，开过大的，口子小的时候不要紧。民国32年那一年最大，那一年县城里头那一窝都淹了。给你说的牛桂英（村里一位老人的名字）离县城近，离县城三里地，城里的都没淹着，城里有那个城护着，水过不去，城外的有的淹得厉害的，房子都泡倒了，泡倒的房子不少。清河老城里的西关倒了房子了，东关也倒了房子了，房子都泡倒了。

这里光等雨，你不下雨庄稼也不收啊。这里是都拿着锨挡堤去。我说的这几个村没事，井也没有淹，人都喝井水，这里都是井水，不缺水，那水好，烧开了能喝，不烧开了也能喝，平常一般的都喝井水，露天的井里提上水来就能喝，不喝雨水，脏。

有扎那旱针的，扎过来没死了，扎不过来就都死了。扎针那是治病的，那叫霍乱，乱病。我记得症状，那个病闹肚子，拉得止不住，扎不过来的就死了，吐，连吐带拉，抽，腿抽筋都叫针扎了，扎好了扎过来的就没事。有扎过来的，扎来的到现在都死了。（记得）一个扎好了的人，叫什么我闹不很详细了。我听着医生说的啊，那就叫霍乱，那医生现在都死了。见过他扎针，他那个针，不是做活的针，不一样。长也就这么长，多么长的也有，闹不清多长，扎腿上、肚子上，各地方都扎，头上不扎，扎不进去。这里这个医生姓赵，他都出名了，他这个人扎得好，叫义堂，都叫他"三义堂"。扎针有流血的，有不流血的，都腿上流血，放血，厉害了就成黑的了，治好的也有二三十个，想不起来是谁了。

扎了没好的不多，没扎也有几十个，这村大。（染病的人）又拉又吐，很快就死了，有等两天就死的，有等不了的，病人多，别的村里也有来的医生，他有看得好的，有看得赖的，有好的有赖的，别的村里也有扎好的。

那会儿没有说这个怎么预防，那会不告诉这个。有得病的都是拉，连拉带吐，那会生活也不好，都是闹肚子，你现在也有闹肚子的，都是生活不好啊。这不喝别的水，都是喝井里的水，你这会也有得这个病的，闹肚子，拉稀，也有得这个病的，反正现在得这个病的很少，那时候得的多啊，这时候都吃精米白面。这个病不传染，感冒传染，那会都不说这个传染，那会儿没人说传染，传染不传染咱不知道，不说这个。那时候生活不好，吃得不好，吃野菜了，吃树叶子了。

我家那时候情况也不好啊，家里也有得这病的，我的一个大爷是得这个病死的，大爷叫云龙，李云龙，看了没看好，其他人没了。没有注意吃饭分开什么的。我亲眼见过大爷得病的时候，吃不下去，吃不下东西去，也没啥吃啊，就吐，他没有抽筋，没有那个症状。什么时候都有得这个病的，闹天下大雨的时候，天不好，得的就多，先下雨，后来就得病了。

又受日本人的害，（日本人）在村东头修了个炮楼，现在都给他拆了，都种地了。李家庄有一个，谢炉有一个，多着了，现在东边就粮局那个地方是原来的炮楼。人家自己带来的技术人来修，抓的咱这的工人，给他修，拆的老百姓的房子，那会净是土房子，日本人都拆房子的砖，去修炮楼，这里有五座家庙，这五座家庙都拆了，拆了弄了去了，那五座家庙没人住啊，姓李的、姓赵的、姓潘的、姓殷的、姓史的，都弄走了。人家以后找村里的领导人，村里那会儿有领导人了，跟村里要，要多少人，就找村里的领导人，后来不闹腾了，不能光闹腾，光闹腾站不住啊。炮楼里住的有日本人，也有中国人，那时有皇协军，皇协军也住里面。不叫做活你就回家去，叫做活的时候你就去。

我见过日本人，穿着黄呢子，那衣裳好，他们当时没有杀人，我那时候小，没事，还净跟他们玩。有一个医生，日本的医生，叫 Kuliga（音），那个医生在当街一看有哪个小孩头上有伤嘛的，他就逮住给你上药，对小孩没事，大人有的有事有的没事。在这村里有十几个日本人，他人少不敢杀人。皇协军的头目不知道叫啥，他不是咱本地人，是日本把他带过来的。

（有个）当皇协军的，叫王不德（音），这一帮人给他起个名叫王老杂，是东北人，把他那部分兵都抓走了，抓了当劳工了，没在咱村里抓。那些皇协军有咱村里的有外村里的，有远处的也有下日本国的，也有去日本国回来的。有一个年轻的，小的时候上东北去，叫人家弄走了，他长大了回来了，他比我反正是大一岁，来了以后也在家里种地。我还跟他一块玩，他很好，忘了他叫啥了，不姓李，不跟我在一个村，来了他好说话，就认得了。

日本人也给小孩吃东西，大人可不行，他们对小孩还好给糖啊，饼干他有他就给，没有他就不给，他反正是不吃咱这东西，咱这边东西他怕药死他。他在炮楼上吊着大炮，净上远处卸炮，远处在地里做活的都不敢在地里，他那个炮放到那里，炮响了崩着人都有死的。

Kuliga 他死这了，打张庄的时候，八路军上那里去，把他打死了，日本人他也是上别处去，跟八路军打仗的。没有强奸妇女，在这里没，在这里日本医生对小孩挺好，别的日本人他不敢出来，他出来怕打他，他自己不敢上这去。

飞机我也看着过，那会也有，没在咱村落下来过，没有撒过东西，飞机不多。

采访时间： 2009 年 1 月 21 日

采访地点： 清河县黄金庄村

采 访 人： 王　青　邱红艳　王学亮

被采访人： 李兴全（男　74 岁　属猪）

李兴全

　　我叫李兴全，74（岁）了，属猪的，没上过学，不是党员，没参过军。

　　民国 32 年是个大贱年，没么吃挨饿，地里不收么。灾荒年，靠天吃饭，旱，它不下雨，么也不收，人都出去了，都逃荒去了，到南方、北方沈阳，做活去，那边收得好，有粮食吃。那年饿死人有数嘛，不吃么他不饿死嘛。当时俺家里有五六口人，俺没出去，家里也没出去的。

　　村里都出去，一部分人逃荒去了，家里有一部分人得看家。有老缺，就是小偷，偷东西。过年了，过年逃荒去，地里不收么，一看种不了地，就都逃荒去了。一到种地的时候不下雨，就到走的时候了，上哪里？哪下雨哪好，就上哪里走，那时候都推个小车，挑的背的东西。

　　地里不收么，麦子就一拃高，一个麦头没两个粒。没招过蚂蚱，就是旱。当时没吃的，吃糠、花种皮子菜、树叶子，靠这个熬过来的，挖菜树叶子，花种皮，还是好年头，吃糠咽菜。不记得下雨，下雨下透了能耩地，下不透白搭呀，耩地也活不了，有一年雨下了七天七夜，记不清哪一年了，我记不住那时几岁。

　　到种地的时候还没下雨，到过季节了还没下雨哩，逃荒的时候，地里不收么，过春的时候还没下雨，东北河南都下雨，咱这儿都没下雨，到后边八月里下雨，头午耩地就收了，午后耩地就没收。1963 年闹了大水，都淹了。村子里都是砖井，井里有水，找桶往上提溜，烧开了喝，喝生水渴得要命。民国 32 年得霍乱，我大概七八岁，小，不记得。那时候各村里都有得病的，听先生说的是霍乱，没吃的喝凉水，就得霍乱了，没听说传染。闹霍乱，没么吃，都患病了，得这病的多，咱记不清数。连吐带泻，上边吐下边泻就是霍乱。那时候又没有西医，都是镇上先生扎旱针，用针扎，扎及时就活，扎不及时就死了。朝穴位上扎，咱不看这个。下雨之前旱的时候得霍乱，下雨之后就少了，就没这个事了，都是干的旱的。俺家里没得这病的，街坊咱记不得，闹不清，想不起来得霍乱病人的名字。

日本人在这里修了炮楼，在东北角。日本人来村里抢东西，他没吃的就抢老百姓的。没见过穿白大褂的。抓人多，去了干活，不去他不打你？抓劳工，抓了去炮楼干活，下煤窑，有在煤窑死的，不记得名字了。日本人把年轻的老的都抓走，给他干活去。（日本人）给小孩糖吃，对小孩好，逗小孩玩。我没见过飞机。

采访时间： 2009 年 1 月 20 日
采访地点： 清河县黄金庄村
采访人： 高　路　李小玮　于　哲
被采访人： 李玉可（男　80 岁　属蛇）

李玉可

我叫李玉可，过年 80（岁）了，属小龙，没上过学，不是党员，当兵出身。

大贱年，我那时候 15 岁，到南方安徽逃荒了，要饭去，去卖衣服。那时候家里人少，有父亲母亲、哥哥嫂子、侄子侄女，有姐妹，大姐姐死了，二姐姐当兵了。

记得那年旱，记不清什么时候开始什么时候结束了，旱的时候颗粒无收，没收新粮食，都去逃荒要饭去了，逃到河南、东北、临沂、曲阜。我也逃过去了，逃过去要饭，有去南方做买卖的，家里还剩一个两个走不了的，老的走不了的。村里人逃的多，那时候村里有五百来人，大部分都逃走了，就剩下小孩、老人、妇女。要饭的、做买卖的，有的回来了，有的住在那了。我在那待的时间不长，民国32年去，民国33年回来的。

那时候人吃野菜树皮，能吃的都吃完了。不知道哪一年了，闹蝗灾，蚂蚱很多，都吃那个，把天都遮住了，1943年闹蝗灾那年，都用树枝抽打，挖沟，往里赶。

那个时候闹土匪，闹日本，旱灾厉害。那一年，记不得啥时候了，死人可多了，闹瘟疫挺厉害的，闹不清名字，我没得病，家里人有得病死的。灾荒年那个时候死的是我父亲，发烧、长天花，身上一个一个大疮，拉肚子和气鼓似的。村里得病的挺多，可能传染吧。

我逃了，不知道这儿的情况，听说死了很多人，病死的多，都没人抬了，家里也没人了。先饿着，后来饿得病了，都是得病死的，大部分是先饿再病死的。吃不上饭，挨饿，吃野菜树皮，先腹痛，后发烧，治不起，没钱治，有钱人不得这病。有老中医，他自己也得了这病。瘟疫哪个月份记不住了，那时候我才十几岁。那一年很厉害，庄稼不熟就吃，死人都没人抬，不知死了多少人，到处都是死人。逃荒前提井水喝，是庄子里自己打的井，做饭要烧开喝，平时也烧开了喝。

我没打过日本人，是日本投降后当的兵，1946年当的兵，1945年日本投降了。我见过日本人，有炮楼，跟电视上穿的一样，穿大褂子的没有。汉奸都是中国人，给日本人干事，日本人是在瘟疫以前来的，没见过抓人去检查身体，有打的、骂的、抢东西的，他不管我们，没给小孩子发东西吃。

我见过坦克飞机，不知道哪年了，日本人是1943年以前来的，离这不远，一里多地修了个炮楼，抓劳工，不修就打你，什么都不给，炮楼早就没了，平了。

土匪那时候多，鬼子一来土匪就多了，忘了叫张么（土匪头子）了，小土匪头子名字忘了。

没记得那年有洪水。

采访时间： 2009 年 1 月 20 日

采访地点： 清河县黄金庄村

采访人： 张 新　张 伟　朱田丰　栾晶晶

被采访人： 刘桂芩（女　75 岁　属狗）

刘桂芩

　　我上过小学，上过一年级，多少认个字，没入党。

　　那年天气旱，到七月初二才下的雨，下雨倒不小。清凉河开过口子，我不知道是哪一年了，都是水。人吃野菜，吃树叶子，吃干粮，吃花生饼子，饿死的人不少，他吃不好喝不好，哪能不死呀。有人逃难，到沈阳了，到这逃难，到那逃难，一家家都到那里去。我那时小，记不很详细了，咱家没去。

　　有蚂蚱，那时候吃蚂蚱。蚂蚱能不吃庄稼？那一年多，俺光吃蚂蚱。不是闹灾荒年闹蚂蚱，大蚂蚱都是黑蚂蚱，小蚂蚱都是红的蚂蚱，那时候记不清了。不知道蚂蚱在霍乱以前还是以后了。不知道雨下了多久，反正下得不小，下了七天七夜。不是那年，反正不清楚了，我小的时候，就是七八岁。

　　闹过洪水，不知道哪年闹的。在南边来的水，往北淌，那时候一马平川，俺村西边都是大河，就是开口子来的水，在南边来的水，那高粱都不熟，我不知道是哪一年了。

　　那都是下雨以后，记不得了，那时小。人把那个树叶子都吃了，可难受了。

　　闹霍乱时，年轻人也死，死的人不少，但记不清多少了，咱这死了好几个，都是闹霍乱，光拉，拉稀，没有药，就扎扎，扎不过来就拉倒了。就是挑挑，挑肚子，又哕，那时候可苦了。俺家里倒没得霍乱病，就是一个老奶奶死了，吃不好喝不好，她能不死？

　　我见过日本人，那跟八路军打仗，那时候人光跑。我那时候七八岁。

日本人反正不干好事，都害怕见到他们。他们打人，都要东西，你不给就打你，他不打孩子，打大人，他跟你要嘛，你就得给他，不给，他打你，可狠了。没听说过撒毒药的。没见穿白大褂。人都吓跑了，家家都跑，谁不害怕啊。

采访时间：2009 年 1 月 20 日
采访地点：清河县黄金庄村
采 访 人：薛　伟　董艺宁　毛倩雨
被采访人：牛凤文（女　85 岁　属鼠）

牛凤文

俺叫牛凤文，85（岁）了，属鼠，娘家是康庄的，我是 25 岁嫁过来。闹灾荒，洪水倒没有，旱时都逃了，向北去的，去河南。这里人多地少，外边地多。

民国 32 年灾荒，都逃了，饿死很多人，我们是四月份出去了，上的沈阳，一年多后回来。

那年四月下了一场雨不透，六月下的透雨，下了七天七夜的大雨，涝，房子都塌了。

没有流行什么病，霍乱，上吐下泻，家里没经着。听人说他娘死了，谁的娘咱不知道，光听说死得不少。霍乱病啊，是饿的，什么样咱不知道，不记得霍乱病的人多大岁数。霍乱病，闹灾荒，都吃不好，得病的人我没见着。闹灾荒，死的人不少，都吃不好。灾荒都死了呗，死得不少。

我见过日本人，都害怕。在这里待了两年。十四五岁见的日本人，逃荒时没日本人了，日本人进村要东西，日本人自己倒不来要，皇协军来要。抢东西吃，抓人盖炮楼，抓劳工盖房，日本人要钱要东西。那时候我们喝从井里打的水，生水熟水都喝，我不知道日本人喝不喝这里的水。没见过日本人往井里投毒。

采访时间：2009 年 1 月 20 日
采访地点：清河县黄金庄村
采访人：高　路　李小玮　于　哲
被采访人：牛桂英（女　85 岁　属鼠）

牛桂英

我叫牛桂英，属鼠的，今年 85（岁），上过几年学，上了三年学，是农民，老党员。我是 1924 年生人，1943 年入的党，18 岁结婚，19 岁入党。

记得那时候我整整 20 岁，家里有公公婆婆，有哥哥，已经死了。

那年有蝗虫，闹灾荒，闹蚂蚱，遮住了天，用扫帚赶，打死，都往沟里扫，埋了。那年闹旱灾，颗粒无收，过了年才结束的。头里反正不下雨，后来谁知道啊，别提了，饿死的人没数，俺逃灾了，逃荒到了山东台儿庄。

吃红薯干子、锅贴，卖衣裳，卖布。我是民国 32 年出去的，春天去的。冬天里，腊月十六我娶的，鬼子有炮楼，腊月十一修的炮楼。1942 年，我 18 岁。1943 年入的党，过了年，正月十五入的党，我是老党员了，入了党就去逃荒了，有小鬼子就逃荒去了。

人都吃树叶子、野菜，都得流行病死的，叫霍乱。在胡同口上烧枕头，死了人这样做。霍乱会传染，忘了什么时候得的，光记得死人。庄稼长不起来，看不着太阳，家家户户死人，得霍乱死的。治的人少，医生也不行，没那条件，一家子都死绝了。秋后下雨来，我记得还流水来，这么些年都忘了，光记得下，不记得下了多长时间，得病以后下的雨。

得病以前日本人来的，建了炮楼以后得的病。

我没见过土匪，十九团是老蒋的部队。

喝那井里的水，八路军来了以后才挑的河水，各村里都有井，那时候都喝凉水，谁去起炉子啊！死了那么多人，得霍乱死的，瘟疫，吐，上吐下泻。我在那儿，我得了，治过来了，扎旱针扎过来了，还讹了我三块洋钱。死的人多，治过来的少，我娘家死了十来口子。那时候医生少，也治不起。

秋后下雨了，记不清有没有水，这么些年了，记不住了。逃荒出去几个月，冷了回来的，当年冬天。有去东北的，我没去。秋后开始得的病，我得了，扎几天针，扎好了，给我扎的腿，扎胳膊，扎旱针，不出血。俺娘家在康庄，紧挨着县城，家里婶婶、俺叔叔和一个侄子死了。村里死的人多了去了。

那时候没解放，小媳妇不让出门。我是先逃荒，春天出去逃荒，秋后回来的，回来得的病，得的这个病。不记得先得病还是先下雨，忘了。

得病的时候日本人在。有日本人的飞机来，还有炮楼呢！

采访时间：2009 年 1 月 19 日

采访地点：清河县黄金庄村

采 访 人：王 青　邱红艳　王学亮

被采访人：潘书常（男　83 岁　属兔）

潘书常

我叫潘书常，82（岁）了，属兔。

我上学有限，那时正闹日本，上了两年，是党员，没参过军。

那年是大贱年，记得，那年旱得厉害，种庄稼没井，地里没井，家里井使不上，种不上。四五月里开始旱，旱到了六月里，俺那时小，不记得六月下雨了没。总没下雨，也种上庄稼，也没收，那时旱，不光（一直）旱，前边旱，后边不旱，招开虫子了，蚂蚱棉虫多，那时候没药，打不了，人在地上掘了壕，它（棉虫）爬里面上不来，躺着睡觉，一群群的，就搂锅里吃了。

那时候庄稼没农药，旱倒不那么旱，就是庄稼招棉虫蚂蚱，七月招的，农历六月下旬。都没粮食了，谷子招棉虫，（棉虫）吃谷子叶，谷子没叶了，光剩秆，不下粮食。饿死了多少人？光我知道的有几十口，我那时岁数不大，很远的闹不清。这村大，附近的都不知道，那时候我家里四口人。

有逃荒的都上东北了，出去的不少，有几十口，咱家里人没出去逃荒，在家里待着。前边旱，后边不旱，五月里旱，旱到七月。下雨了，那村里六月里下的，一天下一阵，连续下六七天。农历六月里，下不大，光连阴天，死人。这个村倒没淹过。

人得霍乱病，肚子疼，不好治，我见过得霍乱的，得那病肚子疼，挺受罪的。得这病的不很多，有一部分，咱家人没得这病的，不传人，就是肚子疼，很快就死，不一定多少时间就不行了，没亲自看过。怎么知道是霍乱病，医生说的，找针扎，医生给扎肚子，扎就扎过来了，扎不过来就拉倒，扎针的都是老百姓，会这个手艺，没见过扎针。

那年没发洪水，下雨以后得霍乱，那时六月里吧，病严重，村里怪严重，没么吃，吃糠咽菜，喝砖井（水），村里有六七个井，现在没了，烧开喝。得霍乱的叫赵宝真，男的，他在大贱年死了，他家死了好几口，都是埋一块的，埋到了地里去，得病死的人很多。

那时候咱这里有炮楼，日本人在这儿住着呢，日本人什么也不管，就问老百姓要粮食么的，我见过日本人，和咱中国人一个模样，说话不一样。修炮楼在东边，下去就打人，没有抓过劳工干活，农村没那么多日本人，没有穿白大褂的。这里修炮楼的时候我才13岁。（日本人）在这里待了三年，就侵略咱国家！进村，有时候烧房子，打过人，爱咋治就咋治，抓人修这个修那个，抓劳工修炮楼。飞机，日本人来以前来过飞机，炸呀，转悠转悠，哪里不得事，就扔炸弹。

那时候有日本人，有八路军，那时八路军少，很少，主要是日本人占这里，有土匪强盗，都是天黑行动，白天不行动，他们会偷东西。

六月里下雨，下了十来天，雨下得也不小，地里都有水，没有把庄稼淹了，霍乱是下雨后得的，天气潮，传不传人不清楚。

那年没记得发洪水，1963年发了。

采访时间： 2009 年 1 月 19 日

采访地点： 清河县黄金庄村

采访人： 王　青　邱红艳　王学亮

被采访人： 潘书军（男　76 岁　属鸡）

潘书军

我叫潘书军，76 岁，属鸡。

我上过学，上的村里的小学，两三年的事，上不起，家里穷，不是党员，没参过军。

民国 32 年，大灾荒，那时候庄稼没收，饿死人可不少，都是旱，一方面是旱，还有蚂蚱吃，棉虫棉，那年都是。

头里有那么一段，有蚂蚱和棉虫，不收么，头里都没有囤粮，地里收得少，吃不到半年就完了。一般二三月就开始旱，有下雨的时候，也下了点雨，也耩上庄稼了，谷子一结穗，那时候蚂蚱棉虫就上来了，老百姓都是上地里拿个棒去打蚂蚱，蚂蚱蛹子、棉虫都一个蛋一个蛋的。在地边上掘了一溜沟，它走在这儿，棉虫掉壕里上不来了，我们挖壕不叫它上来了，它就吃不到谷子了，这些大概是民国 32 年那一块。

出去逃荒的多啦，咱这个村里，十家有八家（逃荒），上河南那里的多，那里收得好，拿着咱这边穿的旧衣裳被子去那里换粮食维持生活。我没出去，那时小，家里人也没出去，我家里有十几口子人吧，我兄弟姐妹七个，一个姐两个妹，两兄弟，一个哥哥，我是老二，还有爹娘这些人，11 口人。

那年旱后下了雨，耩上庄稼了，庄稼也起来了，刚长了穗，蚂蚱也吃，棉虫也棉。什么时候下的雨记不清了，大概也就是四五月里吧，下点雨，庄稼刚耩上，都旱毁了，记不很清。

那时候吃什么？在那里换点粮食，俺家里买点谷子掺上糠对着树叶子，就是吃这个，那时候棉花种轧轧就吃，一般就吃那个。

大贱年死了人不少，乱病，霍乱，那时候叫霍乱，现在叫什么不知道了。头里饿得那个劲，后来也收一点粮食了，一吃新粮食，都闹霍乱，说不得劲就不得劲，一吃就死那个样。几月份就闹不清，可能是秋后，秋后粮食刚下来，那时候就是吃那个吃的，头里饿得那个劲，一撑（就病了）。听说的是霍乱，一家仨俩的往外抬，那么严重。见过得那病的，什么样不知道，是肚子疼还是什么样，一会儿就死，怎么治也治不过来。俺家没得这个病的，没听说这个病传染。那时候医生也是中医，就是号号脉，给吃大药，扎旱针，洋药都没有，洋药不兴，都没有。咱村里庄顾家是扎旱针的，有扎好的，也有扎不好的，医生现在都死了，老了，没了。霍乱可死不少，死多少人那个事可说不清，黄金庄村大人多，咱记不清这个数。

那时候都吃旱井水，找砖砌起来的土井，房子西边 50 米就是井，现在已经盖上房子了。咱村那时候有四五个井，西头两个，前面一个，东头有好几个，旱井不少。吃井水，烧开了喝。

我见过日本人，我那时十一二（岁）了，日本人扫荡，人少带不过来，在东头炮楼里，有三十来个鬼子，皇协军有一百来个，都是咱中国人，当亡国奴，伺候日本人，汉奸，那就是皇协军。叫你去，你就去，叫你干什么就干什么，修炮楼，后来在上面有站岗的，一共连来带去待了三年，日本人在这待了三年。我记不清了，也就是四五月里走的。坏事那干得多了，打的人犯的事，抓住你，叫你做么就做么，没见过白大褂，没发过东西吃。

我听说抓过劳工，没在咱村里抓，在村里抓共产党员当劳工，用火车载煤窑上去，不知道是哪里，有一个两个的，不知道人名。有飞机，没撒过东西，没听说过撒毒。黄金庄有两个老缺，就是土匪，上人家里偷东西。

日本人最恨小偷，小偷偷东西，咱这儿有两个小偷吧，叫他抓了以后，枪毙还是砍死的，头挂井上的，叫人们看，杀一儆百，别人犯了也这样，你就不敢犯了。老缺不知叫什么，有这个事，咱不知是哪里的，咱西边的井就挂过人头。于永军是大土匪头子，有几百人，有枪有炮，是不是于永军的头咱不知道，（他们有时）到这个村那个村抢一回。

那年没有洪水，黄金庄是最高的，南边那里发过水，那里上过水，咱这里没上过。后来这几年才淹过，开口子，头里根本没开过口子。大贱年那年往后发过洪水，以前也涝过，以后也涝过，我记事以后也发过，1963年连楼庄那里也上水了，运河开口子了，淹了一部分庄稼。民国 32 年，那时候小，记不住了，以前闹洪水咱不记得。

潘书图

采访时间：2009 年 1 月 20 日
采访地点：清河县黄金庄村
采 访 人：王 青 邱红艳 王学亮
被采访人：潘书图（男 82 岁 属龙）

我叫潘书图，81（岁）了，属大龙，不记得哪年生的。父亲潘金荣，妹妹叫潘书局。

上过小学，那时候这里一修炮楼，一闹日本，也不上了，就上了两年。日本（人）来了，人呼呼跑。不是党员，没参过军。

民国 32 年，我才 16（岁），那儿头春到过麦这段最旱，四五月份，六月份雨就来了，说下光下雨，一下大雨，各家房子漏得连睡觉的地方都没有。我家北屋没漏，四五家在这儿睡，一家连个睡的地方都没有。到了秋后，闹了饥荒。

光下雨那年，一会儿下了二十天，个把月，见天下雨，种的高粱，长了芽子，当时七月份（阴历）下的雨。那会儿庄稼刚熟，高粱，牵下高粱头来，要是捆着不摊开，你掰都掰不开，长芽长得这样。雨可是大啊，漏房子，各家漏，没有不漏的。

俺北边的胡同里，一个来月死了十八口人，那会儿说霍乱，不是一个人，你今天看着没事到明天死了，普遍是闹毛病，就见过得这病的，一开始腿疼，转筋，半宿得病，到不了天明就死，这么快。（霍乱）一来两月里死了十八口，见天朝外抬人，那会儿抬人也不说抬了，有两个人拆下门来，一抬抬地里，连棺材也看不见，病（人）多，请先生也请不到。

霍乱死人多，那年黄金庄死了有五百多，不知道名，数不清，一家家死，那个人多去了。七八月新粮食一下来，得霍乱，下了雨之后。咱村里外边挂纸，煴枕头，不知道哪个胡同死人，一看这个胡同也死人了，一看那个胡同也死人了，死人多的没法说。先生给起的名叫霍乱，那时候什么病，霍乱病，传染。有一两个土医生，也记不得了。

当时我家有六七口人，我父亲都是闹乱病死的，我妹妹也是，我家死了两口，那谁也没办法，没药，就那年得的，没治，请先生也请不着。开头腿肚子转筋，人也抽，肚子疼，吐泻，闹了有个把月，要不就死那么些人了。没吃的，挨饿引起的（霍乱），没粮食吃引起的。

俺这一个先生在北边住，跑到西南角的王庄，又请去扎针，一去好几家，邻边的那几家，连高粱饼子也没有，连吃饭都没地方吃。我见过医生治病的，扎针，扎旱针，扎腿，放血，血是黑的，发黑。下雨之后得的，越下雨越厉害，天天下雨。那年前边旱，后边淹，前边旱得不行，后边淹得不行，四五月里旱的，庄稼长的时候它旱，旱得严重，搁到后边光下雨，要不庄稼熟那么晚。

很多霍乱，那没法治，那不是一家两家，挨饿得这个病，不挨饿也得这个病，成传染病了，你今儿看着没事，明儿咽气了，都这么快，各家都这样，土医生，咱村里有一个两个，你跑也跑不过来，治好的不能说没有，很少，见也没见，谁也顾不过来。那时候多数就是扎针，不定扎哪里。

那年修炮楼，日本人抓人做工，去炮楼上，都不敢着家。饿死很多人，多数人都逃荒去了，走一半了，咱村那会儿两千来人，能走就走了，上黄河南的也有，上北去的也有，上齐齐哈尔那里，上黄河南的多，近。我倒没出去逃荒，有老人在家，我母亲我父亲也那会儿死的，我小妹妹那会儿才四岁，二妹妹八岁死了，还有一个大妹妹，你出不去，吃的面子也得自己去轧。

没发洪水，咱这里 1947 年闹的大洪水，民国 32 年没发洪水。

日本人修炮楼，咱黄金庄在粮局那有一个，在王庄这有一个，向西王屯有一个，向东那有一个，日本人站不住脚。日本人都是民国 32 年来的，日本鬼子进清河，在清河县两年了，在县城来得早，扎根以后，又向外分发的，霸占了地盘，要粮食，都是这个，嘛也干，有鸡也给你抓住。皇协军，嘛不干？没见过穿白大褂的，那会儿咱这也没有，日本人没穿白大褂的，当个医生治个病的都不穿那物。日本人发东西？炮楼上唱戏的时候谁也不敢看，你看，怕他打人，皇协军下来，拿着皮带，见人就揍，让去看戏，发了回洋火，那会儿洋火没有，买不着。

飞机我见过，咱听说，日本来飞机，人走不了了，咱清河西南角定村那，说飞机落新河了，在新河炸了一回，后来又说不是新河，是清河，又在清河炸了一回，飞机没撒东西，撒炮弹。

那会儿都是旱井，烧开了喝，喝生水更不行了，不喝生水还闹病呢。都是地里种庄稼，种嘛收嘛，外边也不来，来了也没钱买。

招蚂蚱招蝗虫，年年有那物，蚂蚱那玩意，说（天）黑了（以后），过蚂蚱连月亮都遮了，那么多，一宿就能吃光庄稼。谷子结穗以后招的蚂蚱，七月份，一下就吃光了，那会儿没话说，都过了麦，四五月里，庄稼不收了，天旱，逃荒走了。

日本人抓劳工，抓去干活，修炮楼，抓到嫌疑犯（八路军），送到东北下煤窑，都死那里了。那时候有共产党，不敢露头，没住这，没有国民党，跑了。国民党、土匪，乱七八糟嘛都有，那会儿乱得要命，没法说。

采访时间： 2009 年 1 月 22 日

采访地点： 清河县黄金庄村

采访人： 王　青　邱红艳　王学亮

被采访人： 邱金霞（女　75 岁　属狗）

我叫邱金霞，75（岁）了，属狗的，没上过学，不是党员。

我娘家在牛屯，在葛乡那边，十来里地，我那时候七岁，八九岁来的鬼子，吓得都跑，跟俺大娘一大群都跑到坟地里，那有什么挡着，鬼子开着汽车，说话跟咱不一样。

大饥荒，我那时候小，记不很清，都没有吃的，上河南了，把闺女弄去，一卖卖那里一对，俩闺女都卖那里了。那糠那秕

邱金霞

子都吃，来鬼子，上家去都没么吃，要点面子去，俺大娘轧点面子贴饼子吃。

十来岁的时候，旱灾，不下雨，一个雨点不下，还不是旱一年，旱两年了，光不下雨，饿得人都逃荒，逃到河南。鬼子来的时候，那个时候可了不得，都逃荒去了，我那时候小，也就十二三（岁）。俺姥娘家俩舅舅、妗子，这个上了哈尔滨，那个上河南，也有上山西的，也有上东北的，家里光剩俺姥娘俺姥爷。他们逃荒走的时候，可能还有鬼子。

都没么吃的，要吃的没吃，要喝的没喝的，那地里也没法种，好几年都不种，俺舅舅去得还早点，俺妗子带她的小孩走还晚点。我十一二岁，他们都走了，这样的哪里都有，哪个村里都一样。我在家里和我妹妹、俺爸爸妈妈四口人。俺这老人吧，做活织布，有两个钱买点地，种点地，小姑娘吧，吃得少，俺还不跟人家一样要饭去。

大贱年，蚂蚱嘴唰唰的，天一黑，谷子就给你吃完，厉害得很，都是庄稼还不很熟的时候，吃谷子、黍子。棉虫四五厘米长，吃棉花。

下雨也不怎么记得，十一二岁的时候下了，种麦子都没法种，你别说这地里长草。什么都不长，屋里都刮进土来，那时候就过这样的穷日子，吃这顿没那顿，下过也记不清。

下过漏房子的雨，一下七天七夜，下雨的时候是八九月里，漏得那房

子滴答滴答的，没法睡个觉，连席揭下来，遮上窝棚在屋里，下那个雨的时候，可能得十六七（岁）。我是 23（岁）结的婚。就是鬼子来的那几年不下雨，旱，老百姓没么吃。都是饿的，头晌看着好好的，到了后来就不行了，死了。那时候得霍乱，有扎过来的，死那么些人，不光这一个村里，那病传染，不行了就死。什么时候得这病？有秋后的时候，也有春天的时候，传染。人们都害怕，都吓得了不得，死的人可不少，一个村得死好几十个，见过得这病的，俺家里没得这个病的。俺那一窝，前后，有个老妈妈，有闺女，她儿来了以后，待时候不多，也死了。没劲，上吐下泻，抽筋也有。得霍乱的不少，常死人，上地里埋去，都找门，抬到那里去，挖个坑，有砖的，垒个坑。记得有老四奶奶，田立业家，他老头子叫田立业，多着哩，咱都不知道叫嘛。这样的人愣多，油坊的田立文喝了两碗饭，睡觉了，到明儿死了。田立文在俺家东邻，田立文老妈妈正月初一初二看过来的，没死，过了十五死的。他二月死的，十月里下雪，我得有十八九了（岁）吧，他家两年死了四口，田立武兄弟媳，都是得病死的。秋后下了七天七夜雨后，不记得是不是霍乱病。

连续三年发洪水，发洪水时我不很大，八九岁或五六岁，在牛屯。头一年堤有屋那么高，第二年它又来了，这回一米，这么深，第三年，这么深，又是一米，把井里都灌满了。我有几岁记不很清，也得十来岁。水从油坊里来的，运河决口子，往南尖庄决口，都是大河堤开口子，六月天涨的，东边大运河。霍乱得病晚，晚也晚不很多，记不清楚。

那时候常见日本人，发洪水时日本人还没来，白大褂子咱没见过，都是说红大褂子，是中国人，咱这边的人。打死的日本人不少。

打的井，砖砌起来的井，那个井也挺好。

霍乱不知道原因，一会儿死一个，一会儿死一个，那快，不是病几天，他不那样，说死就死。扎针，扎旱针，有会扎针的，咱没见过，听说过。有扎好的，看得及就扎好了，就没事，扎扎一天就好。

采访时间：2009 年 1 月 19 日

采访地点：清河县黄金庄村

采 访 人：高 路 李小玮 于 哲

被采访人：邱俊珂（女 78 岁 属羊）

邱俊珂

我叫邱俊珂，今年 78 岁，属羊的，没上过学，不识字，家里有老兄弟仨，一个在船上炸死了。俺有一个弟兄属虎，比我大，死在南方了，我现在还剩一个哥。我是农民，一直种地。

民国 32 年灾荒年，我不到 10 岁，不大记事，还在娘家，那边人少，住在村边上，种的瓜，离这十里地。

日本人来那年叫大贱年，那年收成不好，大旱，秋后下了七天七夜的大雨，屋都漏了，土墙倒了，我那时候在桥那边住，是我娘家，家里房子倒了，我就到俺大爷家去住了。

咱这东北地里有炮楼，日本人是坐着汽车来的。那时候都怕日本人，都逃到沈阳关外去了。到处下雨，刚过年春天大旱，麦子收成不好，都不知道浇水，八路军挑河打井才有的水。人种地，都吃红薯干子、东北干粮、棒子。秋后下大雨，见天下，庄稼生了芽子，干粮谷子都生芽子，房子都倒了。附近一条河没来水，头几年有水，这几年没了。

人都饿得很，逃到沈阳，剩人很少，不记得多少人了。俺老婆婆上沈阳去了，过了年回来种地。我在娘家住的，没到沈阳去，俺爸爸和兄弟到河南要饭去了，我和俺奶奶、妈妈一起过，过了年后就都好了，他们是春天逃走的，我奶奶闺女在河南，她是年头好了回来的，时候忘了。

大旱年死人多，饿死的，病死的，不整衣裳就埋了。死了很多人，饿死的闹肚子死的，老人多，年轻的少，得霍乱，吐一次就死了，林生家的三口子没治好。医生一个村里一个两个的，有扎过来的，有扎不过来的，扎胳膊，有闹肚子死的，名字忘了，我是亲眼见的，不是听说的，我爷爷奶奶就拉肚子，七月份死的，我没得。对门的刘奶奶、刘爷爷那年死了，闺女来哭他，也死了。对角上五奶奶，自己死在家了。这个病不传染，一吃新粮食闹肚子，粮食没晒干，下雨阴，阴得拉肚子，下雨下的就有病。那边没老人了，不记得名字了。我家没得病没死人，我兄弟属猪，兄弟是上校。

还是饿死的多，来赶集的，听说杨树底下，有阴凉地，饿得走不动了，死在那里了，在推磨的那里，现在刨了，是听说的。我邻居家人是春天死的，冷不丁就死了。五奶奶自己过，是秋后死的。秋后死得多，下雨下死的也多，大雨一前一后的，病了就死，不哭就死。七月份下雨下的是灾，肚子痛，不知道抽筋没，吐吐就死了，大部分都是老人。

1943年下了七天七夜的雨，水都淌走了，这里高，不积水，桥那头有水，井里水干净，吃没淹的水。七八月来的雨，大雨淹了临清，那边都没人住了，这里高没有洪水。

我大叔上东边地里修炮楼了，这边就一个炮楼，日本人一来就修了。见过日本人来烤火，都穿的大皮靴，他冷。不要吃不要喝，找人修炮楼，自己带干粮，叫村长来要，他们穿得很好，不打人，都怕他们，都迎接他们，摆桌子叫他们喝酒。他们是坐汽车来的，飞机光扔炸弹，光过飞机，日本人一来就带来了飞机。有土匪，俺家穷，他不抢，把西头的老杂头打死了，我去看了。日本人走了以后，逮黄蚂蚱吃，我不敢吃。也长过棉虫，秋后有谷子的时候长棉虫，什么时候不记得了。

采访时间：2009年1月20日
采访地点：清河县黄金庄村
采 访 人：高　路　李小玮　于　哲
被采访人：邱美荣（女　79岁　属马）

我叫邱美荣，今年79岁，属马，在城里上过学，我父亲是校长，在城里住校，后来随军走了，他不叫我入党，太小了。我是农民，当时两个兄弟一个妹妹，邱万云是我二兄弟。

民国 32 年有旱灾，什么时候忘了，地里都没有庄稼，不下雨，一年都没下雨，饿死了很多人，多少人不知道，当时吃野菜、树皮，都是穷人，贫寒。

邱美荣

有得病的，霍乱传染，（死后）直接埋了。没治，看不起，也没钱，俺家人倒没死。娘家村子里也有人得这个病，饿得躺在那，肚子里没食就饿死了，死的人很多。

我是 18 岁娶到这的，我娘家在邱家那，我都知道我都见过。这里黄金庄死人咱不知道。来这后听人说起过，斗争，打老蒋，斗地主，这么些个年了，忘了。我见过日本人，俺父亲是个干部，后来是局长。俺有一个姐姐，比我大几岁，日本人一来，她吓得跑，后来疯了。日本人穿黄衣服，没白衣服，闹不清啥时候了。

采访时间：2009 年 1 月 21 日

采访地点：清河县黄金庄村

采访人：张 伟 张 鑫 朱田丰 栾晶晶

被采访人：史海昌（男 78 岁 属羊）

史海昌

俺这村有五大户，我叫史海昌，78 岁，九月生日，属羊，没上过学，上不起。

灾荒年，日本人来了，第一年没收，第二年收了。当时饿得厉害，人吃不饱瘦了，饿得人没劲，一吃新粮食，闹霍乱，受不了，没一天不往外抬的，有一家死五个的，天旱没收，头一年没收，第二年收了高粱、谷子，后来又下大雨，七月、八月来的，就那时候，庄稼熟了，在锅里炒了吃。

都得霍乱病，吐、泻，得霍乱病死了，有的是下雨之后吃新粮食吃的。人出毛病就死了，死得快，见天（天天）埋，上外抬，一家有死四五个的，死人都用被子裹了，裹着埋了，死了多少人记不住了，多去了，想不起来，咱不识字记不住。都传染，不传染，能这家死了那家又死？那时候治不起，连日本人都害怕，扎针不管事，好的少，没记得哪个扎针的。当时我才12（岁），（过去）60多年了。我母亲是得霍乱病死的，都是吃新粮食吃的，得病吐泻得人没劲，公家都不知道，上哪看去，日本人不给看。

那时候出去逃荒，都跑河南、山东要东西吃，上马屯、泥沟、蔡庄，上那去，我家里4口，母亲、一个姐姐、哥哥，都逃到台儿庄了，日本人来那一年，是得霍乱那一年秋后出去的，种了粮食都回来了。

日本人在东北角上，那时候有炮楼，叫民工到这来修，当皇协军的叫的民工是他老家的。日本人不要什么，日本不叫偷东西。日本人不吃咱这粮食，人自己带来的大米、罐头、红薯，都是甜的。

不记得有洪水。后来闹过蚂蚱。

采访时间： 2009年1月21日
采访地点： 清河县黄金庄村
采访人： 高 路 李小玮 于 哲
被采访人： 史敬方（男 72岁 属牛）

我叫史敬方，72周岁，1937年生的，属牛。

民国32年炮楼在这，不安生。天旱收得少，又挨饿，到了秋后，新粮食下来了，

史敬方

都吃那个，在地里弄了点新粮食，吃新粮食，一饿一撑，又连天下雨，就得了霍乱，老百姓一天死好几个，那是传染病。没有医生，村里有俩针灸先生，治不了，就死那么些个人。

那年一夏天都没怎么下雨，粮食没收，日本鬼子又逼着要，连饿死带传染病，没陈粮食，收么吃么。收的谷子、高粱，小麦收不多，不浇水。这个事我记得，都六七岁了，饿啊！死了一个妹妹两个兄弟，没么吃，是给饿死的，不是霍乱病，大人也吃不饱，小孩也吃不饱，妈妈做点饭吧，我跟妈妈要，妈妈说你别吃，还有小的咪。

我家没有逃荒的，村里人逃的可多了，不少人到故城县，也是河北省的，日本鬼子没在那修炮楼，那里比这里强，咱这旱，他那没旱。再一个逃到河南，山东南部的台儿庄，我家没有逃的。

大旱到秋后，没怎么下雨，收得少，一年当中下很少一点雨，粮食减产。那时候没磨面机，都是拿石头碾子，头天在地里弄点新粮食辗辗。地也浇不着，靠天吃饭，各人单干，没那条件浇地，没那个力量，地里没有井，浇不上庄稼，少收。

大旱时候种的高粱、谷子，小部分是小麦，下大雨后，种了点冬小麦，明年四五月份收割，1944年比头年强，下点雨比不下雨强，上一年主要是旱。虫子我没记得，不断的有蝗灾，有轻有重，蝗虫来了，影响的不收粮食。小麦是两年三茬，种谷子、高粱是在二三月份这块，收完麦子后再种，这叫夏播夏插，那是春播，这是夏播，有这么一说。秋后不能种麦子了。

等到秋天不用雨了，又下雨了，那庄稼都收了呢，它又连阴天，一下下了七八天，那个雨不停。老百姓也没有柴火，好不容易吃点，生的生，熟的熟。连阴天对得病的有影响，八九月这时候死的人最多，七八月份收的新粮食，死的人多，一说就是这个事影响的。

先下雨，连阴天，后得病，吃了新粮食，生的生，熟的熟，好歹压碎了，回来煮粥吃。一吃新粮食，又不见太阳，都是那么回事，下着雨，不晴天，吃不好，喝不好，人就得霍乱了，就是上吐下泻，不传染，那小孩子也知道，大人都说。我叔叔、奶奶得这病死了，没到第二天天明就死了，治不得，没先生，请不到先生，少数针灸的又慢。扎旱针，按穴位扎，不出血。也有治好的，扎上针后，这个先生在这看着，有走针的，有行针的，得看看什么情况。这一天，一个先生只能治一两个人，请先生请不到。闹霍乱是上吐下泻闹肚子，四周有的是得这病的，一天死好几个，都没人抬，没劲儿。病人的名字这想不起来了，我那时候小。这村里十户中八户有得病的，普遍是这病，谁得这病了，没法说，十家有八家得这病，死亡率很高。

总的来说，那年就是天旱不下雨，百姓少吃无喝，农作物减收，秋后又连阴雨，又得霍乱，一说霍乱都知道，老百姓的情况都这样。

日本人修炮楼的时候那我才几岁啊，白天呢是日本人修炮楼，上农村里扫荡，跟老百姓要粮食，烧杀奸淫。晚上有地下工作者，共产党也没么吃，也得找老百姓要啊。

那一年主要是旱情严重，再加上日本鬼子修炮楼，围炮楼一圈的有沟壕，护着炮楼，一个炮楼一个人，都是皇协军，汉奸走狗，没那些个日本人，日本人很少。都叫他皇协军，汪精卫是汉奸。有穿白大褂的吗？忘了。日本人穿大皮靴，硬壳帽，挎的东洋刀。有给检查身体的吗？还有那一说啊？他见了小孩给糖吃，跟他打成一片，使的这一招，糖、点心么的，拉拢人心，拉拢小孩，收买人心，大人明白他不是好人，小孩知道什么，谁给么吃谁就好。见过坦克车，日本的，反正是有，那时候都有了飞机。

有土匪，俺这叫老杂头，那时候乱抢，组织一帮去抢，不法分子组织的，不正啊，俺这村里没有土匪头子，没有很出名的人。

那时候是砖井，那么大的井口，井水少，俺这都喝砖井里的水，到运河两岸喝的井水。有条件的烧开了喝，没条件的都直接喝，都是这样。那时候下的连阴雨，没柴火，都喝生水，也没有打火机，连火柴也没有，就拿着一块石头，打火石，一块铁板儿，吹吹，这就着吹吹，它就冒火头，那么烧，那么着。家里没有洋火，没打火石，我那时小，大人就叫我去借火。

俺这村前村后有大坑，年年老百姓上那里脱坏去，叠炕，春天池沼里水少了，就上那挖泥去，以前都是土的，上到地里当肥料，那个土有肥料劲。

那年俺这淹不着。1943年旱得那样还决口？1963年闹大水，1956年也闹一回，是1956年吧，反正是闹了两回洪水，1958年大跃进，人民公社大跃进，毛主席兴修水利。这一窝有十来里地，没有被水围的情况，这里高。

采访时间： 2009年1月22日
采访地点： 清河县黄金庄村
采访人： 白丽珍　胡　月　赵勇辉
被采访人： 史立芳（男　72岁　属虎）

史立芳

我上过学，六年小学，没有参过军，不是党员。

民国32年那年我出去要饭了，跟着大人跟着亲戚，出去要饭，上河南省新乡县杜庄村，也就那个音吧，那（时）七岁不知道是不是这个字儿。

天气，咱这里那时候庄稼长得不行，又加上日本帝国主义侵占，流行霍乱，我父亲28岁就得霍乱死了，看病都没钱，所以我后来学医了，为人民服务。我是自学的，后来上北京当工人时，看着我会就让我去学去，那时候我还年轻，不大，人家想培养培养。我父亲叫史兴禄，得霍乱病死的，咱家穷啊，请医生连盒烟都买不起，所以我学医了。

霍乱就是肚子绞疼，连拉带吐，喝点水就吐，翻来覆去的难受，又阴天下雨，都是吐，什么都往外吐，吐得厉害，不存东西，当时也拉也吐，父亲抽筋，当时咱才七岁，不知道他是怎么死的，后来听老人说是霍乱，得了几天不知道，反正很快，连拉带吐。那时候霍乱在村里大流行，咱村天天都抬死人出去埋去，每天不止一个，那是流行病。我家是请医生回来晚了，有钱的早叫了去，没钱的不来，所以说我烦这个。那医生叫刘万河，大家伙都说那刘万河扎霍乱，当时人给咱治了咱就记住人家了，其他的医生咱不知道，这个医生不是这个村子的，是外地人，他灾荒年过了以后就回家了，回他老家了。

日本人侵略中国，地里再不收，不收东西吃，又有这个流行病，没法活。这个病传染，我的父亲在哪儿传染上的咱闹不清，不是吃错了什么东西。

得病的那多了。到村里一打听都知道，想不起来都有谁，那个史桂芳的父亲也是得那个病死的，他年龄跟俺父亲差不多吧，他那个病我没见，后来听人说的。那死人可多了，日本侵略中国的时候，再有传染病，吃不上。大人不让小孩出去，家里老人也不让小孩出去，怕跑丢了，老人不担心嘛？

我和史桂芳的父亲是一个院的，得病的忒多了，闹不清都有谁了，得病的人家孩子的名字，咱不知道咱不敢说，那时候才几岁不敢到处跑，了解的事很少，得病死了的咱也记不住，咱没见咱不敢说啊。

那一年阴雨连天，是七八月里闹的霍乱，秋后吧，我记得树下还有干巴的小枣呢，都是那个时间，霍乱都是夏秋之交。七八月份，当时我父亲死了，我去逃荒的。出去逃荒是下一年三四月份，1944 年，秋天阴雨连连的时候，没东西吃，我记得捡了个干巴的东西吃。都是我母亲拉着我兄弟两个，后来我姨父说上河南要饭去吧，就去那边给人做饭，割麦子，人家给点吃的。得病的下一年，三四月份的时候，还没有割麦子时，我姨父给人做点活，人家给点吃的，要着饭，去逃荒了。

下雨之后流行霍乱，零星不断的小雨，那（时）小弄不清下了多长时间的雨，也是下了不短时间的雨，下了多少天咱不知道，我记得雨是七八月份，反正闹不很清。没上地里去过，咱几岁，老人也不让咱去，白给添麻烦。没看过庄稼，甭说干活，我都没看见过庄稼什么样，没去过地里，小，也没接触过庄稼。

俺村里，人都吃糠咽菜，吃花种皮子，树皮草根都吃完了，比方说我家还有半桶糠，他家还有一碗米，一碗红高粱，都剩这个了。麦子没有见过，没收，没收他日本人还跟老百姓要粮，他都逼，连着逼，带有传染病，带阴天下雨这就大流行死人⋯⋯

那时候村里有多少人不知道，那（时）我七岁多，死的人很多，不知道死的人多少，光知道很多，不知道多少，村里问问还有明白的，他知道，我这脑子现在也不行了。

霍乱是七八月份，尤其是雨后更严重了，雨前也有，问题是么呢，又没吃的又没医生，那不等着死啊，治好的人很少，也没那种医术，也没那种条件，那活着的很少，活的不如死的多，我父亲下雨的时候得的这个病。可多了，一提没有一个不说厉害的，一天埋几个，都没有棺材，都使门板往外抬，哪有棺材啊，还有那个条件啊⁈看医生是看了，晚了，这个病很快。

那时候没有洪水，就是一般的雨，阴雨连天就是不晴。没有开口子，民兴渠是毛主席的时候修的。清凉江那一个得有几百年，咱都不知道，那时候没上那去过，七岁的孩子不敢到处跑。有水，都是一个坑一样，后来越积越大，毛主席来的时候就把它挑成河了。下雨能积一些水，有一洼水，怎么也干不了，是疏通了清凉江，那个时候叫清凉江。

没有发洪水，不是吃雨水，咱村里井多，水是不缺，都是吃井里的水。见不着日本人在井里放东西，老人都不让上井沿上去，怕掉井里。水从井里打出来，能直接吃，井里的是泉水，烧开，当时没暖壶，现烧了现喝啊。当时村里有瓷壶，做了一个壶套子，扣上来保温，没有喝生水，那时候一般说喝热水还是能喝上的。

为什么会死那么多人？如果要说原因，一个是天气，一个是因为日本，弄这个细菌来对付老百姓。我考虑这个，也可能是这样，我学医的时候光考虑这个，可能是日本闹的这玩意，反正没吃的没喝的，也是一个原因。再一个来说，怎么都弄得流行霍乱呢？我考虑到了，所以我学医啊，我没条件学，我是自学的，一看到那个现象，穷人没人管，富人有人管，活生生那人死了都没人管，我就想学医。后来我学医以后，考虑到是日本给咱下的细菌啊，那小时候咱是不知道啊。小时候没有考虑这个病是怎么传染的，那没有医学知识，没那个条件隔离，那都是住着一间房。一没吃的二没钱，再一个来说加上日本愿意怎么欺负你就怎么欺负，那时没法儿，只可以这样，只可以是死的死了，活的活了。穷人叫医生看病人都不来，我学医是为穷人服务啊。

那年旱到什么程度，闹到什么程度咱闹不清。有蝗虫，蝗虫就是蚂蚱啊，会飞的，那村里咱也不知道很多，反正说有，我没去过地里，七岁的孩子，我母亲怕丢了，不让去。蝗虫都会飞，小的蝗虫有没长翅的，没上地里去过，多不多这个我不敢说，不知道蚂蚱来了几次，那时候几岁，去了给大人造成麻烦，不听话不行，我家就一个妇女带着俩孩子。

我见过日本人，跟电影上的一样，都是那么蛮横，想打谁就打谁，想吃鸡就拿走，都是那样，那坏事可多了，他在人家门口看着，有鸡就打死，他拿走咱看着。看着年轻妇女在他面前过，他调戏、强奸妇女，这个我恨透了，那咱，那还叫咱看着？那个也不能叫咱看着啊，我看着那调戏妇女我都发酸。烧房子、杀人有啊，怎么没有啊，那一个会修枪的，给八路军修枪的，是个好人，他弄死人家了，枪毙了，用枪打死了，头斩下来。咱见着（执行）枪毙的那个人了，枪毙了又叫了咱村里一个人把他头砍下来，再吊在村头上，叫老百姓看啊，叫八路军看啊，都是这个，都那么欺负人。日本人对小孩也没怎么好的，打小孩的时候咱可能是没看着，没看着，我还上的日本学校咧，那时六七岁时，人家都在咱国家办校，你不学不行，都强制，你不去不行，那都是强迫的。在里面上了几天学，弄不清几天了，也就那么回事儿，反正弄进去以后小孩害怕都跑了。我上的六年学是在解放以后。没有见日本发东西给小孩，他发东西也不过是诱买人心呗。

有炮楼，咱村的炮楼还大咧，都是日本鬼子来了以后建的，他住在里头，从炮楼眼里向外打枪，打枪想打哪个打哪个，炮楼哪一年建的不知道。村里都得出劳工修炮楼，在里面住的一部分是日本人，皇协军也有一部分，都是两部分，都在那儿住。日本人咱看着有十个二十个的，具体多少那咱闹不清，（那时）几岁，咱不敢打听那事儿。咱村那炮楼还大咧，这个峨二庄好像有咧，张王庄也有，西王官庄也有，谢炉也有，多了，有个十个八个的，最多都有一个村一个炮楼，人家就安得那么严。我记不很清楚，反正咱这有是真的，连庄、西王官庄、谢炉、油坊，那时咱小，记不住，记得人家说还是，有的地方咱连去都没去过。

（有没有跟日本人在一起玩过？）不行不行，那等于猫跟耗子一块儿，那还有好处啊？！

没有日本医生，那时咱活动范围很小，有些事不知道，那些人更接触不了，咱害怕咱都躲着走，不敢离炮楼近了，他不高兴了都打死你，白打，咱上哪去（说理）啊。

怎么不抓劳工，他不抓谁去啊，那抓人修炮楼才都去修炮楼了，抓了干别的去咱不知道，不等于没有啊，修炮楼这个咱知道都是抓的民工，打骂啊，修得慢了也不行。他抓得不少，他抓你他不就多了，是吧，都是跟村里一个是抓，再一个要。

飞机没有，因为啊咱这是农村，没飞机场啊，飞机飞过，在上面飞过是飞过，咱也不知是哪国家的飞机飞过，没有往下撒东西，他得考虑有价值没价值啊，就些老百姓，还不够他炸弹钱的，他不扔炸弹。咱没见着过撒其他东西。

采访时间： 2009 年 1 月 21 日

采访地点： 清河县黄金庄村

采访人： 王　青　邱红艳　王学亮

被采访人： 史沛全（男　71 岁　属虎）

我叫史沛全，71 岁，属老虎的，上过几天学，上学稀松，上学上的年头不少就是光逃学，识字稀松，上了三年级，不是党员，没参过军，是独生苗。

民国 32 年没大有印象，那会儿小，我父亲开店，开饭店，吃喝不犯愁，我一生下来就没俺娘。

听说过大贱年，那是七月初二下的雨，头儿种的庄稼都收了，过午耩了地就没收，都是听说的，前边都是旱，七月初二才下

史沛全

雨，旱得根本都种不上嘛，头午种的都收了，过晌种的都没收。

出去的人可不少，出去的人数咱可不敢说，80% 都出去了，有上河南的，有上东北的，上哪去的都有，俺没出去。死人也不少，都是饿死的。（有得病死的吗？）不好说，一饿就有病，肯定听说过霍乱死人，上吐下泻，霍乱病都是出现这个症状，得这病的不少，治得早就行，治得晚就治不好了。有钱的能治，有钱没人你想治也治不了。那会儿跟现在还不一样，咱是病了以后先生看看你，先熬药，都是中药，这里熬好了，那早就没气了。霍乱病就是快，扎针也可以扎好，扎旱针，这么长的针，有四厘米，头有帽，一戳扎进去了。见过扎针的，扎旱针，也治霍乱，只要会扎的都扎好了，扎针的不算很多，懂针灸的不算很多，当先生的也不很多，中医不算很多，他不说霍乱。死的人的名字这个事咱不敢说，人名不好记，俺那边没有得这病的，别处听说有得这个病死的。民国 32 年，那时太小，我是 1938 年生的，民国 32 年才多大。霍乱病都是什么时候得的？春天里多。

下雨可能是民国 32 年，下多长时间记不清了。稀罕，很蹊跷，头午耩了就能收上，午了耩了就收不上，都是一天。发大水我就不知道了，以后闹过两次大水，1956 年闹大水，1963 年闹大水，其他时候没闹过大水。（水从哪里来？）现在说是岳城水库，水从那里来的，河里涨了水，1956

年开的。

我见过日本人，在这儿修了炮楼，在这儿住着，咱没有八路军。一个八路军，一个小偷，这是他最恨的，日本人那时候还在，在这儿待了三年，头一来，再往后，鬼子也不那么出来，皇协军出来。日本人逼着你要东西，有时候给小孩（东西）。白大褂那也没见过，日本人穿着白大褂，都是一个小医院，咱这里鬼子不多，都是六七个人，最多有七八个、十来个人，王官庄那里是县城，那里日本人多。

（大贱年吃什么？）吃么的都有，那年要饭的不少，有逃荒的。喝的都是井水，生水熟水这条件不一样。

招蚂蚱也听说过，不到秋后，七月里，庄稼都不熟，跳蝻子能装一簸箕。（挨饿什么时候开始？）春天里，头年里还好点，逃荒也是春天里，有待的时候多的，有待的时间少的，怎么说也得待一年。

（日本人抓人干活）那多啦，修炮楼，挑沟，挑的沟起码比这房子还宽，两道壕，咱这里没有被抓到东北去的。民国32年霍乱这个事我记不清，也就是我三四岁、五六岁那时候没了，春天里得的，原因闹不很清，就在吃上喝上，霍乱传染，听说的。

采访时间： 2009 年 1 月 21 日
采访地点： 清河县黄金庄村
采访人： 张 伟 张 鑫 朱田丰 栾晶晶
被采访人： 史星桥（男 74 岁 属猪）

史星桥

我叫史星桥，74（岁）了，属猪。1943 年的事情我记不很清了，那时候我才七八岁。

那时日本人还在这。天旱收成不好，旱了两年，从灾荒年前一年，就没东西吃了，第二年没东西，吃得多了，不适应了，消化不了，体格不行，环境又不好，西洋来说叫霍乱。上吐下泻，得病的多了，不是一家两家，哪一家不死两个，抬不迭。往外喷很急，拉也是呼呼地往壶里倒水一样，那时叫霍乱，没其他症状，快，几个钟头就完。得这种病，医生也缺，技术不行，放放血，晚了放不出来就死了，放出来就好了。

扎针，村里的针灸先生是祖传的，一个村有一两个的，扎针不给钱，吃一顿，都没吃的。细菌性的，那时候医学很不发达，我那时也小，八九岁，早上我去玩还没事，我吃枣也没事，他五哥吃了就死了，五哥吃枣吃的，去时好好的，第二天说死了，再没见他。快，可快，比现在的病都快，血放不出来就穷着死了，血都凝固了。五月份呗，下雨连刮风打下来了，捞枣，俺煮着吃。

天旱到灾荒第二年好了，三月里下雨了，都收了么了，乍一吃新粮，受不了，五六月庄稼收不了，下雨那年得的病，5 月就多了，下雨那时正是多的时候。我那时候正在临清念书。

逃荒的有，多了，上齐齐哈尔、黑河、苏联界，我家人没去。我家里倒没死人，我父亲在临清做买卖，当商业局局长，从前做买卖，过年的时候见过他，那时候没去，我也懂点事。

日本人抢东西倒没抢过，Kuliga（音）是校医，他喜欢小孩，领着俺玩，上炮楼去玩，他是个小队长。

民国 32 年也发洪水了，这个村淹不着。闹过蝗灾，在灾荒年前两年，天上飞的连星星都盖住了，铺天盖地地飞。

采访时间： 2009 年 1 月 22 日
采访地点： 清河县黄金庄村
采 访 人： 张　鑫　朱田丰　栾晶晶
被采访人： 史印芳（男　72 岁　属牛）
　　　　　　马书豪（男　69 岁　属龙）

史印芳：我叫史印芳，72（岁），属牛，上过小学，上了5年学，父亲是医生。

马书豪：我叫马书豪，69（岁），属大龙，上过学，初中毕业。

马书豪：那年大灾荒，天气三年大旱，颗粒不收。

史印芳

1940年到1943年，闹鬼子修炮楼，老百姓在水深火热之中，不敢睡觉，日本人有鸡也抓。那时没粮食，人们都逃荒去了，逃荒去关东、河南、东三省，剩老头、孩子。年轻的抓去做皇协军、伪军，给鬼子修炮楼。（老百姓）吃糠、枕头秕子、棉花种轧成的面子，地主家吃的是红高粱饼子。村里有1000多人，每天死十来口，见天抬人，死人卷着，绳一捆，抬死人抬不动，都没劲。1943年后半年旱，前半年春天种上了，一亩地收五六十斤、四五十斤，地里闹蝗虫，下雨的时候还闹蝗虫。

马书豪

史印芳：1943年灾荒，不下雨，苦极了。七岁那年史白方死的，当时死的人多了，小萍、我的大娘、婶子、叔伯兄弟死了。有一个大家族，七口得那病死的，当时一招病就不行了，很快很快的，来病躺那就不行了，没什么表现，突然就来了。死7口人，到以后，俺爷爷才熬的药，抓药好几斤，一人喝一碗，都喝了以后没得病的，其他人有也少了，最多厉害两个月。有扎旱针的医生，一天没闲的时候，不扎这个就扎那个，外村叫还叫不去。刘万和卖杂货会针灸，他知道扎哪里管事儿，他扎针的救过来了，死的就少了。我没见过扎针的，不放血没血，扎穴道，一扎那细菌就没了，传染可厉害了，说着话就传染上了。没逃荒，听说死7口，家家都死人，上午死了下午死，到腊月少了。

秋后，高粱熟了，一有粮食，回来就死了，死人没有数，过去三四月没事，秋后最厉害，过年就没这病了。针灸扎人中，有扎过来的，吃药不管事。没西医，中药熬不熟没法喝。我家是开药铺的，我爷爷用大锅熬药，预防都死那么多人，熬着药就死了，小名老五，25岁。

马书豪：霍乱是秋后开始的，下来新粮食。老的小的都有死的，体格好点的没死。喝井水，都烧开了，咱跟东北不一样，咱都喝开水，一多半吃那井水，那井好，一下雨湾存水了，井水多了，别的井都不行。

日本人想把中国人全灭了，放霍乱菌，听说过，老人说的，东北也闹过，霍乱菌炸弹，死不了就投毒。中国人没药，老百姓不知道什么事，死了就埋，不知道预防。我院里死3口，我爷爷、媳妇、孩子，马常年也得那病死的，不得劲就死了。

马书豪：1943年逃荒的多，日本人走了，炮楼走了，才回来，1945年8月20多号走的。

史印芳：日本人是8月15号那天清早走的，走了以后人都往炮楼上抢东西，在那等着，乱七八糟的叫我在那看着，拿小东西，那边有大壕，架着木头搭的桥，我妈小脚不敢走，拿大东西拿不了，有人拿东西掉壕里了。没有新粮食之前收得很少，没井浇不着，靠天吃饭。老百姓迷信，转神，跪地下叩头转轿子，过三天下了点雨，很小。

马书豪：霍乱，通过老鼠传，放别处也传，可能弄粮食上，头秋放的。

史印芳：有的说新粮食下来都有细菌，晾一会儿吃就没事儿了，出出汗才好，存一段才吃。怀疑他日本人出坏主意，没很强证据，谁也没见。

采访时间：2009年1月22日

采访地点：清河县黄金庄村

采 访 人：董艺宁　薛　伟　毛倩雨

被采访人：史玉保（男　73岁　属牛）

我叫史玉保，73岁，属牛的，上过小学，没毕业，家里生活穷，是党员，1970年入的党。

史玉保

1942年旱，可能很长时间没下雨，记不清什么时候旱，光记得那年有大雨，没有连着下雨，没有下七天七夜大雨。有得霍乱病的，走着走着道儿就不行了，闹不清上吐下泻，没听说过腿转筋的。村里死的人多，天天往外抬，搁个破席子一卷就了事了，不知道他们的名字。没法治霍乱，没钱没药，老中医治不了那病，穷人买不起药。有扎旱针的，不知道扎哪儿，怎么治。那时候小，不知道有治过来的。我们院有个姑娘出嫁到别庄，回娘家走在半道儿死了，那时也饿，没吃没喝就死了。那时小，这些都是听大人说的，不知道叫什么。那年也有蚂蚱，蚂蚱多，人也挨饿，把它炒了卖，农民逮蚂蚱炒了卖。平时也有（蚂蚱），灾荒年很多。

咱这儿没有开口子，运河离这儿25里，在油坊那儿开了口子。咱这儿淹不着。

这儿有日本人，有炮楼，很多炮楼，已经修好了，那时候小，年纪小，只记得已经修好了。记得日本人到百姓家里抢东西，抓人去当劳工。那时给他们挑水，要先喝一口，他们才喝，怕毒死。那时日本人吃的大米，不知道从哪里运来的。日本人给小孩儿东西，没见过日本军医，没见过日本飞机飞过。这里土匪很少，在日本人来之前有土匪，听老人说在村里抢东西，没记得灾荒年下雨，就记得旱，能吃的都吃了，枕子、秕子、树皮都吃了。

有逃荒的，我去了东北沈阳，全家都去了，待了两三年回来了。村里逃荒的人多，去东北的多，还有去山西的，这时候叫闯关东。

采访时间： 2009 年 1 月 22 日

采访地点： 清河县黄金庄

采访人： 张　鑫　朱田丰　栾晶晶

被采访人： 史振山（男　70 岁　属兔）

史振山

　　我叫史振山，70（岁），属兔的，上学稀松，一年多。1975 年入党，前年退的休，工作干了 40 多年。

　　1943 年那时咱不记事，没印象，1949 年多少有点印象，咱岁数小，听说闹灾荒不少，一是生活不行，闹瘟疫，那时候咱记不清，光靠天吃饭，下不了雨，没庄稼吃，逃荒了。一吃新粮食闹病，伤亡不少，都往东北沈阳逃，那时我家四五口，一个弟弟没出生，一个哥哥、一个妹妹，全家都逃荒了，刚懂点事记不清，都是一九四几年，记不很清。

　　逃荒那时候可能是秋天，那时候记不很清了，过去了，待了一年半，到年底吧，到东北这一段记不详细。日本还没走，来了霍乱，死的人可不少，哪家也死人了，记不清了，听老人说那时候活不了，没条件，生活都不行。生活好转一点了，吃糠、棉花种，俺父亲开了个小饭店，没地。下大雨记不清了，洪水记不清了。

采访时间： 2009 年 1 月 19 日

采访地点： 清河县黄金庄村

采访人： 白丽珍　胡　月　赵勇辉

被采访人： 王京华（男　77 岁　属猴）

　　我没当过兵，上学那时闹饥荒，一闹日本就不上学了，嘛也没学着。上小学那时候闹日本，那时我九岁，十岁的时候这里修的炮楼，十二岁日本人就失败了。有仨年头，年下在这修的炮楼，再两年日本就垮台了。修炮楼是民国多少年我想不起来了，反正我多大我知道，我当时十岁。

王京华

我经两次灾荒年，有炮楼时一次，日本在这里时有炮楼。那时候靠天吃饭，没有井，下雨就能收点，不下雨收不着粮食，那时候旱。民国32年我家有三亩地，按大地说三亩麦子地，就收了半簸箕麦粒，就靠花种皮子、花种、糠皮过日子。家里穿的衣裳都给卖了，买了点粮食，再就是跑河南，上河南，河南人家粮食多，上河南儿女都卖那里，俺家卖了俩闺女，那里不闹灾荒，咱这里闹灾荒，那天旱的。夏天咧，那时候灾荒是冬天咧，灾荒是没收粮食的，冬天里挨饿，就都要卖衣裳、卖房产。

逃荒，都上河南去，都没东西吃了，家里都折腾净了，怎么着，就逃荒上河南要饭去了，要不着他孩子多的都卖了，有孩子给人家，带出一个去，他饿不死，都是这个样。上东北的都好了，上东北的没卖儿女，上河南的都卖了。在东北那里能找着工作，有活做，河南这里没活做，上东北的都没挨饿，上河南的不行。那时候有厂房，有私人的厂房，资本家，人都雇专工了，给人做活，给人看活能挣口饭吃。在河南没地方用人，都在那要着吃。

逃荒之前这个村有多少人那个记不清了。人家存的粮食多，人都不走，人都在家。说是上东北去，我没去了，我的姨在那里，没走了，没走了缓和过来了。这个村西半截，西半截上河南走的有百分之七十，都上河南了，上东北去的少，实际上东北去的都好了。当时啊，要一个月的饭，家里能收上粮食了就回来了，过春节人就回来了，都是民国32年，走回来的。

那年有时候下雨，那时候下雨都下一点，下的时候比这少，下雨下一窝窝的，它不是普遍地下雨。闹灾荒那一年还是连阴天，不收了，小雨天天下，下了七天，下七天这房子都漏了，没地方住，屋里撑个席子支着窝棚。下着小雨，哗哗一阵哗哗一阵，下了七天七宿，要不房子都漏，都在屋里搭窝棚啊，漏得都不行了，骑着窗户啊，窗户有墙它不漏啊。那时候没刮风，要是刮风在哪里都躲不住。灾荒之后，那都缓和了，下的时候，那个庄稼棒子都那么高了，等缓和了，地里收上来就不挨饿了。要不靠天吃饭啊，那时候一下雨，下雨能收，收了能吃，不下雨就闹灾荒。这时候多好啊，这时候有井有河有电，一浇，旱了也能有收成。

俺父亲是三区区长，一修炮楼，一闹日本，（日本人）见天来家抓俺爹，他不敢回家就到河南去教书了，后来又上湖南了。俺母亲那时候在家，就是家庭妇女，家里五口，我有两个姐妹。民国三十二年他（父亲）在区里，在区里干着，日本一修炮楼，见天来找他，要拆我们的房子，拆房子见天抓，待不住了，我父亲就上河南了，在河南教书。以后日本人一走，一失败，他就跟赵立春联系上了，上湖南了，去湖南澧县工作了。赵立春是俺这里的，现在还有他咧，人在广州，是广州铁路局的书记。

这里没河，就东边一个运河，西边的清凉江没水，那时候运河有水。开口子，就是这里，俺这里淹不着，上西二里来地淹着了。尖庄开了口子，淹的清河没处走啊，这个水直接上北京了，从那里走了，一开口子，普遍向清河，这个水它就过去了，向东是运河，有大堤过不去。

这里喝不着河水，这里离河远着呢，离河有好几十里地，使井，靠井。天旱了，半宿里抢水去，上井里，你要是去得晚了抢不上，半宿里它那个水刚涨上来吧，涨上来清凉点，你要是赶明日，明日就淘干了。都打的砖井，那时候都是砖井，这里七十二眼井，能吃水的井有六七眼，能用上的都是，俺这边西边这，夹北一个，夹西一个，夹南一个，反正是做饭的时候，用暖壶做的，烧开了淘出点水，淘出来。那时候没现在这样的暖壶，都掌布，套布，一套，它凉得慢。

民国32年闹过蚂蚱，那蚂蚱都是在地头上跳上了壕，俺们就都拿着棍子轰去，那个蚂蚱不是带大翅膀的，小翅膀，最后都是跑着跑着掉沟里，拿土埋起来。（蚂蚱）可多了，谷子、谷秸子，一宿给你吃光了。民国 32 年不长以后就闹了蝗虫，哪个能救护住，能管理住？轰轰的这个，它不吃那个穗，它吃叶，连叶都吃光了。收的谷子打下来，熬不烂，没法吃。也不能说（蚂蚱）不会飞，也会飞，它那个小短翅膀，跟蜜蜂翅膀一样，还有那个大翅膀的蚂蚱吧，蝗虫。就是过去一阵，不是经常在那，走过去它就不回头了，尽上南赶，一阵就过去，过去就没事了。都是这个小翅膀的，它盖地，也会飞，晚上就听着"呼呼呼"。那个大蚂蚱它不是普遍地挨着吃，落到哪，一宿就给吃光了，好比是两个胡同，这个胡同有那个胡同就没有，那时我做活了，能劳动了，十六七（岁）了。

这边还有不刮风的？大风刮过，那成生产队时，在公社供销社，在地里上家跑，跑回家来，那个风刮的，连那一溜树都倒了，南半边的树，公路南半边的树都倒了，北边的树都没倒。那么粗的树都刮倒，连根都起来了。那不是民国 32 年，那时在生产队上了，那时我都二三十岁了，民国 32 年那时倒没记清怎么着。

饿死的有，见天朝地里抬，俺街上每天得抬一个俩的，仨俩的，饿死的人可不少。他饿死不是真正的饿死的，那时闹霍乱，肚子疼，跑肚啊，闹灾荒吃的跑肚，不是跑肚疼，就是霍乱，它是一种病。那年都是得那个病死的，霍乱肚子疼。咱这时候都没事了，这时候有医院，那时候没医生，得病的多，要不他还天天朝外抬死人啊。那时候都是找针法先生，找的及时就扎过来了，找不及时就不行了。

我得过一回霍乱，上连庄去，走到道上就不行了，俺母亲吧，她会挑，她连这里都给我挑了，那黑血，你挑这胳膊窝这里，就出黑血。要是有针法先生吧，一时就扎过来了，我是我母亲给我挑的，我母亲她会挑这个，她头疼，挑挑就挑好了，这是偏方。

先生是黄金庄的，请外村的来不及，你也请不来，人家都在各村里，针法先生没歇着的时候，都等着。死得很快，死不是说一天两天，你要是治的不及时，你连一宿也撑不了，一夜也撑不出来。这是一种传染病，霍乱，都叫它霍乱，实际上是肚子疼，医生说的它是霍乱。针法先生没有这个听诊器，没西医，那时候中医看不过来，中医熬不好药，就不行了，快。那针法先生扎针不冒黑血，我是挑的血管，挑的挤出来这个，冒黑血。扎针那个不冒血，挑，夹这个尖挑破，它不冒血啊，针法先生在这扎穴眼，他这个不冒血。

反正也有闹肚子的，闹肚子的少，那一种病，是吃菜吃的，他都给噎住了，咱估计是那么个意思，他不闹肚，不跑肚，吐、哕。有扎过来的，你治得及时了就扎过来了。那个治好了的叫什么名字谁记得，现在没有得这病的。

病人多了，俺街上得死几百口子，记哪个名啊，我家里只我得的，我得的，还是串亲戚去在道上，肚子疼，我母亲给我挑挑过来了。死了几百那记不清了，天天抬了，埋去了，那时候埋，扒个坑，谁扒那么深啊，谁有力气扒啊，都扒个小坑，有掌席卷着的，有掌秫秸的，有掌高粱秸的，卷吧埋了，有掌庄上，起个小埝埋了的，起了个小埝的还是有条件的，没条件的就挖个坑埋了。得病前村里有多少人记不清了。

那时下七天七夜雨，闹乱病以后，闹了病之后才下雨。旱的那一年春天死人多，就春天，春天挨饿啊，下雨那时候就缓和了，那时候穷人卖地，好户要地，好户有粮食，穷人卖地，好户买地。

那时候有炮楼，鬼子在这，鬼子在这时我十二三（岁）。鬼子修炮楼一共待这里过了三个年头，他来修炮楼那一年过春节，过了两年，秋天时走了，失败了。日本人打人，吭声的多挨几下子，不吭声的少挨几下子，我是给他烧澡堂子的。

炮楼这里一个，西边一个，东边一个，城里一个。修炮楼反正让咱老百姓修去。下煤窑的啊，这边没抓劳工，东北那里抓了，"四二九"大合击那时候，那时候抓走的都上煤窑去了，那时候抓走的光工作人员。这边的八路军共产党，抓走的都下煤窑了，抓去的净干部，"四二九"大合击，那一年抓的人最多了。西边村里的宁县长，这是共产党头一个县长，这个在报纸上看着了，有俺村里的，也抓去煤窑了，李金玉，抓本溪那里了，是跟宁县长一起抓走的，都下煤窑了。

他（日本人）不打小孩，都是能做嘛的人，能干活的才打。没有给小孩发过饼干、糖之类的。

修炮楼的时候，我上两天学咪，小孩都轰里面学去，那时候上学校里去，一块轰学校里去，他给糖，能拢住小孩了，要不谁敢去啊。我去了几天，去了几天就拆俺家的房子，我父亲不是区长吗，就不敢去了。开学校了，老师也是咱这边的，他开的时候，那老师是咱这边西高庄的，校长是西高庄的，北边村的，他是共产党员，就是地下工作者啊，他当老师教学生，有一个姓刘的内奸把他报告了，叫刘什么章啊，说他是派这来的，派他来的，叫他教学生扩展人啊，谁知道有奸臣，跟唱戏似的奸臣，知道了报告了。报告了那时我还在学校里咧，打他时，一看鬼子都上刺刀了，做嘛的，他在屋里咧，叫出来了，也没捆他，叫出来，上北一走，打死了，那他还不打死啊，有内奸有报告的，谁谁怎么着怎么着的。他这个人是给炮楼上办事的，说这里有当八路军，谁当八路军，他给炮楼上鬼子报告，报告以后还不抓他去啊，这炮楼上也有咱内部人，知道是谁报告的。

日本人强奸妇女那个咱说不上来，妇女有爬炮楼的，上炮楼上去的，那怎么强奸啊，妇女她爬炮楼，上炮楼，老百姓说就是爬炮楼。

那时候鬼子有飞机，咱这边没飞机，我见过飞机，那时候铺好路，鬼子飞机来炸了，他炸都是光炸那一窝，炸八路军啊，他不向外边扔炸弹。

采访时间：2009 年 1 月 20 日
采访地点：清河县黄金庄村
采 访 人：张 伟 张 鑫 朱田丰 栾晶晶
被采访人：殷福龙（男 81 岁 属龙）

我叫殷福龙，81 岁，属龙，没出过村，那么些年，我都没出过村。上学上得不多，上了私塾，念的是《上论语》《下论语》，从九岁上到十五六（岁）。

我那时候有爷爷奶奶两口，爹娘两口，一共有六七口吧，兄弟三个，这（过去）有65年了吧。

修炮楼的时候我15（岁），修了两三年，日本人腊月二十一来的，冬天修的，三月修完了，有楼，还有房子、院子、壕，沟外有几里墙。日本人对八路军有意见。老百姓挑的水叫你（先）喝，你不喝他不要。天上有飞机，没见撒过东西。日本人有医生，Kuliga（音），人家是个医生，治病不治病的咱没听说。

殷福龙

都说闹日本人，到后来不收么，不下雨。我记得麦子两拃高，割不着，没水它长吗？修炮楼后两三年，新粮食下了，一吃就闹死人不轻，扎人都不流血了，扎进去拔都不见血了，死的人不少，到秋后收的，旱，收得不好，那时候一下雨就没法吃，七月下的雨，八月收庄稼，收的就不多，下小雨不管事，到这一年下了七天七夜，下得房子都漏了，没柴火做饭，民国32年死人不少。

那年有逃荒的，我没逃，在家里种地，我吃什么，棉花种子，没饿死就过来了，有棉花种子吃也不走，谁愿意走，我家里没饿死人，但有饿死好几口的，东头到西头看不见人，都逃荒了。逃荒的不少，都走了，有人在家里饿死，没吃的。逃荒去南边的有，也有往北去的，南边有南曲周，北边有洮南府，我没去过，听说的。挨饿那年，有的是不愿回来，都饿着，死的还不少，这个谁也弄不清，都埋了，往地里抬，没有棺材，有你也抬不动，用砖头垒，那时候都用旧砖，用门抬回去。咱那时还小，谁查死了多少人，有什么用，没用，下雨之后秋后死的人多，都说有传染病，日本人也不管，人家有医生，没人上那看去。

长期饿还有好啊，人身上没营养，吃不了，饿呗，换了新粮食受不了。山海关那地方那时候都不叫过关，逃难的人都不让去了，有什么毛病，关里人到关外去，人家都说有病，霍乱病那时候没有洋医院，去了都死了。霍乱病反正是挨饿，那时候治，扎旱针的大夫扎针，扎不出血，扎胸膛，人都饿得没血。有治过来的，扎旱针的医生都不敢说住在哪里，说住哪里连觉都睡不了。（得霍乱的人）有好的，有不好的，死的多，好的少。

那年河没开口子，发洪水就不旱了。都喝井水，没听说过撒药，对老百姓做嘛，有什么好处呢。

灾荒年那一会，唱戏叫老百姓看，给烟抽抽，在这看戏都分糖，唱戏在修炮楼以后，时间不长。

采访时间： 2009 年 1 月 19 日
采访地点： 清河县黄金庄村
采 访 人： 张　伟　张　鑫　朱田丰　栾晶晶
被采访人： 殷明广（男　76 岁　属鸡）

殷明广

我叫殷明广，今年 70 多岁，属鸡，上过小学，四年级，就是小学，头里是种地。到了 1960 年入社了嘛，在社里，那会儿也是种地。我出去了，出去那一年是 1941 年，1942 年我就回来了。

大灾荒就是挨饿，你说闹啥灾？秋天下了大雨七天七宿，我在东北没回来。夏天干旱，地里没收多少东西，收东西少。在春天耩地不好耩，总之，那几年没有风调雨顺的天，也下雨吧，但下得不多，收成也不好，也不是说寸草不生，不是那样，收得少吧。

我是 1941 年走了，上了东北了，那年没记得发洪水。下大雨可能是 1942 年，下得房倒屋塌，七天七夜。1942 年下大雨，听他们说村里下得出不去村了，土房子没好房子，都没法住了，咱这下大雨的话，它淌不走，俺这一弯村庄黄金庄高，水都往外流，这不是村边都洼吗？洼得都是水。

我回来以后雨就下过去了，父亲也说下雨没地方待，在棺木底下藏着呢，光知道死了那么多人，咱这个村大，死的人多啦，究竟是不是霍乱病死闹不清，都认为是饿死的。我说不清那个霍乱病，据说是传染病。殷成雪，他家死了两口，他是饿的，他家死的时候我没在家，我走的时候他没走，我孩子的大娘，他孩子的妈和一个孩子死了，他去了河南。一个村很大，死得没有了，看出稀来了。他们不看病，看不起。他日本医生不看病，怕传染，一听说有了传染病的，他不让靠近，没见过在这儿治病。我没在家，没听说过谁死了，死的人很多，有小孩，也有年轻的，也有老人，人死得多了，确切的数字俺也不知道，村里他也不统计。

死的人不少，我当时在东北没有回来，回来的时候人就看着稀啦，死得可不少，一家有死几口子的，总起来说，饿也是病的原因。有一种说法是霍乱，没有记得怎么样，都是说饿死了。就说有扎针的，针灸先生，扎针的医生几天都睡不着，他是这个叫那个叫没休息的时间。扎胸膛，咱不懂这个事儿，医学这方面的，霍乱时我都在外面，都是听说的。

我在东北待了一年，全家都去了，去了以后家里有地瓜，俺爹又回来了，他种了一年地。咱家是六口人，有两个姐姐、一个弟弟、父亲、母亲。我父亲也去了，去了以后他又回来，将我们送到以后再回来种地，送到了沈阳，那里就是不挨饿，有粮食，去那里了就是掏煤窑。俺娘领着俺弟弟要饭，大姐姐大我九岁，二姐姐大我六岁，大姐姐跟她女婿去的，也跟我们在一堆。逃荒的多了，我的一个大爷，东边的一个大爷，他逃荒去了，上的东北，北边的大爷上了河南。在家里没走的饿死的可不少，走了的一般在外边，没饿死。

我走那年吃棉花种、棉花籽、干菜，菜农把菜砍了，地里剩下就是菜梆子，糠就是好东西了，也有吃得好的，很少，一般吃花种，粮食也有，很少很少。

都是从井里打水吃，这个村井多了，约有十几口井，后面有一个，我房有一个，老家房后有一个。传说有个说法"黄金庄七十二口井"现在都是自来水，井都没有水，都浅。

在我没走那时，是鬼子修炮楼的头一年，我九岁，天旱。鬼子和现在演电影的穿的衣服拿的武器就是一点不差，一模一样，穿橡胶皮鞋，有穿牛皮鞋的，兵和官也不一样。他们住在咱村西南头，修的炮楼，从村里拆的砖。咱这儿没抓到日本去的劳工，我记得没带走，咱县里少不了，咱这个村没有。炮楼都是咱农村的民工修的，皇协军也不修，看着老百姓组织起来，哪个村出多少人，就得出多少人过来修，鬼子在上面指挥，真拿人不当人，太狠了！单独的鬼子很少，炮楼也就12个鬼子，再一年多，10个也没了，都抽走了，都是皇协军了。炮楼1941年修起来的，我走的那一年冬天，我不是春天走的吗？

日本人抢的人很少，皇协军抢的多，皇协军一来，乱窜，能拿的都抢，日本人抓鸡，要鸡蛋，别的不抢。（日本人）杀过不少，杀的村里的土匪，有来这儿赶集的，抓了去以后审了审，不合格也就杀了，得有十几个。那一个人我记得准，叫黄英娥（音）、Kuliga（音），都是日本的医生，白大褂，有时候穿，也有时候不穿，出发的时候都穿鬼子的衣服。Kuliga被打死在这儿了，埋伏的八路军把他打死了，那时候调动执勤，待个十天半月就走，他俩待得还长。那时还没逃荒，到了最后就没鬼子了。

咱村有土匪，很大的没有，他们来村里抢了好几家。八路军常来，咱这儿当八路军的不少，都不敢说。

采访时间：2009 年 1 月 21 日
采访地点：清河县黄金庄村
采访人：张 伟 张 鑫 朱田丰 栾晶晶
被采访人：殷庆彬（男 72 岁 属牛）

我叫殷庆彬，72（岁）了，属牛的，学也上过，上了三年小学，没入过党，入过团。

　　1943年那年天旱，灾荒年从正月开始，几乎一年没下过雨，没下透雨可是不好，庄稼没收成，没下过大雨，光旱，雨水很少，没井，没水浇地，靠天吃饭。解放之后才打的砖井，西北角砖井是个体户的，北边有一眼井，户里的，别人连砖井也没有。不下雨，逃荒，吃嘛的都有，吃粮食，吃粗粮的都是好户，糠吃不着。

殷庆彬

　　那年又挨饿又天旱闹病，闹霍乱，咱小记不很清，灾荒那年，吐、泻，有人治病，咱这又没西医，有扎针的，扭转得快，有仨俩医生抢救不过来的，不知道扎哪。可多了，反正是挨饿引起的，人吃饱了就没毛病了。解放后1960年旱，也都闹浮肿，喝得水肿，肚子吃多少也不饱。

　　传染，都说传染，个个房头上都点枕头冒烟，人都抬不迭了，能卷起来能抬就行了，柜头能装个人，就当棺材了，记不清到啥时。

　　我没有得霍乱，我那时候六七岁，就是挨饿呗，天旱，也是吃不好、喝不好造成的，着凉什么的，甜瓜吃多了得霍乱，传染也不是那么厉害，闹霍乱的多，年头不好，都是吃得少造成的，不记得谁得霍乱病，差好几辈了。殷玉荣爷爷奶奶就是那会儿死的，没很大岁数，可能六十来岁，死人不少，不知道叫嘛。灾荒年暖和时候，又常不下雨，下大雨的时候少，咱这儿以前说："见雨三分收。"旱地没井没浇水条件，一个春天没雨，多么大的雨咱这也淹不了。

　　日本人哪年来、哪年走也记不清了，有可能有炮楼，那时候日本人还在这里。树头都锯了，怕挡眼界，俺这儿所有胡同都堵住了，人不允许往后走。日本人在这村里，没见穿白大褂的。没有投毒的，他还怕老百姓投毒，把井封闭了，不叫人去。附近有炮楼，现在没了。

　　逃荒的可多了，逃到关外，东三省，咱家里五口人，没有逃荒，都在家里。

闹蚂蚱咪，反正闹过一年蚂蚱，不知道是哪一年，多咪，在地里挑个沟，那么多，一手一捧，那一年有炒蚂蚱卖的。

采访时间： 2009 年 1 月 20 日
采访地点： 清河县黄金庄村
采 访 人： 董艺宁　薛　伟　毛倩雨
被采访人： 殷庆广（男　77 岁　属猴）

殷庆广

俺叫殷庆广，今年 77 岁，属猴的，上过学，上了初级四年级，刚一解放后，没有别的学校，就是在家里上了，都只是初级。四年级上完，分配了，家里机关用人，供销用人，很缺人，很多人没毕业都有占着，我回来当了会计，当了 30 年。没有入党，不是党员。

民国 32 年的生活状况，人没吃的，乱吃东西病死人，二三十岁的死了，老的死了，50 岁以上没了，不知道什么病，三天就死。都饿的，生活上吃什么呢，吃棉花籽，上锅炒，轧碎了吃，吃不饱饿的。灾荒年没好时候，不光是旱，还招虫子，也不治，招了蝗虫，拿棍子打，走就走，打不走就吃。麦子收成不行，一亩地就收一百来斤。吃不饱，吃得饱还能饿死人呐，能吃的都吃了，棒子芯都吃了。那时我在家里没逃荒，村里走这么些人，逃荒的，有去关外的。

怎么死的都有，是霍乱，也是饿引起的，传染性的病，腿转筋，上吐下泻有，什么样的都有，很多，情况多了。

灾荒年过去以后，人少了一半，死了那么多人，有多少人哪还知道啊，这个闹不清楚。一个村死的人都不知道，东边死了的，那边埋那里的，抬出去埋了，也不出殡，这边死的那边都不知道，青壮年才能挖坟坑，年纪大的走不动，跑不了。我没有见过得霍乱的。俺家死了好几人，灾荒年，俺奶奶死了，奶奶叫殷郎氏，年纪大了，死的时候 88 岁，连病带饿，不吃饭得病，没人给治就死了。记不得得霍乱死的人的名字了，谁谁死了记不清，这个胡同也有。

那时没医生，都是扎旱针的，这旱针扎过来就算好了，扎不过来就死了，扎胳膊上的穴道。村西头有两个医生，这边有两个会扎旱针的，医生在家里扎，扎哪咱不知道，都是针灸的。那时候常阴天下雨，又旱，那时头里旱，后来光下雨，后来就死人，死人时常下雨，下雨又传染，得霍乱，下雨前那时候人也光是死，一方面霍乱，一方面也是饿的。有的吃糠窝窝，捧着吃，拿都拿不住。

七天七夜大雨有，记不清什么时间，灾荒年也下了大雨，没有七天七夜。没下雨前就有霍乱病，平常时候，好时候也有得霍乱的，霍乱病上吐下泻，得这个病的也不少，平常扎针能扎过来。七天七夜雨，屋漏，哗哗地漏，不光下雨，不下雨也得（霍乱）。灾荒年得霍乱的特别多，加挨饿，都在六月的时候，不下大雨，下小毛毛雨，一天光下，下小雨，哗哗的。

民国 32 年大洪水有，有大洪水，常来，都记不得了，解放以前，闹洪水时候多，1953 年闹过大洪水。民国 32 年，鬼子打仗，也没人管，开口子也没人管，开口子时，人都饿着，这个地方没经着，俺这村淹不着，东边村淹着了，阴历七月开口子，不是灾荒年，记不清哪一年。海河放水开的，河水涨的，东边运河开口了，水淌出来，东边一片水，打堤挡不住。没听说过日本人炸堤。那时喝井水，多少井闹不清。

民国 32 年有日本人，从这往北边走就是炮楼，向西 12 里有 3 个炮楼，日本人来人光是跑，一天跑好几回，谁还管家啊，家都不要了。日本人进村修的炮楼，俺这住着鬼子，各院都是，打咱八路军，光为这个，他不吃咱的饭，他怕药死他，他吃自己带的大米，吃咱的红薯，从地里拿出来就吃，他知道没毒，他吃他的饭。谁敢上他那去啊，有时给小孩东西。

鬼子光在跑楼上，鬼子集中住一片，投降兵住一块。抓，抓老百姓干活，没砖，把大家的砖扒下来，去修他的炮楼。军医有，人家军医都在里头，也出去打仗，也回来当医生，人家那个更厉害，有一个军医在炮楼里出来，给老百姓治病，给一包包的药，都要他的药，小包治感冒，大胆的吃他的药，胆小的藏起来，小包药不起作用，都是感冒药，治个感冒。他哪还给看病，没人给看。军医名字记不得了，后来在这被杀了。好药都留给他们自己用。鬼子有死的，年轻的病，都是战死的，枪杀也是常事。

土匪有，俺这没有。白天，有炮楼，有鬼子，皇协军出来，他们没敢来。晚上，八路也来，土匪也来，土匪偷东西，偷钱，抽大烟的特别厉害。村里也有抽大烟的，哪村都有，从南方来的大烟没到这来。

天上有飞机，飞机来了（村里人）都跑，哪还敢看，不扔东西，有时候打枪。跑到别的村，还不能跑远了，还要跑回来啊。鬼子光去一个村，等鬼子走了再跑回来，鬼子去村里，抢东西要东西，再一个说是找八路，那时候还叫八路，不叫解放军。

采访时间：2009 年 1 月 21 日

采访地点：清河县黄金庄村

采 访 人：薛 伟 董艺宁 毛倩雨

被采访人：殷永年（男 75 岁 属狗）

殷永年

我上过小学，没入党。

那年大贱年，闹灾荒，光下雨，一天没接（断），下了七八十来天，那会一受潮湿，闹病灾，起不上名来。俺那村里多，死了老些人，不知道名字，咱村的。叫霍乱，有的说霍乱死了，霍乱它时不长，它不隔天，不到一天就死了。有肚子疼的，就说肚子疼，得那病，连吐带泄，那病快，天黑得病第二天就死。有人给治，没西医，那没医院，都吃中药，号脉，有的还扎针灸，有药大夫扎针号脉抓药。他扎身上啊，扎穴道，也有治好的，轻的好了，好的少，死得快。霍乱下雨之前也有，少，那一年反正死不少，下雨时比平常多点，六七月份，俺这弯没有，西边有，死了的有二三十口子，俺村也大。大人不叫看，传染也不知道。反正就是上吐下泻，肚子疼，扎针不出血，精细那针，不能出血，这是我听别人说的，没亲眼见过。

那一阵就下雨之后，下雨时死的多些，六月那时下雨就不行了，那时种麦子三年两年不收。那时棒子都很少，都兴种高粱，种不上了，有逃荒的，俺没去逃荒，那时也小。

那时都是砖井，没炉子，喝凉水的多，两丈来深的井，把绳送下去，渴了喝凉水的多。起先也正常，没怎么旱，那时按阴历说也就六月份。七月份小雨，不住点，也是哗哗下，连起来有七八十来天。都是土房，房子80%漏，不像现在这样有塑料布。那年没洪水，雨水那不算很大。

招过蝗虫，不厉害，那个没闹起来，灾荒来了，不很多，收点小穗穗。靠天吃饭，没有浇地条件，下得多了多收点，下得少了少收点。那时没土匪，俺村里没有，那会没县大队，抵抗不了土匪，土匪招兵买马，花钱雇的，城里的不敢出门，打不过他。那会儿没有日本鬼子，日本鬼子在后，灾荒在前。鬼子待这两三年，没抓过劳工，抓老百姓修炮楼，找村里的人，给村长说了要多少多少人，就得来，说那村有八路就去扫荡。有日本人时没听说过有霍乱。日本军医，不给咱治病，都怕他，有时候给个药片。日本人还给过我洋火，那咱中国没火柴。那洋火是黑头的。那药片吃了也没事，那个嘛的，咱吃了也无妨碍。有时候给小孩、老妈妈药片，年轻的给个洋火。

俺这有炮楼，就在俺后边修的炮楼。有"皇军"，那炮楼上，有时来三五个，说是日本的，日本人不常在这住着，日本人少。他日本人不吃咱们的，人都从自己国里带来，甜的多，腥的，他吃甜的大米，鱼，那鱼，那枣，说是枣，不是枣，跟枣的形状一样。有时还给我个罐头。他也不给大人，就是老人小孩，给个罐头。年轻的都跑了。我那会儿八九岁吧。那时没飞机，有汽车，日本的汽车。

采访时间： 2009 年 1 月 20 日

采访地点： 清河县黄金庄村

采访人： 张　伟　张　鑫　朱田丰　栾晶晶

被采访人： 殷运生（男　87 岁　属狗）

殷运生

我叫殷运生，87（岁），属狗，种地。上过学，那时候我上的是私塾。

民国 32 年灾荒年，记不清了，过去了 66 年，现在 60 多岁的，更不知道咯。那年天旱不下雨，人死得不少。传染病，那个死很多，谁知道是什么，说是霍乱，死得快。旱，两年不下雨，那是在灾荒年前一年，民国 31 年，旱得种不上地，靠天吃饭。

民国 32 年闹过蝗灾，小蚂蚱一堆一堆的，都挖壕，叫它上沟里去埋上。后来下了雨，开口子又淹了，就是那年，下雨也不管事，农历七月初二下的雨，种不上地了，那时候下得满河了，哗哗地下，抽根烟的功夫，村里容不了了。那时候四周都有水，村里没水，高，淹不了黄金庄，就像球一样，在球的最上边不怕水不怕淹。往东四五里地那洼，河里开口子了，东边武城那，在临清开的，运河尖庄开的口子，水在那过来的，西边过来，有水，转了一圈，从沙河里过来的，那是冲开的，没人挖开。挡不住，地淹不着，淹不着也不管事，已经种不上地了，雨没下几天，但一个钟头的事就满了。一下就是大暴雨，房屋塌的，老屋土屋塌了也有。记不清水啥时候过来的，过了几天河开口子，时间很长不了。那时候吃井水，井那时候也都淹了。

逃荒的我没见过，我没出门，家里人没去，逃荒的不记得了，走了咱也不知道。那些天吃什么，对付着吃，没有菜，跑河里去寻菜，不这样没法吃。

死的人多了，谁知道，人都说闹霍乱，那时候没研究什么病，快病，什么反应也没有，说死就死了，跟流感一样，一会儿就死。看不出病来的就死了，谁看？没人看。有郎中，谁看，各人还不顾各人的，看不出来就死了。得病是在下雨之前，都说传染病，就是那会儿死的，有一家死好几口，记不清名字。死的都是老人，没有小孩，五六十（岁）的六七十（岁）的。没人捣鼓那个，谁最先得的不知道，我家死了两口，饿死的，都是那一年，不是我亲家的，是叔叔家的，我家比他家强点，我父亲的叔伯兄弟，我家里没有。

日本鬼子是后来来的，修了炮楼，就在东北角，粮局北边，有日本人，那时候一点记不清了。（日本人）有一个班，下边都是中国人，那炮楼都是抓了老百姓修的。要嘛给嘛，要吃的给吃的，要用的给用的，要砖、木头，向老百姓要，这个村没要，向外边村要，不给不行。打人那不稀罕，也杀过人，一般情况没杀过，除了打败仗。（日本人）指老百姓吃饭，抢鸡吃，到处抢。日本人他没吃的，抢鸡烧着吃。（日本人）没在这抓劳工。那时候没有穿白大褂的。日本人的飞机我没见过，来过，从这路过，撒东西没见过，没投毒，投炮弹咪。日本人还唱戏咪，东门西门叫你来看，不敢去，中国人的戏班子，搭台子唱大戏，都哪年，早忘了。

采访时间： 2009 年 1 月 20 日
采访地点： 清河县黄金庄村
采 访 人： 董艺宁　薛　伟　毛倩雨
被采访人： 张金喜（男　84 岁　属牛）

张金喜

　　我叫张金喜，84（岁）了，属牛的。没有入过党。生活不是那么很好。上学啊，我那时候上学啊，念的私塾，读《三字经》《百家姓》。1945 年参军，在十九团。在那挂彩了，回来分配到平乡县公安局。工作以后，在邢台干部中学学习了一年半，初中毕业，经过的事还都知道。

　　民国 32 年闹灾荒，还有炮楼，东边就有。灾荒年，我还没参加部队，上东北了，在东北卖东西，大约是 16（岁），记不清啥时候去了沈阳，待了一个来月，卖东西，回来买粮食吃。家里粮食没收着，捞不着吃的，那会家里有两个老人。我又去江苏，台儿庄，山东东南边。台儿庄那有个黄村，泥沟（音）那个村归江苏，在那个村，很多到这个村逃荒的，把十几岁的小姑娘卖到那，换粮食回来吃。到那里要了两个月饭，又回来了。

民国32年灾荒，头一阵旱没下雨，到以后，地里庄稼还没收，天下开雨了，黑天白天地下，没法干活，高粱也生芽了，谷子也生芽，棉花也生芽。那时候十斤棉花换一斤小盐，小盐是西边河里刮下来的，沥了以后加工，在池子里晒，盐巴碱水个别苦，有的不很苦，有的苦得厉害，真不能吃，那时没盐。快八月（阴历），七八月中旬，庄稼熟了，雨下了十天八天，黑天白天下，屋下得漏，炕上搭窝棚，连个火都没有，你家做饭冒烟了，去你家弄个火，都没有火。七八月中旬，下着雨不是那么严重，淹倒没淹，就是下的小雨不断，房上淌不下来都漏到屋里来了。收上粮食来以后，都不干，老下雨，都没法晒，都吃那个东西，没有嘛吃的，吃那枕头里的谷秕子，吃那东西。有点钱的，买米糠，糠里都生虫子，弄出来，晒晒，虫子夹出来，吃那东西，有的吃棉花种，吃得都闹病，喝凉水。

民国32年那会儿得那病，那个时候叫霍乱，那会儿死的大概有三五十口。没医生，医生都是扎旱针的，去找那医生，一看什么病，扎针能扎好，找不到医生就死了。传染，有的传染性不大。父亲叫张凤鸣。我父亲那年扎过来没死，舌头底下两边长了两个血瘤子，一边一个，找医生，喊来一看，说不要紧，叫你母亲找个头号大针，越大越好，绑在筷子上，趴着，舌头撩起来以后，用这针这边扎一下，再那边扎一下子，扎下以后，赶紧趴下，把血吐出来，别叫他咽，血都流出来，一点事也没了，死不了了，治过来了，那个血有毒，黑的，咽了死，不咽就不要紧。

我那时十六七岁，我父亲那时四五十岁，没有出去，在家干活，治好了，好了就没有啥症状了，不叫他喝凉水，不叫他乱吃东西就好了，得注意，不注意再犯可就不好治了。再发病是半宿发觉的，下午回来吃晚饭还没事，睡觉半宿腿抽筋，浑身疼，抽筋，霍乱转筋。得这病，腿转筋，伸不开，浑身抽筋疼，腿蜷缩着。霍乱都是上吐下泻，父亲没有那样，就是抽筋，伸不开，是那种病，没到上吐下泻那种程度，刚一发觉，赶快把医生找来了。周围还没有得这病的。

那时候喝生水喝得特别多，是旱井，提上来就喝，没开水，没柴火烧，柴火也湿，喝生水喝的闹那病。秋后下了雨，吃新粮食，那时候很多得这种病的。村里那时还有几十口，那个（新粮食）都有毒，不管有毒没毒都吃肚里了，饿，吃了都得那病。喝凉水，天不好，不见太阳就得这病，下雨，比七天七夜还多，霍乱就是那个时候。下雨之后，到地里弄庄稼，吃新粮，生芽子什么的舍不得扔，吃那东西就得霍乱。抽筋，浑身抽，严重的上吐下泻，赶紧请先生，没西医只有中医，吃中药慢，扎旱针快。看出那病来，开头得那病都扎几针就能扎过来，扎旱针。这个快，熬药，这边没熬好，那边就死了。村里有两个扎旱针的，忙得找不着，一个姓赵，他一个号叫"三义堂"。另一个不是本村的，在这住着，是焦家庄的，他叫刘万河，有炮楼在时他在这，炮楼没了，他就走了，俺父亲的病就是他治好的。

这地方得霍乱的就是多，别村也有，程度不同，得这病的人多，找不到医生就死了，那个病快，很快就死，急性病似的。不知道死的人的名字，发觉得快，死得也快，这边死的还没埋，那边又死，有的不知道，周围知道了，抬出去就埋了，用破布一卷捆巴就抬出去了。不知道谁死谁活，不知道死了多少，反正不少。年轻的都出去逃荒了，家里光剩女人老人跑不动，出去扒个坑埋了，不知道谁死谁活。鬼子没有得这病的，他跟老百姓吃的不一样，吃的好没得这病的，日本人他不管这个霍乱。

那几年年年闹洪水，从西南尖庄，河开口子向这边来，俺这村来不了。西边有个清凉江通的天津，村西头开口放水，通向天津，这村淹不着。开口子年年开，河水涨开的，不光下雨下得河水涨，漳河从西面过来的水也涨，开口子日本人也出来打堤去。

民国 32 年那会儿，有蚂蚱，到晚上，有月亮的时候，飞蝗飞得遮住月光。地里日本人修的土公路两边地头上有沟，能飞过去的飞走了，飞不过落在沟里被人烧死打死。麦子熟了，还没到割（的时候），一片蚂蚱咬麦头，咬了就走，三亩两亩地沿着这一溜走，棒子长不大，都被蚂蚱吃了，吃了再长出来，粮食收成就不好。蚂蚱籽在地里滚成蛋，那一个人能捧一捧小蚂蚱来。

连着下雨，自然灾害，闹蚂蚱，那两年灾荒那么严重。

1943 年灾荒年有鬼子，还没走，民国 30 年还是民国 31 年修的炮楼，在这待了三年，还没有生病的。日本人投降，光剩皇协军了，八路军把这儿都解放了。灾荒年日本人在村里，他说是维持治安，其实他是躲人，他不敢出来，出来八路军打他，哪个村打起来哪个村倒霉。皇协军跟村里要东西，拿不出来打村干部，再不行铐起来。日本人吃自己带来的，怕咱把他药死。皇协军跟村里要，还要好的，小麦、肉、鸡，皇协军抢东西，日本人不带走，不抢东西，也拿糖给小孩吃，这种情况很少。

日本人抓老百姓，要伺候他，给他打扫卫生，烧澡汤子，给他干活，他们不干活，什么活都叫老百姓干，到时他也叫吃，他抽烟，给他比画比画他也给，给他干活别惹他，他说怎么地就怎么地，要惹他们，他们就打你。抓老百姓给他盖炮楼，砖不够了，就扒老百姓的墙，给他修炮楼。鬼子有医生，小孩有病，在那附近的都认识的，叫他看看，他也给看，给治，不管大人。看好看不好咱不知道，不要钱，也打针，那个咱不知道，吃的药他也有，主要给日本人。

那时有土匪，谁家有粮食，有东西，他就抢谁的，十几个人，五六个人，那都不一定，也不一定多少人，也叫老杂，小偷，不一定叫他嘛，他也不敢那么明显，八路军也是，光晚上活动，白天不出来。

采访时间：2009 年 1 月 20 日

采访地点：清河县黄金庄村

采访人：董艺宁　薛　伟　毛倩雨

被采访人：张兴隆（女　84 岁　属牛）

俺叫张兴隆，84 岁，属牛的，没上过学，也没入党。

张兴隆

知道灾荒年，旱，不下雨，好长时间不下雨，到七月了都没下雨，那年庄稼都不长了，都忘了什么时候下雨了。俺娘都要过饭，反正吃得不好。俺娘家是南边村的，武家那里的，不远，隔这四里地，我今年84（岁）了，17岁嫁过来的，灾荒年在这里，他奶奶、老头那年都逃荒去了，去的洮南，灾荒年我经着了，没逃荒。南乡的蚂蚱多，这儿不多，光听说蚂蚱吃麦子，麦头儿给咬了，光听人说这个。

那年七月里下了雨，不收麦，咱光记得这个，也没说多少天，反正说下了，小苗都长不上了，立秋时，庄稼都不能收了。也下过七天七夜雨，俺家都拿炕席搭窝棚，下了七天七夜，孩子小记不得时间。这里没发过洪水，没过水，也有河，没开口子，俺这里高。

霍乱有，这个知道，俺那个侄得霍乱死的，吐，上吐下泻，都那么死的，没听说过那个转筋，就说霍乱病就死了，俺侄叫张成，得这病死了。没听说治没治，就是吐，就说小成不行了，快死了快死了，就死了。他那就是霍乱病，不知道具体什么时候。这里没见着，反正死得不少，咱不记得哪年。俺娘家有个小龙，名字记不得了，都叫小龙，也得霍乱病死了，也是快病，就说小龙不对劲，快病儿快病儿，死了，俺娘家都是说死了，都是吐，俺光听说吐。东头西头死得不少，年轻的不叫出来，不知道死了谁。霍乱病没听说治好的，反正死得不少。没听说扎旱针的，有中医，哪个村都有，病了都找他去。17岁时有炮楼时才有日本鬼子，灾荒年有没有日本人俺都忘了，这个记不得了。鬼子进村在炮楼住着，抓老百姓，老百姓大都吓得跑了，出来就打，这个记得，抓老百姓给他干活去，伺候他吃喝。日本人把东西都拿走，白糖大米么的，鬼子不在咱这儿吃饭，在炮楼里吃，不在咱这儿吃。没见着日本军医，都只是害怕了。

日本人给小孩儿吃的，大人不叫吃。

采访时间： 2009 年 1 月 19 日

采访地点： 清河县黄金庄村

采 访 人： 高 路 李小玮 于 哲

被采访人： 赵宝明（男 73 岁 属鼠）

赵宝明

　　我叫赵宝明，今年 73 岁，属鼠，没上过学，是农民，没当过干部，在地里种地。民国 32 年当时我七八岁，那时候家里有父母、大爷、大娘、两个兄弟。

　　大贱年不收东西，不下雨，什么时候不记得了，那时候我年龄太小了，没有大水，死了不少人，传染病，闹霍乱。生活不好，天旱没粮食，村里因为这病死了好几百人。七八月开始的，一吃新粮食就得这病。那时候没有医生，扎旱针，扎肚子扎哪的都有，没西医，老中医给扎针吃草药，就那一年我父亲得这病了，没有治好，村里有棵很大的杨树，记得有人死在那里，得了病很快就死了。治过来的有一部分，扎了针的大部分都好了，老中医医术挺高，扎旱针，不冒黑血，旱针就是针灸。霍乱具体哪年不记得了，可能是大贱年那年。正法（音）先生一个人忙不过来，来回跑，得病的症状不记得了。

　　一部分人是吃新粮食出毛病了，另一部分不知道，大家都叫霍乱，我也就这么叫了。我们粮食是自己种的，原来没有吃新粮食得病的，只有这一年这样。在清河普遍的都这样，哪个村里都有。

　　那年没有下雨，大旱，收成不好，饿死了三百来人，有的逃荒到河南，人数不大清楚，我家没人逃出去。我们喝井水，村里钻的井，现在没了，烧开了喝。有蝗灾，种谷子、高粱的时候有蝗灾，蝗灾不记得是哪年了，但记得有这回事。

　　我见过日本人，不穿白大褂，穿军装。有日本人给看过病，Sharena（音）在炮楼上住，是日本人，这都是听人说的。日本人腊月份来的，日本人不自己抓人，找一些人去抓人。炮楼在我 11 岁就有了，现在没了，没见过飞机，没见过日本人给小孩发吃的。

这里有土匪，土匪头子叫张怀成，抢东西，上大户家抬谷子，他家里穷，没办法，给逼恼了的，他不是这个庄子的。

采访时间：2009 年 1 月 20 日
采访地点：清河县黄金庄村
采访人：白丽珍　胡　月　赵勇辉
被采访人：赵清坡（男　77 岁　属猴）

赵清坡

我没有念过书，当过兵，当了四年兵，1955 年去的，1959 年转业了，我是义务兵的第一批。民国 32 年我在家，不是党员。

民国 32 年我十七八岁吧，民国 32 年光下雨，闹霍乱，闹瘟疫。上半年不下雨，到秋天下的，房都漏了，那会儿没砖房，都是土房，下的慢雨，下一阵大的，下一阵小的，阴天，潮啊，六七月份吧，阴历。旱，这个地方，民国 32 年不浇地，那时候没有浇地，收成稀松。都逃荒了，没人了，这里逃的不少，这个村那时候 1000 多人，现在有 3000 多人，逃出去的可不少，逃出去多少人那闹不详细，有上东北去的，有上河南去的，安徽也有，主要是河南和东北。我也出去了，我到了河南，到了六七月份我就回来了，过了年吧，二三月份出去的，这老百姓啊，有的上东北了，有的上河南了。

那年特别旱，那几个月，浇不上水，地里不收庄稼，吃饭够呛。我记得地里种的谷子，长那么高，该到收穗的时候了，没雨，它不长啊，扁的，又小又瘦，减少收入了，不够吃的，人就去逃荒啊。逃荒回来收的麦子，收麦子掌手拔去，一溜溜的，没有收割机。收也稀松，靠天吃饭那会儿，现在都浇地了。你没有井，也没有河，现在这河是 1959 年开的，这河叫民兴渠，弄不清怎么写，下雨时高粱还没收呢。

赵保生他家里更不行，愣穷，很穷，他父亲，卖泥坯，卖了挣钱，出个坯，就卖去，有人要，盖屋使，那时候都是土房。

有蚂蚱，蚂蚱赶来的时候，遮得月亮都看不着，有会飞的有不会的，那个带翅儿的大，有不带翅儿的。那时候迷信，烧纸去，烧纸也不走。地里种着谷子，谷子那么高，那蚂蚱爬谷子秸上，吃草啊，吃叶啊，有汁水都吃了，粒就不行了，它吃那个叶，不长苗吧，把汁水都吃了。我那时候小啊，我记得跟我祖父、俺爹掘壕，那么深的壕，蹦到蹦沟里去，我们埋住它了。它蹦不远，不是带翅儿的。还有吃的咧，一烘烘那么些个，兜些去，炒炒吃了。那人都饿得，没啥吃，要不逃荒去。在家看家的人就吃那个，没有工作。那时候粮食收百十斤就不赖了，一亩地收 200 斤麦子就好麦子，现在都千数斤，民国 32 年一亩地收个二百来斤，地太旱了。

那时候下雨啊，来一阵下一阵，来了云彩就下一阵，记不清下了几天。

下雨之后有霍乱。它潮湿，漏房，一漏房，屋里就湿了，潮湿好得那个病。我那时已经从河南回来了，这个病持续时间闹不清，收麦子时没了。構麦子的时候有，構麦子的时候不是下雨吗，还有，过年收麦子没了。得霍乱的人死了不少，扎过来的也不少，扎过来多少人那个不详细。

反正得了霍乱，你快找医生去，找着医生，一扎就好了，找不着医生就死了，那么快。扎针扎到穴道上，找着先生就好了。得病的很多，都吃不上饭，挨饿，吃不上饭，就闹毛病，看不过来，没医生，农村里有扎针的。有两个扎针的，一个叫刘万河，这儿还有一个叫义堂，"三义堂"，姓赵的，这个村五大户，殷、赵、史、李、潘。症状那时候不好说，人都慌着忙着，病了快找医生去，病了扎扎就好，这病快，得霍乱活不了几天，得了那个病以后，死人特别快。人都没吃的没喝的，饿的，吐不吐不知道，有没有拉肚子闹不清，我没有见过得病的。我见过扎针的，扎这个穴道，手、背、前胸，腿上也扎，他不叫流血就不流，在胳膊这个地方，大夫他扎这个针，拔了，弹弹，流血，他不弹就不流血。那时候咱家人，我奶奶得过病，奶奶扎过针，扎过来扎不过来不记得了。都说传染病，医生说叫霍乱。得病腿发酸，得病的时候，什么样的也有，有吐有泻。那是有炮楼的时候，我叔叔是八路军，不敢回家。

民国32年在咱这西去清凉江发过水，运河开口子了，河里水多，着（容）不了水，它不开吗，都满了，不是人为的，差不多是民国32年，民国三几年吧，大雨一冲，开口子了。解放后也发过。清凉河开口子之后得霍乱，老百姓没吃的，光受潮，得毛病。发洪水的时候咱村淹不着，淹着了西高庄的瓜，也淹不了黄金庄的庄稼，咱这地形高，咱这东南头，发水的时候，离这十二里地，高粱尖露个穗，它浅，洼。

那时候喝水是自个打的土井，砖砌的砖井，提上水来，吃那个水，烧开了喝水，没有暖壶，烧开了，不喝生水，有虫子。

我见过日本人，民国32年我十六七（岁）吧，那不日本人来扫荡，1942年我跑了，不敢在家里。他要东西，大街上撂着炮车、汽车，不要粮食。有投降的卖国的皇协军，他抢东西，日本人他不抢东西，不进家，日本人不出来，我见过日本人，没见过他干坏事。日本人看见鹰，拿枪打鹰，逮鸡，逮着鸡捆住拔毛去，拿枪架起来，烤去了。不杀老百姓，一般的不杀老百姓，他抢东西，出来以后牵牛，牵驴。也不是他们牵走，都是皇协军牵的，皇协军坏，炮楼上有日本鬼子，那没听说过日本强奸妇女。

日本人给老百姓照相，反正照相是他照的，给人照相，就跟咱现在照相一样啊，照了后给咱，没有发吃的。有一个日本医生，他不穿白大褂，这人叫Kuliga，是日本人，咱跟他接触不了，他出来拿着枪就打这个打那个的，打鹰、鸡，也是这样，吃，烤烤吃。咱这有一个人，给他做饭的，在炮楼有做饭的，他挑水啊，他舀一勺呢，喝两口又倒进去了，他怕给下药。白天炮楼里要东西你老百姓得管，赶到后晌晚上呢，八路军来了也得管，不管不行。

日本人抓劳工给他修公路去，在村后有条公路，连庄到这里，土垫起来的，别的村也有，咱村也有被抓来修路的。咱这有个宁县长死那儿了，日本人大扫荡，这个人是峨二庄的，叫宁新立，被弄走了，弄到东北煤窑去了，给折腾死了。还有一个人，李福来他爹也死了，他没回来，死那了。村里有炮楼，咱这里有日本人，炮楼在这好几年，东北角的这地方，在老粮局，修炮楼是在哪一年闹不清。日本一来一扫荡就修炮楼了，好几个呢，东边连庄一个，南边谢炉一个，咱村里一个，西边峨二庄一个，炮楼多了去了，都是炮楼。那时候咱这老百姓出门，走他这个门，是日本人规定的门，别的不叫走，都是些墙，吃水也不行，门口堵死了，不让你去，他方便，要不看不住啊。

飞机这边没停过，不多，没有撒过东西。那什么时候飞的多啊，那从东南到西北，打太原那时候飞的多，有七八架十来架。

采访时间：2009 年 1 月 21 日
采访地点：清河县黄金庄村
采 访 人：高 路 李小玮 于 哲
被采访人：赵庆吉（男 81 岁 属龙）

赵庆吉

我叫赵庆吉，81 岁，上过学，上的老校，农民，是党员。当时家里有父亲、母亲、奶奶、哥哥、弟弟，就一个妹妹。

灾荒年，说来是 1943 年啊，那年十来岁，那年有虫灾，庄稼都招虫子、蚂蚱，高粱、谷子都被吃了，黄黄的，秋天，旱灾、虫灾，忘记怎么样了。那地里长得不行，都让虫子吃了。人吃野菜，吃不上饭，见天死人，下雨是下了，主要是蚂蚱吃得厉害，（那时有）旱灾、虫灾、土匪。

没洪水，旱灾厉害，地里收成晚庄稼。见天死人，连病带饿。我家里是行医的，我爷爷行医，是中医，治不过来，看不完，闹乱病，没有西医，扎针，扎旱针，浑身都扎，都有穴道。扎了有死的，也有活的。还得吃药治病，有好的，治好的不少，死的更多，院里也死了不少人，那谁记得啊。乱病，霍乱，吃不下去，喝不下去，闹肚子，上吐下泻，治不了，也没有好先生。我家没得的，邻居有得这病的，潘齐长、潘齐中得这病死的。闹乱病时，雨是下过，见天下，下了雨人就得这病了，连饥带饿，再下雨再闹乱病。那时候正闹小日本，有点粮食就抢去了，得乱病，传染，死那么多人啊！霍乱，没人管。

邻居都逃荒去了，上河南，我家没有逃。逃荒的，没回来的不少，死在那里的，女的。后来没病了，有收成了回来的，年头好了回来的。春天里开始旱，老百姓也不记得这事，谁记得这个啊！那年都是旱灾虫灾，第二年就没事了。那时候都喝井水，当然是烧开了喝。那年老百姓受罪了，见天死人，旱灾是高粱熟的时候开始的，高粱一抽穗，招蚂蚱了，没收，又种的晚庄稼，熟得早啊，一吃新粮食就得病了，秋后收的粮食，高粱、谷子，春天里种的，都吃出病了，晚庄稼是秋天种的，新粮食一下来就有毒。大旱年那年种高粱、谷子，种小麦，冬天种，头年种的，春天熟。种麦子，不能种高粱，种高粱不种麦子，别种一起。秋季没事了，种的高粱没了，人吃的小麦，种下一亩两亩，收个几十斤，老百姓困难，所以都死那么些人。

大雨记不清了，秋天也下了雨，下得不大。七八月的时候经常有雨，雨不大，有虫子就有雨，地里跳的蚂蚱蝻儿。冬天不下雨了，虫子都上地下去了，虫子一到惊蛰就蛰起来了，原来在土里生活的。

那年小日本来了，没吃的，北京卢沟桥事变以后来的，日本人来了。日本侵占咱中国，还有人管这闲事，给人看病？也没人敢管。1943年来村里扫荡，是那一年，年下，和现在一样，年下来的，还修炮楼，这里归日本人管，他不管咱这病，日本人没有死的，他没得病，我们吃新粮食，人家吃人家的罐头，不吃咱中国的。

日本人是卢沟桥事变以后来的。外国人死就死，活就活。1943年，在清河见过飞机，这里没有，光土匪，土匪的名字谁知道啊！他在暗里，咱在明里。

采访时间： 2009 年 1 月 22 日

采访地点： 清河县黄金庄村

采访人： 高　路　李小玮　于　哲

被采访人： 赵现强（男　77 岁　属猴）

赵现强

　　我叫赵现强，77（岁）了，过了这个年 78（岁）了，属猴的。我上过学，我那时候在日本的炮楼上上了一年，七八岁的时候，那时候没有师范、中学、大学的，上完小学我上的抗日高校，就是晚校，五年级六年级，上晚校的，俺这一级里剩下五六个没考上，那时候差不多都能考上。俺那时上学一个月补助 23 斤小米，都吃小米，连公家里办公的都吃小米。他发，买个纸买个笔，上完学后 1950 年，我就去当兵了。那时候没入党，入的团，在学校里就入团了，小，不叫入党，当兵回来就入党了。

　　我和家里的老妈妈（妻子）都是党员，我是 1957 年入党，她入得早，比我早，1950 年吧，十六七（岁）就入了，我入党的时候都快 30（岁）了，我这记得清楚，我那时脑袋瓜也好使，再加上我家最穷，在俺这胡同数俺家穷。那时候我父亲做个小买卖养活，那时俺姊妹四五个，再加上爹娘，爷爷死了，奶奶死得还早，我刚记事。民国 32 年大灾荒，三年没下雨，还遭了蚂蚱，三年没下雨，还遭大水淹。什么时候开始下雨的？哪三年？那时小，闹不很清，民国 32 年最厉害，那时候又没河又没井又没电又没机械，地里长就长，不长就不长，地里没收成，没下雨，三年没下。那时种的是谷子、高粱，棒子少，棒子是水苗，要浇水才能长，旱苗呢，种上就等老天爷。那时俺村不过 2000 人。民国 32 年就开始旱了，民国 32 年最厉害了，这中间又来水，上边不来下边来水，把地淹了，一月退的，退了就不能种了，都到时候了，六月里淹了，到七八月还能种什么？天旱、水淹、闹蚂蚱，还遭小日本，那日子难过。

　　那时候饿，又闹霍乱，传染，村里一天死十八口子，我爷爷就是那年死的，拉稀，拉起来没头了，吐。俺村里死了好几个，都是二十几岁的小伙子，你今天晚上得了，第二天早上死了，隔一宿就死了，一天能死十八个人，拉死最厉害，俺爷爷叫赵玉尊，也是得霍乱死的，俺这个前面的叫赵凤喜，也是那个时候，顶多三十来岁的小伙子。死的人多去了，名字我都记不清了，那时候小，见天死人，闹纸钱儿。那时候没治的，有治的也不行，它是霍乱，这个东西快，那时没西药，没医院，有个中医你还得抓中药去，没治也没钱买这中药去，请个先生，中医，你也请不来，也不来治你，人家来了以后，熬好药，还没熬好药，人就死了。这个病死得很快，顶多二十来个钟头，都是吐，下边拉，一拉就脱水。

扎针扎出黑血？谁知道啊！那时候小，闹不清，那时才八九岁。没记得抽不抽筋，俺爷爷吐，发病那天，连拉带吐的，吐着一阵就死没气了。不止这一个村，这个县都这样，就像禽流感似的，这个病传染。家里其他人没得。下边拉，上边吐，都是一样的症状。那时候小，光说清河县里得霍乱病都死了好些人，咱村这些人都是得一个病，大人都说这传染病是霍乱，现在岁数大的都说修炮楼那年闹霍乱，俺村里一天死十八口子。都有谁得这病，俺那时小，记不清。那时喝井水，砖井水，喝凉水的多，喝热水的少，那时没炉子。

霍乱死了多少，大体的数，只知道有一天死了十八个，见人家说十八个，听大人说的，死了人摞门上，抬走，在地里挖个小坑，把人架下来，摞小坑里，把门一扣再埋，没人格子，没有人卖格子，也没钱买格子，格子就是棺材，俺爷爷也是这样埋的。得病死了几百口子，没见治好的，又没医院，怎么治啊，有医生，你除了去人家里去治去，再说这个村没医生还得去请医生，你再熬药，一熬一两个钟头，那时候还来得及？俺村没老中医，有一个也死了，俺这净去王庄请冯静安去，他好说话。

洪水是阴历六月份七月份呗，那时候不下雨，那水也不知道哪里来的。天旱、水淹、遭蝗灾，那三年，民国32年，闹日本、闹国民党、闹皇协。那年没下过雨，雨下得不大，地还没湿。

霍乱是洪水来之后，春天里，腊月天，洪水来之前没有，腊月最厉害，没治，其实得了这个病，到医院打一针就好了。那时候地都淹了，淹了白淹，那时候庄稼都旱死了，淹也淹不着嘛！那时吃吃枕头稗子。

人都逃荒去了，逃到河南的、山东枣庄，去卖衣服、卖水果，我没去，那时小。逃跑的都从俺这跑，都在这歇息，带着孩子的妇女，走着走着就没气了，她肚子里没食儿，又抱着孩子，累得慌就没气了。都在这上德州，上平原，在平原上火车后上枣庄兖州那，没上北去的，俺家没去的，（逃走多少人？）闹不清，俺这村逃出去的不少。

我哥哥也是十六七（岁）就去沈阳打工了，一天十二块钱，我这个兄弟也上北京打工去了，我自己懒，不爱干活，我就上学去，上学回来俺家就骂我，"你光上学吧！你吃那个学校，你别上咱家来！"我就偷块饼上学去，我先考的这个晚校，考上三回，家里不让去，1950 年才叫去的，我和家里闹的，在晚校里上了一年半，1949 年上的，1950 年去当兵了。

闹蝗虫，1942 年闹的，旱灾时就有蝗虫了，把天都遮住了，月亮也看不到，蝗虫有炒着吃的，掘个沟，拿个树枝呼呼轰，轰到沟里，见都进沟了就用锨埋，就憋死它们了。时间不是很长就没有了，地里草啊庄稼都被吃得只剩下小棍了，下半年秋里就没事了，它没有吃的了就走了。

洪水没围俺这个村，向东来到了武宋庄，我记得，向西来到峨二庄，洪水也不知道怎么就来了。慢慢就耗下去了呗，隔了个把月才退下去的，洪水是六月份来的，洪水来的时候日本人没来，先有的洪水。

民国 32 年大灾荒，（那时我）八九岁，国民党、日本、八路都在这，明里是国民党，有国民党，也有日本，也有八路，三块儿。日本人在俺村修了大炮楼，白天，日本人下炮楼去扫荡，俺村是个大据点。修炮楼，就是民国 32 年，三层的楼，外面有小窗户。

日本人还来俺家啦，我四兄弟长得好看，他就带走了，他离家远了，他想他的孩子，他就把咱的小孩抱走了，送回来的时候，装满糖，没给我。他修了炮楼，在这儿有据点，他不抢咱这村，不扫荡这村，修炮楼以前这里很穷。没见过穿白衣服的日本人，穿的都是黄的，穿大皮靴，扛东洋刀，他那小刀那么窄，就砍咱这头，嗖的一声就掉了。日本人给检查身体吗？就是咱得那霍乱？他不管这事，他替咱抓小偷，村子里小偷抓了送炮楼就给枪毙了。

修炮楼以前有飞机，修炮楼是在民国 32 年，1943 年，民国 32 年修的。修炮楼之前见过飞机往下扔炸弹。民国 32 年没见过飞机。你有点东西，到天黑老杂头、土匪就来了，天黑了就抢，五六家，有刀枪，土匪头子的名字我不知道，不是咱村的，咱村也有土匪。

那年是先旱后蚂蚱，蚂蚱过后淹，霍乱最后在冬天腊月。

赵兴甲

采访时间： 2009 年 1 月 21 日
采访地点： 清河县黄金庄村
采 访 人： 王 青　邱红艳　王学亮
被采访人： 赵兴甲（男　74 岁　属猪）

我叫赵兴甲，74 岁，属猪的，上过小学，上过三四年，是党员，1963 年入的党。我没参过军，大灾荒那年记不很清。

那年刚开始地里旱，不收东西，哪个月开始的记不很清了，当时地里不收东西，都没吃的，那时候吃树皮，旱的时间记不很清，旱了有一两年。逃荒出去的什么时候的都有，上河南逃荒，挨饿的时间我也闹不很清，家家都没吃的，不知道什么时候开始的，那时候种棒子、小麦、谷子，收成不行，一亩地几十斤。我那时候小没出去，大人出去了，逃荒差不多从这时候开始的，逃荒的人不少，都上河南，没有往北去的。逃荒去一个是要饭，拿东西换粮食，拿衣裳，乱七八糟的，出去多少人咱记不清，有的待了数月，有的待一年回来了。

下没下雨记不很清了，反正那时候没吃的，吃树皮，棉花种，吃得拉不出来，反正地里没收东西，倒记得有棉虫，不知道是哪年。那蝗虫那蚂蚱，哪一年不知道，反正闹过，闹蝗虫早好几年，好几年都没下雨，病死的也有，什么病闹不清。

没记得下雨，到后来下了，不知道什么时候下的，也不是很大，下多长时间记不清了。有的时候不是光不下，有的下一点或怎么着，什么时候下的雨记不清。那时候挖的井，喝井里的水，烧开了喝，洪水不记得有。

大贱年我那时五六岁？六七岁？八九岁？先是干旱，旱得厉害，什么时候闹不很清了。六七月份没记得下雨，好像是下半年霍乱，庄稼还没有（熟）咪。我没有出去，大人去过，家里那时候五六口人，我父亲大爷大娘都逃荒出去过。

霍乱有，哪年记不清了，反正有，有呕吐的，别的记不清了。俺家里没有得的，得病的也不多，这个病有快的有慢的，不治，治不了，没钱，有医生没钱也治不了，有钱的有治的，大部分治不了，怎么治闹不清。得霍乱死的人的名字记不很清，那时候小，六七岁。岁数大的得病的多，那时候死的人不少，那时候不知道传染不传染，不知道为什么得这病，糊里糊涂地大家就得这个病了。得霍乱的人不少，多少人记不清了，差不多这一窝都有，那时候死人多啦。扎针都扎旱针，有扎的，能不能扎过来闹不很清，是老医生，扎哪闹不很清，有扎过来的。

采访时间：2009 年 1 月 19 日
采访地点：清河县黄金庄村
采 访 人：王 青 邱红艳 王学亮
被采访人：赵秀芳（女 75 岁 属狗）

我叫赵秀芳，75（岁）了，属狗的，民国 32 年没出村，本村人，跟没上学一样，没上过学，穷。民国 32 年的事现在都忘了，么也记不住了。

赵秀芳

那年没吃的，光炒蚂蚱吃，闹病的时候蚂蚱没了，做饭吃，光糊锅。灾荒那年我七八岁，我光记得我要饭吃，要饭时不大，逃荒时咱小，出不去。有人死了，在当街，我去看了，不知道哪一年。那时小，逃荒的多，就拿旧衣裳去换吃的，记不得是哪一年，小，光知道这个。

那年霍乱我也是记得一点，俺婶子是那一年死的，我那时候不大，见过得病的，我一个婶子一个娘死了，连挨饿，没有衣裳，没有医生，原身就埋了。抽筋，其他不记得，人都愣瘦，面黄肌瘦。在村里东头西头也记不了，俺婶子俺娘，连挨饿，受一段罪，死了。那时候我七八岁，就记得一点这个。

在小水洼里逮鱼吃，那是以后了，最晚最晚的。俺这里雨水很少很少，没井，靠天吃饭。

日本人来了，走的时候没见，大人都出去了，害怕，叫我看家，我没出去，他拿枪戳着我："大人都上哪去了？东西都藏哪了？"我在那时受惊吓。白大褂，我不记得这个。

采访时间：2009 年 1 月 22 日
采访地点：清河县黄金庄村
采访人：董艺宁　薛　伟　毛倩雨
被采访人：赵秀梅（女　73 岁　属鼠）

赵秀梅

我叫赵秀梅，73 岁，属鼠。上了一年学，岁数大了，不让上，18 岁入的党。解放后，分了点儿地，我兄弟高中毕业，考了大学也没上，当会计了。

光记得民国 32 年旱得不下雨，地里种不上庄稼，两三年没下透雨，旱了好几年，没井没嘛的，不能浇，一直旱，不收麦，闹灾荒。

那年，天上蚂蚱多，能听见蚂蚱的声音，成群飞过的声音，遮住天了，吃得庄稼成了棍。那时人饿，就把蚂蚱放锅里热热就吃了。旱，蚂蚱也多，天旱、水灾都招蚂蚱，我还记得那时吃蚂蚱。

村里人常去卖衣服，买点粮食吃。有逃荒的，旱的都去逃荒了，俺没去，俺父亲给人家做活，家里还可以，大爷去逃荒了，去了河南。俺那时还在娘家，娘家在县城后面的小赵家庄，俺姐姐跟大爷逃荒了，住姑子庙，他们回来了就能种地了，天也不旱了。

灾荒年，都那年得霍乱病，都逃难了，就百十个人留在村了。得病的拉、吐，没药，没先生，上吐下泻。俺家里没有得霍乱的，邻里也没得霍乱的，我们那个小村没怎么闹，家里就剩几十家了，也没多少得霍乱的。灾荒年得霍乱病的多，这之前没有。那时没医生，有扎旱针的，哪病扎哪，肚子痛扎肚子，治嘛啊，没药，没医生。得霍乱上吐下泻，那不就脱水了嘛，他不就死啦。闹不清上吐下泻什么时候，老伴说腊月。

都是地里晒得，吃不饱喝不好，在地里，常晒死在地里。

还有日本鬼子，后来修了炮楼，占了别人的地。当地小伙子有当上皇协军的，也要钱抢东西，俺们衣服都卖了，也没什么东西，俺奶奶吓得哭。他们也抓劳工，父亲被抓去修过炮楼。

那时有八路军住俺家，隔着门喊"大娘大娘，叫孩子别出去"，八路军一打就跑，提着炸弹什么的就走了，吓得孩子没魂了都，眼看那炮楼倒了，日本人也有把东西带着走的，也有扔下的。俺那时小去看，上面有门窗，圆的。

没见过军医，日本人穿着黄衣裳，打过俺娘，要东西，有鸡抓走了，有鸡蛋也拿走了。离家近的就抢东西，光皇协军下来抢东西，日本不要东西只要钱，皇协军什么都抢，日本人在炮楼上，没听说要东西，要钱自己花，他们有组织有嘛的，有运输粮食的。日本人也想孩子，看见小孩也给东西，给糖啥的。

那时候村小，村里没什么大户，也没说有土匪抢过。张怀成抢了我庄上的大户，他以前去大户家借粮不给，听说出去以后当土匪了，弄上柴火把他粮食烧了，就是报仇借他东西不给。那时候真正的土匪没有，就去过他家，别的地方没抢过。

俺那里开过口子，不是灾荒年，是灾荒年以后开过口子。那时喝井水，深井水，有水管，有炉子烧热的。

采访时间：2009 年 1 月 21 日
采访地点：清河县黄金庄村
采 访 人：白丽珍　胡　月　赵勇辉
被采访人：赵玉成（男　83 岁　属虎）

赵玉成

　　我 83 岁了，属老虎的。咱那时候上学很少，也念过几天，是村里的学校，不是日本学校。我是党员，我没参过军，我兄长参军了，他是 1937 年去的。

民国 32 年天气旱，旱的时间不少，反正地里庄稼收得很少，那一年闹大灾荒啊，人死的没数了，都收庄稼了，棒子才长这么小，旱的，要不还长这么点啊？耩麦子时，也下了点雨，麦子反正也出来了，下雨大概是旧历的九月那会儿，雨不大，时间也不长，没下几天，反正麦子也出来了。

没闹洪水，那洪水还旱，这边有运河，那一年没开口子，民国 26 年开了，民国 32 年没开，咱这没有其他的河，咱这就是个运河，这个清凉江没水，那是个古道，干的，多少年也没水。反正麦子出来了，小棒子那么高，那么长，旱啊，也记不很清楚，从春天开始旱的，反正下雨也一星半点的，下的小雨，不顶用。

那逃荒的人多了，死的也多了，我没出去逃荒，我家里有母亲、奶奶、爷爷，除了老的就是小的，所以没出去，把糠吃完了，糠团子。都逃到河南了，黄河南，东北的也有，少，上那儿去的少，上黄河南的多，山东去的可能也有，枣庄这里跟河南搭界的地方，主要是上河南去的多。

那时候地里没井，咱这是旱田，光村里有供人吃的井，砖井，砖垒起来的井，这村井多，村大，得有几十口子井，人多。有井吧，它水上不来，旱的，都去淘的，回来都有杂质，泥嘛的，放放再吃，这河里过不来水，反正得烧开了啊，那会儿哪有暖壶啊，穷，有点嘛的用棉花套子做壶套，套起来保暖，暖壶是解放以后才有，那时候哪有啊。

那年也有蝗虫，棉虫，就是肉虫，吃玉米谷子的叶，一吃叶子，它减产了。反正赶上麦子快收那时候招的蝗虫。何止危害大啊，那蝗虫地上一堆堆的，那个不会飞的，是小的，叫蚂蚱，这里麦子不招蝗虫也收的有限，咱这是旱地，种在人，收在天。割了，掌镰割了，割麦头。就算没有蚂蚱也收很少，一亩地收几十斤。会飞的这大了，一飞就走了，叫飞蝗，过那飞蝗时，这晚上有月亮都看不清，就飞走了，这没有吃头了能不走吗。那小的跳壕，挑了以后埋住它，走上前，掉那里头咱就埋住它。

那年人连枕头里的秕子都吃了，那谷子长得拱不起来的叫秕子，多少年了枕的那个秕子都吃了。饿的人没数，那不计其数啊，那又没人管，那人死的多了，死了多少人咱记不了，光保存他家就死了五口子，俩大爷、一个大娘、赵保存一个兄弟。那年不收粮食，棉花种都吃了，能吃的都吃了，吃的东西在肚皮里面外头都能看见了，吃的菜在肚皮里面外头都能看见绿了。

人连饿带热，在道上死的人多了，有得病的，那会儿按中医来说叫霍乱，很快，一发病，时间不长就死了。吐、泻、肚里疼，那时候都叫那个病霍乱，还传染咧，那粪便拉的那个，它里面都有菌啊，那会儿各家各户也没有人组织这个，也没有卫生，谁知道怎么着啊，反正得了病就死了。

治吧，那时也有针灸扎的，扎旱针，人家针灸先生都知道穴道，也没药，钢丝扎进去就好了。咱中医都有针灸，扎哪里咱不懂，都在腹部，腿上也有，一扎那针，拔出来，向外放血，反正那都发黑色。那时候不跟这时候一样有诊所，那都是个人，咱村里有三五个是针灸医生，都找他们去，那时看病也不要钱。会扎的少，那有一个出名的，姓赵，他针灸扎得比较好，村里都有找他的，他那时候也老了。还有扎不好的，年轻的，他岁数小。老中医姓赵，都叫他"三义堂"，反正有扎好的，扎好的不是那么很多，那个病很快，有的来得及，有的来不及，不像现在有合作医疗，有诊所，用药，一用就有效，没药，那都没药。农村都用丝瓜瓤子熬熬治感冒，抓把绿豆冰糖治感冒。

人有霍乱病能不抽筋啊，抽筋，肚里又疼又抽筋。也是扎，我刚才说的那一家死了五个的，有两三个得这病没治好死的，那时候这个村多数是得霍乱病死的。我家里要说没事还有点事儿，那年祖父岁数也大，也不行，死了，他那年82岁，他在地里咧，那还没病咧。七月那时候光下雨，家里做饭的都没柴火，没啥烧。光下，下了七天七宿，在那引起霍乱病了，天气潮，生活又不好，又没粮食，都上地里去，掐点黍子条，回家吃。俺祖父下着雨那会儿在地里，就去看着庄稼，怕有人去偷啊，那时候下雨，晚上下的雨，来家里就病了，拉肚子，时候不长死了。他是自己去地里的，一闹肚子以后就死了，他没抽筋，生病是在下雨之后，雨下了七天七夜，它湿，吃的不好，就得了霍乱。

咱村里那时候有炮楼，我进去了，没死在里面。在一九三几年的时候，俺哥哥他是抗日政府二中队的指导员，民国32年他死了，他当指挥员比民国32年还早，他民国27年在校里，一毕业出来，抗日政府一组织就去了，一出来就当了第二中队指导员。日本治安军的排长，苏排长，后来咱这抗日政府打死他了，他找俺村里了，问谁是抗日家属，抓我进去了，待了十四天，赎出来的。家里把宅子也卖了，连地也卖了，以后1946年一贯彻这个土地政策，土改，赎出来了，把这个宅子赎出来了，那地也赎出来，那时候你不卖咋出来。

在炮楼里他们没打死我，麻绳编起来，蘸着凉水，脱了衣裳打，牢里面有俺四个，把俺四个打得很厉害，他们都不知道怎么回事儿，他们抓进去了时候不长又回来了，俺四个，有殷朋年，有潘书祥、潘书玉，潘书祥和潘书玉他兄弟那会儿在抗日政府里当个区长，潘书万在县当个县长，都是抗日家属，那一年我16（岁）。炮楼里有日本人也有皇协军，反正主要是被皇协军抓起来的，那会儿你没法说，你老虎凳也上了，皮鞭子也挨了，就是弄个板凳，你倚着坐上板凳，用绳子把腿捆一圈，塞砖，它蹩，从后边塞砖能不疼啊？我没沾你大爷（对自己的儿子说）的光，被他累煞我了，咱家给抄家抄了好几回，那都是皇协军。

修炮楼是 1941 年了，不光咱村的被抓来修炮楼了，外村的也都来修，在村里要的人，修炮楼的东西都是村里弄的。咱村就是一个炮楼，在东头，西边二里地峨二庄也有，再南边是纸房头，这是一趟线，在这个西王官庄，老城里，上这来的，这西王官庄是日本政府弄的县城，在那上老城里，再上纸房头、连庄，这一趟线，张古庄，纸房头，都连着，都是那么着，都是把人弄那去给他修的，东西都是村里的，那会儿他抓的人盖完了炮楼都叫回来了，没见过抓到外地的。

日本人没修炮楼时光出来讨伐，黑着出来在咱村转，（老百姓）可是遭难了。光出来闹腾，一个头上有疤的，抓我时枪刺子挑了我一下。他们奸淫烧杀什么不干啊？房子都点着了，那反正是他出来讨伐，他们点的，咱也不知道是日本人还是皇协军，没见过那个日本医生。

民国 32 年 17 岁那年，没见过他发嘛吃的。杀人哪？杀人杀的不少咧，我没见，咱村里在东边有个炮楼，那是 1943 年。那时炮楼上弄的有个小学，把村里的小孩弄去上学去。有个老师叫刘保章，西高官庄的，那还是大学毕业的，俺村里有个地方，说刘保章知道，其实人家不一定知道，就抓去了，一会儿就给枪毙了，后来咱听说刘保章还是个地下党员咧，他是个知识分子，青年大学生，嘛也没说，弄出去就枪毙了。村里有枪支，告密的人说有枪支，有手榴弹，说人家刘保章知道，什么也没说，弄出去就枪毙了。

飞机啊，俺这个老城里，飞机炸那儿了，一说这个话又长了，那一年，1937 年那时候，他一个飞机驾驶员迷了方向了，黑了，哗哗转着飞，他落在老城里南边了，落那了，（那时）有政府咧，老百姓都去了。秋天地里都搭的窝棚，这日本人跑棚里去了，咱这人都不敢抓那个日本人啊，不知道什么样啊，到后来找个人，人多了，政府抓他去了，把日本人抓去了，那个日本人还带着手枪啊。就是一个驾驶员，也不知是迷了方向还是怎么着，落那了，因为这个，炸这个清河，飞机落这了。现在没有了，以后那飞机都拆吧了，都弄了拉走了，拉哪去不知道了。炸呀，光炸老城里，炸弹呼呼呼下来了，炸了好几天咧，没见过飞机扔东西。

采访时间：2009 年 1 月 22 日
采访地点：清河县黄金庄村
采 访 人：张　伟　赵勇辉　胡　月　白丽珍
被采访人：赵玉成（男　83 岁　属虎）

潘振英的妻子和母亲还有一个小男孩在民国三十二年得霍乱死了，小孩几岁吧，他妻子三四十岁吧，他母亲六七十岁，那年他在东北，没事。赵保存的俩大爷、俩大娘、一个兄弟死了，大爷大娘差不多六十多（岁），兄弟大约十来岁，叫赵保知，他一家子死了。赵迎春和他母亲死了，他母亲六十多岁，他自己三十多岁。得霍乱病是夏天时候多，下雨多，七天七夜，都在那时候得的多，也有下雨后得的，上吐下泻，连水带吃的东西，有的还拉稀，肚子疼，有打针灸的，有打好的，也有打的不行的。

采访时间：2009 年 1 月 20 日
采访地点：清河县黄金庄村
采 访 人：高　路　李小玮　于　哲
被采访人：赵玉梅（女　82 岁　属兔）

我叫赵玉梅，今年82岁，属兔，没上过学，那时候小孩没有上学的，1943年我还没嫁过来，俺是本村的，但那年还没嫁，俺家住在大街上。

赵玉梅

1943 年那时候旱了，什么也不收，没下雨，地上连湿都没湿，后来又下了雨，下雨下得粮食都生芽了，不收粮食，庄稼都旱死了。那年出去的多了呢，病的病，旱的旱，俺都走了，俺都逃荒去了，哪个月份走的不记得了。

大旱年那年，这个村里有病的，得霍乱的，什么时候得的病，你叫我说几月里，我说不清楚。一胡同道里死了 4 个，都闹肚子，肚子痛，吐。扎旱针，也就是针灸，有扎过来的，有扎不过来的，村里有多少人？那时候我哪知道啊！反正比现在少得多。因为这个病死的可不少，一个胡同的人都死了。那时候俺家人都走了，我亲眼见的，那前面有病的，王三麻子家，娘俩是一天死的。

我 83（岁）了，现在有病，记不得那些事了，跟你说了大概，忘了都，得病那年多大你叫我说那我可说不上来。

采访时间：2008 年 1 月 25 日
采访地点：清河县黄金庄村
采访人：常晓龙　王雅群　张　琪
被采访人：潘书常（男　82 岁　属兔）

潘书常

我今年 82 岁，属兔，没上过学，那时都是日本鬼子进村的时候，1943 年事儿记得点。

1943 年天气呀，记不很详细了。有人得霍乱，经常死人，一天死好几个，那人我看见了。得霍乱那会儿下雨还不少。先旱又接着下了几天雨，有五六天、六七天。下雨前下雨后闹不清。记不很清，没人治，没人管，那么大的村闹不很清。1943 年下雨不多，主要是旱。七八月不旱了，树上结枣了，摘青枣吃。河常开口子，河堤一闹水就开口子，那年没开口子，没听说过

329

日本人开口子。

他们闹毛病死了，就是上吐下泻，吐得不很多，没什么吃，饿的。六月开始闹，阴历六月开始，主要是饿的，没么吃。那时候 17 岁。村里一共有 1000 多口人，死了多少人不清楚，没细数，200 多是个大概，谁死了记不清，一家子一家子地死。有一家叫赵尚庆，死了三四口人，还有赵宝芝，死了三口，还有的就记不清了。

那时候没什么人，都逃荒了，去东北了，那儿去的多，哈尔滨去的人不少。东北粮食多，人都上那儿去了，摸着啥吃啥。日本人在这儿东北角修了炮楼，人不多，十个八个，皇协军多。日本人一般不下来，就在炮楼里，有时下来扫荡。没大有杀人的。我们村共产党没枪没炮，不敢公开露面。

采访时间：2008 年 1 月 25 日

采访地点：清河县黄金庄村

采 访 人：常晓龙　王雅群　张　琪

被采访人：赵常生（男　81 岁　属兔）　　赵常在（男　70 岁　属虎）

　　　　　　潘书图（男　81 岁　属龙）　　刘宝银（男　65 岁　属羊）

那年阴雨连绵，前面旱，后面淹。高粱旱地里长不出来，八月下雨了，下了七天七宿，那会儿高粱都发芽了。

咱这儿洪水淹不着，人就都得了霍乱转筋儿，吐，两个钟头就死了，扎旱针，有去王官庄扎针的，刘万河给扎好了。我同姓的三爷爷给别人挨家挨户扎针，咱不知道在哪儿扎，他扎过的就好了，不扎的都死了。说不清怎么得的，岁数小又不是医生，不知道。我们中医都叫霍乱，大家叫，我们也跟着叫，得的人不少，不知有多少人。

全村有 400 多户，得病死的数不清，慢慢想也想不清，大概有 400 也不能少，北边一个胡同就死了 18 口人，各家都有死的，没人管，有一半

赵常生、赵常在、潘书图、刘宝银

户家死人了，名字记不清了。李长春家死了人，死了也没棺材，直接埋土里，死了就埋了，谁也不知道。霍乱一天抬十个八个的人，把头一盖就埋了，老人多，小孩抵抗力还强点。

日本人是 1941 年来的，修炮楼之前来的，1943 年修炮楼，炮楼在东北角，现在成粮站了。炮楼上有一班人，有的还没人呢。他不下来，就摸着线索抓共产党时下来，要粮时通知地方，向村委要。杀人有，赵洪卫原来是村舵，相当于村主任，被杀了。（当时日本人）叫齐村里负责人到炮楼，有个主任是治安军，让各村干部到那，有的逃了。

1943 年没开口子，有的地方有，咱这儿淹不着，也不去记那个。日本人待了五年多走了，老百姓轻易见不着日本人。强奸妇女有，不多，这个村没有听说过。

那时都喝井水，水按说挺干净的。汉奸不多，生活所迫呗，有个别的太穷了，只要有窝窝头吃就不干。

清河县油坊镇赵店村调查报告

一、位置与人口

赵店村位于清河县东南侧，南与临西县相邻，东与山东省临清市相接，与夏津县隔河相望，坐落在两省三市的交界处。

2009年，全村共1966人，480户，耕地3124亩。1943年时，村庄人口在500—1000人之间。村内有南北大街三条，东西大街十二条。卫河在村庄东三里地，1943年村中有三口甜水井（标注在地图上），四个庙，现已不存在。下图中红色区域为1943年赵店村简图。

二、调查时间

1. 时间：2009年1月17—22日，总计5天

2. 行程

17日：上午，山东大学东校区地下活动中心调查培训会；

下午，调查队员集体乘车去清河县城；

晚上，旅馆开会，详细讲解调查注意事项及发放调查用设备。

18日：白天：调查组队员出发前往赵店村，熟悉村庄环境，查找老人，确定适合采访老人人选；走访了赵店工作站、赵店村委会，得到了村会计的热情帮助；

晚上：回到旅馆，调查组队员讨论第一天摸底情况。

1月19日：采访了7位老人，中午和晚上，队员根据调查情况进行了讨论。

1月20日：采访老人，晚上开会，总结当天情况。

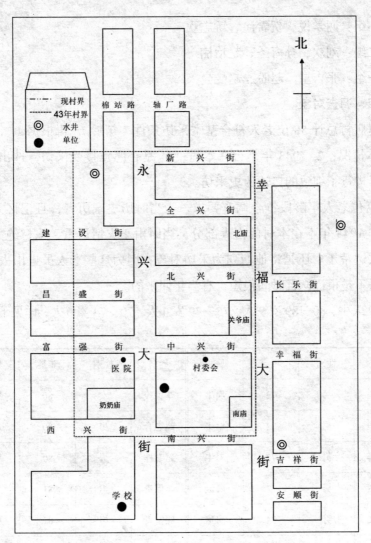

赵店村简图

1月21日：采访老人，晚上，开会总结，并对资料整理做了规定，规定了资料整理的格式和上交资料的具体时间。

1月22日：对作为重点采访对象的老人进行了回访，并绘制了村庄简图。

三、调查人员

赵店村调查组共9名队员，分三个小组进行调查，如下：

一组：谢学说、贺希淦、矫志欢

二组：刘欢、孙海圣、赵怡楠

三组：张吉星、赵盼、赵曼曼

四、调查对象

赵店村总计 58 位老人符合基本采访条件（年龄），再根据 1. 记忆力等身体情况；2. 1943 年是否在本村；3. 是否愿意接受采访，选出 19 位老人，进行了细致的口述历史采访。

19 位老人年龄段符合调查要求，为当时历史亲历者，且记忆力较清楚，但 1943 年不在本村的占大部分，当时由于灾情严重，该村绝大部分人出去逃荒了。还是将他们列为采访对象，因为这些老人虽也出去逃荒，但走得不是很远，且时间很短，有当年回来的。

19 人中，80—89 岁 9 人，75—79 岁 4 人，70—74 岁 6 人，详见下表。[①]

姓名	性别	年龄	属相	姓名	性别	年龄	属相
陈秀昌	男	72	属牛	李保俊	女	80	属蛇
陈玉恒	男	72	属牛	赵志合	男	80	属蛇
韩金祥	男	72	属牛	赵春桂	男	80	属蛇
魏富贵	男	73	属鼠	李保贵	男	81	属龙
赵庆文	男	74	属猪	滕富贵	男	81	属龙
马秀英	女	74	属猪	王维玉	女	82	属虎
陈秀珍	男	76	属鸡	赵国栋	男	83	属虎
滕志斌	男	76	属鸡	陈玉柱	男	83	属虎
赵得山	男	76	属鸡	陈玉贵	男	89	属猴
孙全香	女	79	属马				

---

① 为统一标准，表中年龄是根据被采访人生肖属相推算出的周岁年龄。

五、灾害情况总结

1. 霍乱情况

据采访对象回忆的染病者姓名：

姓名	性别	出生年月	染病时间	死亡时间	地点	症状	状态
赵金成	男	/	灾荒年	当年死亡	赵店	急	死亡
二倒瓜	男	60多	民国32年	民国32年	赵店	上吐下泻	死亡
赵生全	男	60多	民国32年	民国32年	赵店	上吐下泻	死亡
殷郎氏	女	/	/	/	/	/	死亡
张臣	男	/	/	/	/	/	死亡
小龙	男	/	/	/	/	/	死亡
赵祥辉	男	/	32年前		赵店	/	幸存
张凤鸣	男	/	/	/	/	/	幸存

据老人们回忆，1943年，赵店村霍乱有发生，但印象不是很深，症状描述与霍乱症状也很相符，疑似霍乱。老人们一般都将饥饿与霍乱、得病联系到一起。

2. 旱灾

1943年赵店村干旱没有在老人们的记忆中留下太深刻的印象。该村距离卫河仅三里地，干旱不是很严重。

3. 大雨和洪水

1943年六七月份下过七天七夜的大雨，据一位老人回忆：当时下雨下了很长时间，他和附近的村民都到村中的小庙里去避雨，突然有从别村逃过来的人说河开了，于是村里人就在西庄附近，把房子拆了取土，打护庄堰。大水从村子南边过来，水势不是很急，和农村浇地似的，一点点地上涨，堰就一点点地打。地里水涨到高粱穗那么深，村里没有进水。也有老人回忆，听说日本人在尖庄附近扒开过河堤。

4. 饥荒与逃荒

根据采访，当时该村逃荒很多，主要逃往河南、河北、山东、山西、东北等地。因为饥荒，村民出去寻活路。

六、总述

1943年赵店村人口为500—1000人之间，当年十之八九的人都外出逃荒了。采访的19位老人对旱灾记得不是很深刻，提到民国32年时，老人们都说到发大水，淹了，在西庄（注：地图上奶奶庙附近）打护庄堰，拆房子取土，大水从村子南边过来的，因为有护庄堰，所以没有淹到村里。那年六七月份下过大雨。

村里有三口甜水井，其余为苦水井，没有人吃。对于1943年的疾病流行情况，由于与饥荒有关，大部分老人都认为是饿死或与饥饿有关，并且对症状描述不是很正确，仅能确定为疑似霍乱，赵店当时霍乱应该有发生，但不严重。

七、存在问题与经验

1. 老人年纪大，事件发生年代久远，老人记忆不清，有时表述前后矛盾，真实情况难以确定。

2. 以村庄为单位的重点调查是首次进行，准备得不是很充分，仅是分散调查的集合，缺乏1943年村庄整体情况的调查。

3. 根据资料的整理，进行口述历史调查，要抓住我们调查的重点——霍乱，其他的情况作为当时相关情况的背景。

4. 调查前，要求队员根据调查问卷，结合老队员的切身体会，来写自己的调查问卷和提纲；采访时，让一名队员填写情况说明表，可以防止重点信息的遗漏。

谢学说　刘　欢

2009年1月22日

赵店村

采访时间： 2009 年 1 月 22 日

采访地点： 清河县油坊镇赵店工作站赵店村

采 访 人： 张吉星　赵曼曼　赵怡楠

被采访人： 陈秀昌（男　72 岁　属牛）

陈秀昌

我 72 岁，属牛，上过几年学，小学毕业，上完六年级。

我灾荒年的时候还小，民国 32 年，大贱年那段时间，连着好几年。民国 32 年逃荒出去的多，人都逃荒了，都出去逃荒要饭，这一个村的人没多少户了，都逃出去了，哪里逃的都有，东北，往不闹荒的地方去，百十户都逃了，当时村里 300 多户。我没逃，家里也是出去到亲戚家，我没出去，没收成。逃荒的后来都回来了，家里有点地的就回来种地，也有的逃出去就没回来。

没逃荒的在家做点小买卖，种地，该种还得种，小时候逮蚂蚱去，那时差不得七八岁。年年逮蚂蚱，那几年蝗虫要过来，9 岁出去往南边孟庄逮蚂蚱，也没逃荒。很小时的就不记得了，九岁之后十来岁时来过蚂蚱，挖了壕，小蝗虫，不长翅的那个，它光蹦，轰一轰，跳到壕里就收。蝗虫吃谷子、高粱，高粱长高了，谷子不下粮食，六七月份，七到八月，到了收的时候，八月以前收，那时候没种旁的，种高粱、谷子。

闹水灾，地里都淹了，运河里的水，堤修不好，水就过来了，只记得民国 32 年，逃荒的很多，连天旱带水淹。好几年里，光记得民国 32 年最厉害，淹的时候多，河水从南边过来。

数民国 32 年厉害，那时候我跟他的小孙子这么大，水来了，从大庄往这儿跑，西庄，跑着跑着水就过来了，就蹚着走，淹到咱村里来了，多深的水记不清了，村里人都挡水打堰，靠村外边。那是几月份说不上，不记那个，淹了高粱、麦苗。有个歌"民国32年，可怜又可怜"。

光记得那年闹过水灾，来过水，水深，也撑船，村里有船的撑船。喝井水，井不多，西边一个，南边一个，东边一个，能吃水的就这三口井，水倒是有水。淹了就喝河水，村里有井的喝苦水，不好喝也得喝，还是喝那水，闹毛病的还没有，喝河水闹肠炎。来水的时候，西边井没淹着，东边、南边井都淹着了，水不下去还得喝井水，个把月就下去了，下去就喝那水。

连天旱带水淹，阴雨连绵。光知道漏房子，光知道没地睡觉，下了七天七夜大雨，什么时候不大清楚，那时我10岁，大雨在水淹过之后了。光记得漏房子，黑天白天地下。出不去就在屋里待着，没吃的，连枕头都吃了，枕头里装的秕子，轧轧当糖吃了。

民国32年日本人在这儿，我六七岁就见过日本人，日本人带着中国人，要东西，抢东西，抓人，抓劳工，也有被杀的。（日本人）在咱村抓过劳工，这个村的七八个，都跳出来了。把他们放在地窖里，在油坊，待了六七天，也不给吃的，也不给喝的，到后来叫村里拿钱去保，给村里要钱，村里交公粮，交给上级。

咱中国地下党，咱解放军过去叫红军、八路军，号召群众挖沟、挖地道，地道打仗用，他日本人就垫道，他就抓劳工垫沟。那时也就是几岁，小时见过日本人上家里去，他糊弄小孩，问事，我病着呢，他就给小孩东西吃，也给过我东西吃，给花生，给俩捧子花生，不知道哪抢来的。抢东西，糊弄小孩，一般的吃了日本人给的东西没啥事。我没见过穿白大褂的日本人，都穿黄衣服。见过飞机，国民党也是炸，国民党炸临清。你要出去，日本人也检查，你买了票也有上不去（车）的，还抢你东西，过去日本伪军抢东西。检查身体（的事），闹不清。

那时又得霍乱，肚子疼、肠炎，这是听人说的。得这病死人，死得快，我没见过这样的人。就是肚子疼，没听说发烧，可能是上吐下泻，霍乱就是肚子疼，上吐下泻的病。想找个中医，那时候也没医院。扎针治这病记不清了。死了多少人不记得。光听说闹霍乱，我没见过。我当时很小，听说那个病传染，得这个病闹霍乱也死一部分人，喝脏水闹了肚子，肚子疼，小时哪能不有个肚子疼，小时没医生，找个人糊弄糊弄就好了，反正喝了凉水，吃凉东西，就是现在的肠胃炎。民国32年逃荒的不少，家里有人的很少，逃到哪儿，做个小买卖，要饭去。上东北去的多，临清南的，投奔亲戚，要着吃。上东北，得坐火车，坐火车，得买票，上东北逃荒的很不少。我小时候家里六口人，也逃了。民国32年我在我姑家住，山东夏津，那时小，刚会跑，就不记事了。我9岁出去过，去临西县孟庄，待了一年，咱那儿有亲戚的，住那儿，有日本人在这闹腾。

采访时间：2009 年 1 月 22 日
采访地点：清河县油坊镇赵店工作站赵店村
采 访 人：张吉星　赵曼曼　赵怡楠
被采访人：陈秀珍（男　76 岁　属鸡）

我 76（岁），属鸡，是老教员，在赵店教书，1959 年入的党。我是 1952 年出去教的书，在赵店教了 40 年，1982 年以后不上班了，1991 年退的休。民国 32 年在家，我 1939 年出去的，1940 年割麦子的时候回来了。

那三年下过大雨，民国 30 年到民国 32 年，这三年都下，我印象中那时是秫秸铺的房，茅房，就在炕上，搭个窝棚，那时没塑料，把席当窝棚顶，那时雨很勤，很大，一般是阳历八月下的雨，那三年都有。

从民国 30 年开始，民国 30 年、民国 31 年连续灾荒，民国 32 年有一次大水淹，黄河水，据说是在临清南铁窗户那里开口子的，我没去过，这是八月份的事。油坊当时有日本鬼子，种上了麦子水就下去了，连年灾荒，民不聊生，加上日本鬼子老是扫荡，油坊的鬼子常来扫荡。

水深的能行船，高粱露不着穗，那是地里，村里高，挡水用护庄堰，在村外面垫高了。堰不挡淹，所以淹了好几回，不只是黄河开口子，也沥水，下得雨大就淹了，民国 32 年常淹，高粱秆在地里插着，不露头。春天旱，哪一年春都旱，靠天吃饭。割了麦子好招蝗虫，咱这一带除麦子外都是春天种庄稼，所以说麦子从长苗到成熟都闹蝗虫，高粱长苗，一般谷雨时候。也不是说都闹，赶年，有个邪劲，说闹时不知哪来的，它是遍地都是，那时候都在地头上，掘个壕，使竹杠轰到这儿，轰到沟里，抓不完，老些个。那几年哪一年都有蚂蚱，虫灾。民国 32 年可有蝗虫了，百姓吃糠都没有，没有收成，死不少人，没法估计死了多少人。有个歌"民国 32 年，可怜又可怜，人口饿死一大半"，歌词记不清了。

那时村里不到 1000 人，民国 32 年时更少，除了跑不动的，没有不逃出去的，我没逃。1939 年，民国 28 年我逃的，河里决口，积涝成灾，就逃了。年年有，1939 年那时高粱还没打苞就淹了。所以说民国 32 年人死这么多，不能孤立认为这是民国 32 年这一年的事，它是前边积累的。

民国 32 年我家有 5 口人，父母、一弟、一妹，民国 32 年我家人没逃，吃的不像饭。民国 32 年啊，逃到关外这是主流，其他往济宁、枣庄，比较哪年出去的多，不好办。我 1939 年逃的荒，那时候枣还发着白，就走了，淹的高粱没打苞就走了，我去的是山东清平那个村，叫红叶沟庄，待了一年，到第二年割麦回来了。还有老多没开门的，清平那也没亲戚，那时都各自飞，没有什么目的，一家子推个小篷车，走到哪里算哪里。那时不是一家人都去，我叔父去的东北，我父亲到当地找个活，我小叔叔、我爷爷这一帮上了清平，到了清平就落脚了，没有目的，走到哪里算哪里。

民国 32 年，有病，霍乱，它是个医学名词，症状是上吐下泻，传染性很强。咱这一帮有一个得霍乱，明天全得得。各村都有，不光咱一个村，人口死了一大半，也不一定都是霍乱，有饿死的。看起来对这事你还是不懂，是因为潮湿引起的，雨水大，潮湿，得这个病的症状说过了，要是搁到现在，这个霍乱死不了这些人。现在有药，再一个他的生活也挺好的，跟吃糠、吃菜不一样。那时候没医生，所谓医生也就是看了几本医书，也都是个技术稀松。现在感冒可以输液，那时感冒要点平乐散药面，似乎现在的止疼粉，喝包那个，捂上被子出汗，那可真正是缺医少药，这样形容绝不过分。喝碗姜汤，出了汗，捂个被子出汗。一说得病，祸不单行，得霍乱不是一种，还得疟疾。大约在秋季得的病，哪开始的，那得找专门做这个工作的人。民国32年印象最深刻，下雨之后，得霍乱，有首歌"民国32年，灾荒真可怜，水大受了潮湿，人人得霍乱"，记不住。

民国32年的时候日本人在，1938年、1939年在这修的炮楼，成天来扫荡，不给人带来福利，进村就是抓人，去做民工。你这岁数，抓住你就算八路。再一个下来抢粮，嘛也抢，就是一只鸡，他也抓着。一般劳工都抓到油坊了，修炮楼、围墙或围墙外面挖那沟，就是护城河。给棍子吃！不给饭吃！他挑着你，不顺眼，一怠慢，这就打。他想杀人比踩死蚂蚁还容易，这边有被日本人杀死的。乡下人，咱没见过穿白大褂的日本人，我十几岁也没上城市去，不知道城里有没有。

想不起来谁得霍乱，这可把我难住了，现在我想不起来了，我当然见过得霍乱的。这根源是因为潮湿，还有就是缺衣少穿，免疫能力（低），症状是上边吐下边泻，当时缺医少药，几个村里没有一个小药铺，没个医生。扎针这事不能鱼目混珠，当时农村真有那么高明的医生吗？他又不是神针。我家没得霍乱死的，记不清附近有没有了。那年一般说的是先下雨后发水，下雨淹叫涝，河里决口叫洪，决口是在临清铁窗户那，堤坝决了口，也有人说是日本人扒开的，那咱就不知道了。日本人扒口子这是我听说的，铁窗户在临清城南几十里，水是从南边淹过来的。水深，高粱高的地方能露穗，村里没水，各村都打护庄堰，它一来跟浇水似的，朝前鼓，慢慢鼓，逗留时间长了，跑也跑不动，越往后冲力越大。

这个村庄的井，小庄一个，南头一个，像这弯有口井，那年淹了以后吃的苦水井。南边32米有个苦水井，在东边地里有个甜水井，那年咱村里没淹着，喝的生水，烧开水喝，下雨也得有柴火。

采访时间： 2009 年 1 月 19 日

采访地点： 清河县油坊镇赵店办事处赵店村

采 访 人： 刘 欢 赵 盼 孙海圣

被采访人： 陈玉贵（男　89 岁　属猴）

陈玉贵

　　俺叫陈玉贵，到年 89 岁了，没上过学不识字。小时候家里兄弟俩，一个哥哥，一个妹妹。那时候家里有一亩多地，不够吃的，那时家里穷，啥也没有，给地主干活，地主给钱，给几十块钱，我就跟着他吃，那时干活，跟着他吃，可以发二三十块钱，那时候钱可实。

　　我见咱村进日本人时岁数大了，啥时来的记不清了，反正我三十（岁）上下，也就是二十八九岁，我那时还没娶媳妇呢，日本人我整天见，他们跟咱中国人长得一样，他们从日本打过来的，说话听不很清。日本人到底有多少，咱们闹不清，他们穿的衣裳一样，有穿黄色军装的，有穿靴子的，有穿布鞋的，穿靴子的多，部队都穿靴子，戴的帽子帽檐上镶着五角星。

　　当时日本人不在村上，他们住在临清油坊那些地方，油坊离这儿有十来里地，日本人是没人讨伐的时候来，跟他打仗他就不来讨伐，没人跟他打仗还没事，有人跟他打仗他还不来讨伐吗？那时候有八路军、民兵、县大队，民兵是咱们村的，县大队是县里的。县大队怎么不来？他们在这儿带着兵，县大队管民兵。日本人待在这好几年了，没有三年就有四年，它是强国哎，占了咱们的地盘，不走了。

　　日本人不在这个村里，他们来过村里，皇协（军）跟着他，皇协（军）是什么？皇协（军）就是皇协（军）呗，皇协（军）就是图挣饭吃，鬼子和皇协（军）相比，当然是皇协（军）多，皇协（军）就是年轻的没吃的，少吃无喝的，挣饭吃，当兵去吧，就干皇协（军）去了，那时候汪精卫的队伍追随日本人。当皇协（军）的哪个村子也有，村子里有皇协

（军）也有民兵，民兵多，鬼子不讨伐时见不到他，讨伐就是皇协（军）领着鬼子来抢粮食，不给他送粮食，他们就来抢粮食吃，大约几个月来一趟。年轻的像你们这样大的，一听说讨伐的来了，就不敢在家里睡觉，都上坟窟窿里睡去了。年轻就得走啊，日本人他们打人，打人谁没见过，俺不招他，他就不打俺。

灾荒年日本人还待在这，1943 年那一年过贱年，日本人还在这。日本人啥时来讨伐，俺也不知道，好比是日本人来讨伐了，北边那个村知道了，那村跑了，俺村子的人也跟着跑。妇女在家更不行了，他们抢妇女，抢妇女后来就不多了。日本和皇协（军）来的时候，里面有十个二十个日本人。他们抓劳工不在这抓，在城里抓，在山东临清运河那边。清河县炮楼多了，油坊也有炮楼，炮楼谁没见过？那时候俺年轻，出夫去给人干活，去给日本人挑沟修道。你要是有眼神（眼力劲）就不揍你，没眼神就揍你两棍子，这么粗的棍子就生抡，疼得没办法，谁叫你没眼神哩，俺给他干过活，他没打过俺。

出夫是家家户户都去，都派轮班去的，七个十个二十个的，都上鬼子那干活去，这都是村里派的，是村长保长派的，保长是管事的，保长都是老百姓，他们都是村里选的，好比是我选你当保长，你管着俺仨，你选俺当保长，俺管着你仨。在这没有抓劳工的，有地方抓，哪个地方抓，我也闹不清，反正是有抓的，咱这没抓的。

民国 32 年过贱年不收庄稼，它不下雨，庄稼能长啊？人们那时都逃难去了。咱这种高粱，过年就种，七八月里收，麦子头年里种上，过年秋里收，秋里就是种棒子麦子，秋里什么庄稼不种啊，高粱、谷子，种上再过秋，你二月里不种到头，收什么？

旱的啥都没有，旱地能种上什么？下雨才种上的，种的是棒子，从春天开始不下雨，嘛也没收，旱！六月里下的雨，再长庄稼啊，什么时候旱的，这谁想着。旱就不收了，种的是棒子和谷子，种完庄稼，嘛也没收，原因有下雨晚了，旱得谷子都不长，收的是秕子，拱得不实，它不下雨能成什么？下雨下得晚，为什么下得晚那谁知道啊，什么时候下的雨谁知道啊，反正是下了能长出谷子来就行。

那时有很多是饿死的，谁还在家穷着饿着，就出去讨饭去，伺候人家去。我出去了，老的没出去，俺和俺哥出去了，俺俩挣钱去了，种上粮食就出去了，出去一待就好几个月，春节有的时候在外边过，有时候在家里过，在外边过也行，那年在哪里过的谁想这个，没吃的回来干吗，都在人家那里过的，家里没吃的，等有粮食就回来了。回家还得等到过秋，你回家赶着收粮食，都是在那干好几个月才走的，那时候有时候下雨有时候不下雨，时间长了还不下雨啊。

逃荒的都上关外去了，挣钱去了，出门逃荒有往南的，有往北的，往南去滨州枣庄，哪收庄稼到哪去，出门不能说上哪去，谁愿上哪去就上哪去，过贱年以后就回来了。

那时候过去这些年了谁知道啊。村里有多少人我也说不清，咱村那时有四五百人吧，过贱年那一年出去的多了，都没有了，谁在家穷着饿着，都去要饭了。死人多了，有饿死的，树叶子都吃光了，病死的饿死的，好些年了谁想着啊，得什么病的没有啊。那是没吃的了，好比在咱家里，没吃的了，咱就想办法走呗，不能在家穷着饿着，给老的留点，人过日子不是一帆风顺，家有父母不能不给他们留点粮食，在家的那些人回来都没有了。你看，现在像我这么大的，咱村能有几个。

霍乱这玩意我家当时没有，有病的咱们不知道，这都好几十年了，光听说，没见过，家里人也没得这个病的。街上也没有得这个病的，但是听着过，走到哪里都说。

下大雨还是小雨？这些年了，咱不记得了，咱没经着，光听说天旱水淹的，都是听老人说的。水来了那是民国三十几年，河里开口子了，琢磨着河里现在没水了，水大的时候满满当当的，过贱年那时来水了，来水不只是过贱年，那是年年来水，大的时候覆了边，没嘛挡着，水开口子进不了咱院也得灌灌。就是下大雨来水，来水的时候是七八月里，谁想那个啊。那时也过蚂蚱，有一年过蚂蚱，记不清了，反正还没建国，好几十年了，我也不记得了。

采访时间： 2009 年 1 月 21 日

采访地点： 清河县油坊镇赵店办事处赵店村

采 访 人： 刘　欢　赵　盼　孙海圣

被采访人： 陈玉恒（男　72 岁　属牛）

陈玉恒

　　俺叫陈玉恒，72 岁了，属牛的。我上过学，那时候家里穷，我是九岁才上的学，头一天念百家姓、三字经，还没念完百家姓，就换成了八路军的一册二册，都是有文化的人教，我在新庙里念了五六年。我不是党员，在咱村干了五六年会计。

　　俺家从我记事起，有七八口子人，没弟兄们，俺这一家有七八口子，有个叔伯哥哥，那时候还没分家，地稀少，才一亩七分三，那是一共，还没解放，都不够吃的，光挨饿。

　　1943 年日本人在这，我光见过皇协（军），没见过日本军队。在油坊修了四个炮楼，前庄这也有一个炮楼，里面有一个俩的日本人，过日本人时我五六岁，没见过日本人，光见过皇协（军）。皇协（军）多数是中国人，那时候穷，没饭吃，帮他干点活，挣口饭吃，皇协（军）穿的黄色的衣服，叫咱们村上人给日本人修道去，日本人汽车跑着好走，晚上八路军叫村里人帮着掘，给他破坏。那时候我刚记事，八路军少，八路军有个搞地下党的，在咱这西边种西瓜，一亩多地，没二亩地，叫他王政委，搞地下工作的，就他一个人，他白天种瓜，晚上搞地下工作。中国抗战了八年，直到日本人投降了，八路军把他打跑了。

　　那时候没见过飞机，后来解放战争时见过，打蒋介石的时候，解放济南的时候，解放山西太原的时候，飞机轰轰一个一个地飞过，打临清的时候，俺在学校里念书都听见机枪啪啪的响，飞机一个劲地飞。

　　灾荒年那一年我六七岁，记不清了，日本（人）和皇协（军）还在这里。那一年开了口子，七月份运河开了口子，听老年人说是日本人扒开的。河里水不是很大，冲不开，是他给扒开的，淹着俺这边了，地里老深的水，一人多深，村里都打护庄堰，水进不来村，水在地里，一两月水就下去了，把庄稼都淹死了。咱这从前不怎么种玉米，多数种的高粱，它旱涝保收，旱也不要紧，当时稀，一下大雨两天就起来了，拔节咔咔的响，在地里夜里就能听到，高粱长得快，清明节时候种，七月十五这块就收完了。收完高粱种了麦子，秋天里种上，五月前后就收了，日本人扒开口子，把高粱、豆子都淹死了，没收成。

没吃的都逃荒去了，哪里去的都有，去东北的多，黑龙江、吉林、辽宁三省，多数都上那去，有往西边和南边去的，但是少。啥时候出去的都有，都是零碎着出去，三五个人都出门了，有的找亲戚朋友的。我没出去，我那时候小，俺大爷出去了，回来啦，到后来都很不少，那时候出门的咱记不清多少了。逃荒的多，在家不出去也得死，这么多人，没粮食吃了还不出去吗？

家家户户没粮食，实在难吃饭了，男女老少都打蚂蚱回来当饭吃，掂着东西都去逮蚂蚱，高粱上有露水，它趴在上面飞不了，就挨个逮蚂蚱，多得很，这个庄稼，谷子、黍子的叶子在蚂蚱过去以后，就都光了，没叶子庄稼长不了。都抓蚂蚱去，抓一布袋，回来把锅烧热喽，掀开锅盖往里一倒，赶快盖住锅盖，怕它飞，它就死了，把蚂蚱的翅膀揪下来。那时候也没油，干炒蚂蚱，烧熟喽都吃那玩意，我吃了，好吃，都吃那个。那时没粮食吃，小蚂蚱再脱一层皮，就长成大蚂蚱了，几天就长老大。经常吃蚂蚱，那时候没粮食吃就吃蚂蚱。叶子都让蚂蚱吃了，一吃庄稼，庄稼都不长了。

当时种的是高粱，还有谷子，那个就很少了，高粱不怕旱，也不怕淹。开口子以后，一人多深的水，都撑着船，人坐在船头上，剪高粱穗。那一年没旱，那一年下大雨，有那个歌"八月二十八，老天阴了天，接接连连昼夜不断下了七八天，下雨受潮湿，人人得霍乱，男女老少计算起来死了一大半"。那一年雨下的房倒屋塌，东边一家子都砸死了，那时不是现在的砖房子，那时是土坯房，一下雨塌了砸死了人。光下，下得屋里都漏，没法睡觉，那雨下的，地里净湿净湿的，有的洼地里都是水。

民国 32 年雨下得房倒屋塌，地里高地里没有水，洼地里净是水，俺这里没有小河，都往西南淌，西南洼，地里老深的水，过秋以后地里还有水。拾柴火去，人家都不要了。地里那时还有水，街里没有水，咱这村高，都淌到外面去了，洼地方和东边的地方都存了水。

那时是砖井，咱村里的井往下四五尺就是水，用根扁担都能够着，平地里都是水。咱村都喝井里的水，都烧开了喝，都上井里打水去。那时候没机井，都是砖井，砖井浅，才一丈多深，那柴火湿，过了就干了，拾柴火来晒晒，晒干都烧了。当年八月二十八老天阴了天，一般年头，八月二十八都没大雨了，那一年特殊。

霍乱就是上吐下泻，闹腾一会时间不长就死人。现在根治了，没有了，那会闹腾得忍受不了，俺家没得那病的。民国 32 年死的人不少，穷得没东西吃，有的一家好几口都死了。霍乱一家有一个俩的，没钱治，医院也没有中用的医生。小时候光听说得那个病的不少，说不清谁得那个病了。就跟疟疾一样，疟疾一会儿冷一会儿热，盖多少被子都冷，浑身发冷，也不知道怎么治，闹了十来天才好的，这个病没有霍乱厉害。这个疟疾时间越长，面黄肌瘦把人折腾得，难受死了，也没有中用的药，现在没那个病了，根除了。都是夏天得的，都是八路军编的那些歌，学生都学。

民国 32 年没旱，从前下雨也没这么大，没下这么长时间，从前下雨下得大，不像现在下这小雨，下起来就是大雨。

采访时间：2009 年 1 月 20 日

采访地点：清河县油坊镇赵店办事处赵店村

采访人：刘 欢 赵 盼 孙海圣

被采访人：陈玉柱（男 83 岁 属虎）

俺叫陈玉柱，到年 82 岁，属虎的。小时候家里有四口人，一个妹妹。小时候上过学，上学的时候闹荒乱，军头叫义勇军，他们抢砸不干好事，他们归个人管。那会儿我还小，闹灾荒不去上学，没上过学，如果有学校也都让义勇军赶走了，他们要钱，拿不起钱就不让你回来，没钱的上不起，有钱的不敢去上。我村连完小也没有，就是初级小学，现在像我这么大的，有知识的，村里十个里没有一个。

陈玉柱

日本人到过这，我那时十三四岁，日本人有骑马的，有开汽车的，他们过咱村时我见过，人家小日本进中国，天上有飞机，地下有坦克车。咱中央军打不过他，中央军武器小，打不过小日本，咱中国的军头不敢跟人家照面。天上的飞机看到地下有人，就用机关枪打死了。飞机飞得低，比树梢高点，咱打不着它。坦克车就在地上，人家在南边有个临清，军头住在那，白天出来，天黑了就回去。日本人叫咱当他的兵，起名叫皇协军，给吃给喝，又给钱。咱村里当皇协（军）的不多，能吃饱了就行。

日本人穿的黄呢子，日本人穿呢子，穿大靴子，到膝盖以上，他们戴铁帽子，怕枪子碰到头上，有铁帽子就碰不到头上了，铁帽子上印着红月亮，日本的军旗就是红月亮的。皇协（军）穿布的，戴布的，没那（铁）帽子。他们不经常来，多长时间来一次倒不一定，日本人和皇协（军）都来。太阳一出来就是日本人的天下，太阳一落就是共产党的天下，那时候有游击队，是八路军集合的人，白天跟着他跑。清河上西北有南宫，向正西有威县，是八路军的根据地。白天八路都藏起来，日本人天黑了就得回去，怕八路军揍他，进村看着鸡抢鸡，看着小羊牵小羊，实行"三光"政策，杀光、抢光、烧光的"三光"政策。他看你是八路不，是八路就杀，我没见过杀人，皇协军进村还能给咱干好事嗥？村民挨揍是轻的，皇协（军）看着人不顺眼就杀，日本人看着十岁以下的小孩就给吃的，十岁以上的不给，日本人给小孩吃的，像你这么大的就得跑，像女大学生这么大的就强奸，谁不怕。日本人抢妇女，那不抢妇女啊，进村得"干好事啊"，妇女哪敢见他们。没见过穿白大褂的。

日本人叫人出夫干活，先占了临清，在油坊修了个炮楼，住油坊里，日本人白天找年轻的给他修道去，叫咱做嘛咱做嘛。我十三四岁给他干活，日本人有叫咱回来的时候，我还没挨过揍呢，干活看着不顺眼就揍你两下。日本人在那里指导皇协军，炮楼修了多长时间记不清了。日本人进村找着年轻人还有好？说不着就叫你做工去，那是最好的事了，看你不顺眼就抓你到外头去，咱村有抓到外头去的，都死了。日本人投降那年我正好21（岁），是七月七那一天。

咱村那年死的人不少，那一年又是天旱又是水淹，连年不收，人不饿怎么着。17岁那一年也闹灾荒，没粮食吃，咱家人生病没钱治。18岁那一年咱家就五口人了，我跟俺老婆结婚了。那年闹灾荒，我父亲去本溪了，头里走了，那时又是天旱又是水淹，又招蚂蚱，天旱有个青苗就让蚂蚱吃了，赶到下半年就下雨，下大雨，下的田里光水，不记得下多么大了，旱，又旱，五六月的时候。民国32年，麦子刚出头来一点，割也割不着。走的时候地里没有青苗，麦子不能收。春天种不上地，麦子就收不着，天一旱，一旱就旱到五六月里，又旱到七月里，一下雨，地里闹青苗了，一下雨，麦子也收不好。

麦子刚露尖时，俺一家五口人，俺跟俺老爸就去本溪了，家里就剩下俺娘跟俺妹，21岁那年，小日本投降了，八路军占了这地方，中央军就与共产党打仗了，八路军的武器可治不住中央军的武器，八路军退出去了，中央军进来了。中央军统计人数，我正好21（岁），那时征兵征18（岁）到21（岁）的，这些年轻的就得去当兵去，我那时21（岁），就得去当兵去，俺跟俺爹一商量就回来了。

那时先旱后淹又招蚂蚱，那我十几岁就知道了，18岁以前也是天旱水淹又招蚂蚱，都是十三四岁时的事。民国32年我18（岁），那年就跟民国32年那时的事连起来了，我逃荒去本溪，那年天旱，麦子就跟蝇头那么大，刚出头，麦子没有粒。我 13 岁那年旱，14 岁时是淹。东边运河发大水决口，咱这边是平地有六七米深的水，高粱刚露出穗来，咱村没进水，14 岁那年决口是自然冲开的。小日本占临清以后扒开口子淹的，是在我 20 岁以下，记不清多少年了。

18 岁以前，这里决过两三次口子，都是六月里开口子，东边有运河，当时三四里地就是运河。在我 18 岁以前这几年，没好的时候，没有说是风调雨顺的时候，天一旱就闹蝗虫，旱了吃蚂蚱，一炸挺好吃的，决口就逮鱼吃，那时我脑子就是这个思想。

前边旱，后边就下大雨，赶到庄稼快熟的时候，就下大雨。六月七月里下大雨，有下好几天的时候，下得屋里连个坐的地方也没有，那时的房子还是土房子，天下大雨房子漏，吃的也没有，烧的也没有，人又有病又没钱治，人就死呗，那时候喝凉水，柴火也没有，没柴火烧。

人都是饿死的，一得病，就治不好，人一到六十来岁就抗不住了。村里得啥病的没有啊，我听那名叫霍乱，都听上年纪的人说的。咱家没得那病的，街上有得霍乱的，死了就埋了。咱村死人可不少，那年死多少人我闹不清了，得霍乱病的就死呗，那会儿就没医生，那会儿的医生连这会儿村里的赤脚医生的本事也没有，医生给人治病时就让病人都吃个汤药，药也没有现代技术高，治不好就死了呗。霍乱能不厉害？得这个病的人十个里没有俩人能治过来的，越贱年越厉害，越得那个病。民国 32 年得那个病的可不少，多少人闹病我闹不清，十来岁还不懂事，光知道玩，还不知道那些事，我那时还没 18 岁。光知道得霍乱的可不少，贱年厉害它就多，贱年轻的它就少。那时人没钱，村里没大夫，那会光在临清有个医院，那是美国人在那修的，医院里有美国人也有中国人，那时咱看不起病。

我也记不清咱村那时有多少人了，约摸俺村里也就是有 300 户吧，至于逃荒的连 100 户也留不了，咱这边逃荒都逃到山东去，山东的松镇康家庙（音），哪里好混上哪去，他们逃荒的有上东北的，比如吉林、哈尔滨、黑龙江三省去做工的。逃荒的人去东北的多，南边也少，反正去东北的多，我 14 岁这一年有十户就有八户逃荒，我逃到了康家庙村，有利息就给他做工，没利息就要饭去。那边比咱这边强点，饿不死就算了，在山东那待了一年，秋收以后就回来了。我走的时候坐船出去的，都逃到运河那边去了。八月十五忘了在哪边过的了，我和我父亲在那边过的时间长。当时回来以后，水就小下去了，回来就赶着种麦子了，秋分时间种麦子，买点麦种，种麦子。14岁这年都是运河决口，不是日本人扒开的，当时咱村下大雨，我也记不清了，下大雨不是一年，春天一旱，后面就下大雨，哪一年都是这毛病，一下大雨就给淹了，就闹这么大的灾荒。闹灾荒谁愿意走就走，给人家做工挣饭吃，再不行就去要饭。在那边混好了，说个媳妇，就扎根不回来了。那里比咱这好多了，在本溪，俺爹租了块地给人家种菜园子，俺跟俺爹说咱就不回去了，把俺娘和俺妹接过来一起住，谁知中央军一征兵，俺没办法就回来了，那时中央军跟八路军混在一起打仗。

采访时间：2009年1月21日
采访地点：清河县油坊镇赵店办事处赵店村
采访人：刘　欢　赵　盼　孙海圣
被采访人：韩金祥（男　72岁　属牛）

韩金祥

　　俺叫韩金祥，过年73（岁）了，属牛。小的时候上过学，上学的时候就解放战争的时候了，光记得解放临清的时候上一年级。

　　灾荒年那年是民国32年，那时候日本人在这里，咱记不清了。那时候共产党打鬼子，我没见过国民党，国民党没上这边来。小的时候我见过穿黄衣服的，穿高靴皮鞋，咱也不知道是皇协（军）还是鬼子。

　　油坊有个炮楼，我那时候小，没见过，前庄也有个炮楼跟个土窑一样，日本人都在里边，那时候白天叫群众给他修道去，天黑了共产党游击队就给他扒了，那时候我刚记事。那时候油坊有个炮楼，日本鬼子来扫荡抢东西，咱分不清是鬼子还是皇协（军）抢东西，反正皇协（军）听鬼子的，扫荡就是各家有东西，看着好的就拾掇着，被子被面撕下来给你拿走了。

隔壁院里有个爷爷，牵着牛逃跑了，给截住了，叫他套上车拉着东西，拉到了王官庄，回来的时候光个人回来了，牛留那里了。那一年不断的有人来扫荡，那时候一听说鬼子来了，就赶紧躲躲藏藏，我听说过有一回鬼子来抓民夫，抓走了，放在地窖子里，饿了六七天，村里村长再去保去。村长不是国民党也不是共产党，谁来了听谁的，我四五岁的时候，俺这有结婚的，（新娘）刚下轿进院子，日本人已经进了院子。日本人从兜里抓花生给小孩吃，待见小孩，打岁数大的人，养着小孩，拉小孩给他服务。他们不打小孩，专打岁数大的，给他干活去，干得慢了就打一顿。抓到外头给他干活的也有，孙文方让人抓走了，俺村的抓到哪里也不知道，当劳工去了，过了好些年，咱这解放了，他才回来的。

日本人在这里的时候日本飞机很少，我看到过两回，飞得很矮，就跟个鱼一样，没看见翅膀，没往下扔东西。当时日本人穿的衣服就跟演戏的一样，就穿电视上的那衣裳。没见过穿白大褂的。日本人待在这儿有三四年，我那时三四岁刚记事，日本人走的时候我顶多十岁吧。

这里逃荒就见不着人了，也见不着鬼子了，我没跟着去逃荒，俺爹跟他们去的东南，倒腾点东西，回来捎点吃的东西来，过了灾荒年这个胡同里都逃荒去了，没大些人了。那时候可没东西吃，粮食没收好，先旱后淹，闹皇协（军）、鬼子。那时候天旱不长庄稼，后来淹了，说是鬼子扒的，河北这片都淹了，东边的运河，听说在南边扒的，水是在南边开的，开口子那是六七月里涨河水的时候，听说是日本人扒的。那时候没记得下雨，咱这边河里的水都是山里头下来的雨水，河里水大。

那时候种麦子的少，麦子收不了多少，都种高粱。高粱有长得好的，长得不好的都倒下了，水大的（时候）高粱都露着穗。俺们村高，别处都打护庄堰，把房门拆下来到街上堵水去，把土墙拆了堵水去，水都在地里，水到九月里就下去了，那时候也有种麦子的，在湿地里划个沟种上麦子，那是高地，洼地里还有水。那一阵麦子收的不好，一亩地就二百来斤，一亩地就是现在的一亩七分地，没天旱水淹的年头饿不着。那年闹灾荒，挨饿树皮扒下来就吃了，吃红薯叶子，吃野菜，年轻的人死不了，老的和小孩一闹病就死，那时咱不知道是啥病，当时没有其他的病，得霍乱比民国32年还早，我不记得了，反正民国32年没有霍乱，那年得浮肿病，小孩饿死的也不少。

当年逃荒的，村里都看不着人了，都出去了，家里没吃的了，都往好的地方逃，有上黄河南的，有往东北的，就这俩地方。他们都是开了口子以后就逃了，家家户户都逃难了，这一胡同有我、俺娘、俺兄弟、俺姐姐四口人在家里。那人都出去了，俺大爷出去了，就剩下俺大娘跟俺哥哥俩，谁他爹也出去了，就他个人在家里。咱家里俺父亲去了东南，倒腾点吃的回来，掺着糠吃菜，民国32年我那时小记不清了，反正闹蝗虫的时间不少，天一旱就闹蝗虫，蝗虫把庄稼差不多都吃光了。

采访时间： 2009 年 1 月 19 日
采访地点： 清河县油坊镇赵店工作站赵店村
采 访 人： 谢学说　矫志欢　贺西淦
被采访人： 李保贵（男　81 岁　属龙）

李保贵

我今年 81（岁）了，虚岁，属大龙的。没有上过学，不识字，一个字也不会写。民国 32 年当时我也就十四五岁，过去有 66 年了。家里那会儿有五口人，父母、我、两个妹妹，那时候闹荒闹的一起逃荒。

民国 43 年是旱灾，什么时候我记不住那个，那会儿我还在家，到了以后，就是日本鬼子在这儿，他净扒河口子，净淹咱，这地里不收庄稼了，因为这个都逃荒走了，我逃荒那年十四五岁，逃到了枣庄。

这边逃荒的人不少，咱这儿都上外边去了，那时候村里有七八百人，咱也说不清多少人逃了，反正周围也有逃出去了的，也有不出去的。逃荒反正都在那个时间，我记得是春天，那会儿这个麦子，有麦子吗？忘了怎么着了，收没收麦子，忘了怎么着了哎，那会可能是收了麦子。咱那会儿没那么多地，我都是二亩来地儿，五六口子人，咱种不过来，没那么多地。地里都是去种点高粱，那会儿，一年差不多有二亩地吧，都是种一亩麦子，种一亩高粱，都是这样。一亩百十斤，就都逃荒要饭了，棉花壳子和地里那野菜，什么不吃？

下大雨河里淹的，淹了地还能收了？河水淹了都收不了。六七月了，我那会儿在家，水是从南面过来的，南面那边水可大了，平地里得有一米多，两米多深，河水都是在黄河那里，谁知道是哪里来的。开口子是叫日本鬼子扒开的，都在城里扒开的，临清城，一直到了天津。下雨跟着淹是连着号的，那时候也记不那么清了，下雨下了四五天、五六天的时候，房子都下得漏了，屋里连个睡觉的地方都没有，都排着，晚上都在那儿坐着，在屋里。有房子塌的，不牢固的都倒了，村里倒了可不少老房子，可是不少，那会儿那个土房子也没砖。那时正收高粱，下大雨看倒了高粱，都上地里整高粱去了，都在家里搬着凳子搬着桌子，整这高粱穗，都骑那个凳子上，捆一个个的。

河水来了，有船的人都出去划着去捞庄稼去，淹了都有二十多天，这慢慢地就退了去了。饿死人数那不记得了，得病那不多去了，得病的，连饿带得那瘦病的。那会儿，饿的人可是瘦了，走不动道，咱们见到过，走路走着就倒了，反正有，咱家没有出去，人都要饭去。

就这卫河淹的，在这个西边，邢台这儿有一条河，叫什么河来，清凉江西边不知道叫什么河，1963年这会儿，我记得就是西边这条河淹的，堰有一人多高，水都跟堰平了。旱灾时地里庄稼旱得都死了，全死了，晒得这都死了，干得地也硬了。河水从外边来的，河里的水常有，咱这没开过口子，开的都是城里以南的地方，临清。

霍乱那有，常有那毛病，现在记不着，反正有这病，都说是谁谁谁得了霍乱，病死了，咱也光是听说霍乱这个那个的，得霍乱病都是这儿一窝那儿一窝的，具体时间那我记不住了。没听说有人得霍乱，赵生平，还有吗，那个人？他那个人我就忘了。赵国栋，人家行，人家年轻时当支书，当了一辈子，人家年轻，他比我大两岁，当民兵队长当官一直到最近才下去的，人家这一辈子。

起蚂蚱有，时间我想不起来，反正有这么回事，下大雨之前，那时候我还没回来，蚂蚱不会飞，光会蹦，那么多蚂蚱，来的时候把地皮都给淹了，把地里庄稼都吃毁了，都在那个界沟。

饥荒有几年，日本鬼子在这儿，待了几年，什么时候来的这个想不着了，那会儿见日本鬼子时我小，还没十岁，我现在想不住这个，自从进来就没好过，那一天都……有日本人检查，俺背着个小行李，跟着老的，日本人拿着刀枪吓你，问你要钱，没有人检查。还记得逃荒之前，抢俺。他都是找八路军，见这个，好比说一看你是个年轻的，看着不顺眼，说你是八路军，就把你抓走把你打死了。天天有去修炮楼，天天让人给他修钉子，我去过两趟，在油坊、田庄那儿修了趟汽车路，南面挖了趟沟，我就给他挖那个了。我那会儿还小咪，不管吃饭，还打你呢，吃饭全得自己带着，看着不顺眼还打你。

日本人戴着小尖帽，他穿的衣服不一样，皇协军戴着大盖帽。谁知道有多少人，皇协军多，日本人有限，说实在的吧，都是皇协军霸道，是中国人，咱中国人，那皇协军比日本人还坏，咱村里没有人当皇协军，那时说大部分人都是这样。八路军那会儿都是像咱现在出去旅游的，背着个小背包，他就给你说说事，讲这些道理怎么怎么好，是吧，带着个小枪在腰里掖着，也看不着，他包里有个子弹没个子弹的。看着了那些日本人，好，人家在油坊这里一出发，出了发了，看着日本人，老百姓就跑，他也就向老百姓堆里跑，他跑来跑去，看着人日本人来了，弄那个小枪，咔一下打一下，这一打就知道哪里有八路军，（日本人的）机关枪大炮就指上去了。我没见过日本人杀人，抓人去东北、日本的，咱这村里不大多啊，有也想不着了。赵记伸（音），有啊，死了，我听说过去被抓到日本去了，记不住啥时回来的，他家里也没人了，没听说过有其他人。我见过飞机，也不断低飞，怎么看不清？看清楚了。咱没看过它扔东西。

咱村水井不少，有三四个，这儿有个，现在这儿都盖房子了，西庄那里也都盖房子了，北头那边也有一个，也盖房子了。那时候井也不盖盖，东西扔了进去也都不知道，那么吃也没什么事。

发疟子，我还发过疟子咪，发疟子是忽冷忽热，一会儿冷得受不了，待会儿热的光着脊梁，光着膀子。那会儿用那个土法，就是敲敲、捏捏、拔拔罐子，个人治，那会儿怎么有赤脚医生。有先生，那也得有钱人才能看的。咱没听说有黑血的，也有人扎的针。

采访时间： 2009 年 1 月 19 日

采访地点： 清河县油坊镇赵店工作站赵店村

采 访 人： 张吉星　赵怡楠　赵曼曼

被采访人： 李保俊（女　80 岁　属蛇）

李保俊

我没念过书，那时候不兴妇女念书，男的念。

灾荒年我记得不是很清楚，解放前记得，哪年想不住。民国 32 年记得，我逃荒时 10 岁，回来的时候我 12 岁。

那时说旱就旱，说下雨就下雨，民国 32 年的事，长蚂蚱，这些都编成歌了。那时我还没小孩，我是八月二十生的老大，老大现在也 63 岁了。

十三四岁那时，闹灾荒闹的，天旱水淹，天旱不下雨，地里庄稼不收，庄稼不收，种不起，后来种上了高粱，还是旱得不轻，高粱还没旱死又长了蚂蚱，到种麦子就没事了。那时候不兴浇水，靠天吃饭，八月左右种的麦子，下了雨。有的时候下了，水淹了，那时候麦子不好种，人拉着。

那几年不旱就淹，不淹就旱，水不下去就不能种麦子，东边运河来的水，都说是南边黄河灌到这个河的，盛不了就淌出来了。六七月份也下过雨，我那时在老济南那儿，离这块儿远着呢。有膝盖深的水，想不着是哪年了，过事了，那时下大雨是十六七（岁）了，高粱没法弄了。民国32年天旱，不是水淹，水淹记不很清楚，记清了的是1956年、1963年的。

民国32年就旱，招蚂蚱。别提了，蚂蚱多得很，老百姓在地头上掘壕。蚂蚱吃谷子，是六月份。后来蚂蚱就没了，都说到河东去了，跳那边去了，逮蚂蚱都成了歌："民国32年，吃蚂蚱当饭。"

民国32年走的人不少，都往北去了，逃到本溪的、东北的，我逃出去的还早，民国32年前，我东逃到威县七八十里地，10岁逃的，12岁回来，我和母亲逃的，我爸去东北，招工走的。我是要饭走的，过两年回来了。民国32年我十四五岁了，没得吃就逃了，按阴历五月半近六月，当时没回来的，有过两年回来的。

村里人都上东北了，吃野菜，就喝那个，就吃那个，民国32年有饿死的，有几个，我叔、姐夫饿死了。逃荒时姐夫看叔不行了，叫来人，叔死在半道上了，就死在河南那了。杨家的那个饿死在半道上了。那年也有得病死的，脸黄、尿黄，得这个的不很多，村里有几个死的。住南半截的，先是眼珠发黄，浑身黄，死得不是很快，也不很慢，得八九个月。有（的病）跟长疮似的，先在手上长，再在腰上长。噢，抽筋的也有，俺村最近得这个病死了一个，那个病叫"收缩"，北京看了好多地方都没看好，缩成了一米喙，看不好死了。

民国32年日本人在了，日本人先从东北来的。我十一二岁的时候，日本人来了，怕，日本人穿的说黄不黄，挺害怕的。我12岁在外头，威县住，我和娘后来不要饭了，卖零碎东西，去武城提货去，到武城，看见日本人吓得俺，别提了，都回家了，乱套了，日本人在油坊有炮楼，不断来。咱村没炮楼，油坊有，在那修的，西南十二里庄也有一个。

我结婚那时候，日本人来了，他们也不祸害，叫咱给他们做饭吃，都说是皇协（军），日本人有几个。我16岁结的婚，那年年不好，爹走了，就剩俺和娘两个人，日子不好过。结婚时村里缓和点了，结婚前一年日子不难过了，多少强点。我没见过穿白大褂的日本人。（城里有）不少日本人，城里都让日本人占了，他来占大城市。没听说过日本人把人打死了，天上没飞机。在城里南边开了口子、没听说过他们开口子。

民国32年头一年旱，第二年淹。河开口子，我见过那口子，在临清南开的口子，水啊，淹村上来了，村里下坡地方都是水，一丈深的水，都在那槐树上坐着去，怕淹了。那些天喝井里的水，咱村井不少，北边一个，村西一个，南边一个，东边地里一个，村里街南有一个。都淹了，井也淹了。街里没水，用土挡水。

民国32年头年就旱，有3个月吧，种麦子的时候下雨了，吃红饼子，杂交高粱，撮丸子掺点汤吃。麦子收成不行，才收九斗麦子，一斗七八十斤，不够吃。家里四口人，一个女儿、儿子、丈夫，（那时）已结婚了，灾荒年没结婚。八九月种麦子（时）（下雨）不很透。

得霍乱是在阴历二三月份吧，长黄也吐，得霍乱也吐。得霍乱的时候我十三四岁，民国32年后，弄不清为啥得霍乱。有一个人，后来他死了，吐、拉，得这病的不多，叫赵祥辉。那时候没医院，村上有人给找了个偏方，给治活了，他岁数多大说不清了，老头，他当时没死，躺在地上。弄不清谁治的，喝了偏方就好了。他民国32年前就得了，我十三四岁那时，不知他咋得的，村里人把他弄回家了，他只有俩闺女。

采访时间： 2009 年 1 月 21 日
采访地点： 清河县油坊镇赵店工作站赵店村
采 访 人： 谢学说　贺西淦　矫志欢
被采访人： 马秀英（女　74 岁　属猪）

我叫马秀英，74（岁）了，属猪，上了几年级，然后不实行年级制了，实行的甲班、乙班、丙班。我上了甲班就下来了，那时候分甲乙丙丁班。那时我 8 岁，在油坊上的，14 岁就下来了。没入过党，那时候兴入团，是团员。1943 年的时候俺家里有四口人，爹娘，一个兄弟，那会儿，我 19 岁就结婚了。民国 32 年的时候我在油坊镇。

马秀英

七月里淹了，（什）么都没有了，七月，（什）么也没收下来，淹了。河水洼洼地淌，没收什么。村里人都走的走，讨饭，逃荒去，看看哪里有饭吃，就跟着人家走，黄河南边、山东、河东、本溪，上哪儿去的都有。我跟一个姑奶奶在家里，爸爸妈妈去逃荒了，那一年俺妈妈替人养孩子，有个弟弟死了，就替人家养孩子去了。他们去了河东、山东那边，到冬天吧就回来了，这不是七月里吗？一直闹蚂蚱，没收庄稼回来了，七八月份走了。7 月、8 月、9 月、10 月收粮食的时候，那会儿淹了，什么也没有。

我一直跟姑奶奶在一起，河里都开口子了，上了堰，鼓了堰了，水都朝外洼洼地流，你不知道，跟老人说都知道，都说开口子了，堰比水高，越涨越高，涨啊，水都哗哗的啊，冲开了，水洼洼地淌，从油坊镇往西淌。赵店这三里地淹不了，淹了几百里，东边河开的口子，没见过口子开多大，就在油坊镇，运河挨着油坊。

民国 32 年开的口子，到了第二年又是灾荒年，蝗虫都把庄稼吃了以后，人都受不了，该上哪逃就上哪逃，得找饭吃啊。吃蝗虫，就这么长的蚂蚱（老人比画着七八厘米长）你不知道蚂蚱么？蚂蚱铺遍了，吃庄稼，高粱穗上都爬满了，都吃了，就收了一点能干吗啊！一点半点也不管事啊！

民国 32 年、民国 33 年、民国 34 年连着三年灾荒都是饿的，都有饿死的，没么吃，能不饿死吗？有饿死的，一个村里有十个八个的，有一个叫刘金成的饿死了，俺都想不起他了，精瘦焦黄的，饿得走不动，走不到炕上就死了。

村里那会儿有大水，人就打护庄堰，护着边沿，堰都塌了，里头塌不了，先淹了边边沿沿，塌了以后，水大了，水大了以后，塌到那儿了，地里的水就一人多深了。七月、八月、九月到九月半时候，水就下去了，能耩麦子，耩了一季麦子。水一直淹到了天津，这里不是离天津六七百里地吗？当年这水就那么大，全淹了。

民国 32 年那到处都是皇协（军）地盘，日本人在油坊有炮楼，那炮楼啊，就跟咱现在的水塔一样，那么高的一个亭子，有北门南门，他怕八路军来，把着，就跟咱现在的水塔一样啊，里头能住人。我见过日本人在油坊，那一个炮楼，俺说不清有多少鬼子把着，俺不知道，俺不上去，俺闹不清，见过的鬼子不知道有多少，他就黑天来白天走。皇协军多。鬼子怎么没杀过人，也杀过，没听说过，咱听说过拿大刺刀，有一米多，可是一米多啊！一上去了，一穿一挑就把人害了。小孩，他倒喜欢小孩，他家里也有小孩，家里小孩他就说"mi xi mi xi"（音），就给小孩点儿嘛吃。他给过我罐头，罐头好吃，装的东西都好吃，吃了没什么感觉。他不恨小孩，他只是恨探子和八路军，他跟八路军作对。鬼子跟八路军作对，扫荡时就问谁是共产党员，有心眼的人就说"不知道"，没心眼的就说谁是八路军，就把谁害了，他日本人就找去，谁谁谁在家吗？一次不在家，两次不在家，时间长了，就逮着了，那你就回来不得。

他抓劳工，抓劳工去给他挖壕，都抓咱老百姓，不去了就打，在那里吃也吃不好，人要不去，他就戳人。日本人不带人上他那国里去，他就是在这一块儿维护，维护他这一个炮楼，维护这一片儿，八路军打他的炮楼，打得狠。

那年有得病的，但很少，那会儿油坊是个大镇，闹不清油坊有多少人，那会儿咱小，大人说咱不仔细听，咱那会儿还在油坊镇。鬼子一走，八路军就占了油坊镇。

采访时间: 2009 年 1 月 20 日

采访地点: 清河县油坊镇赵店工作站赵店村

采 访 人: 张吉星　赵怡楠　赵曼曼

被采访人: 孙全香（女　79 岁　属马）

孙全香

我叫孙全香，79 岁，属马，没上过学。那时穷，灾荒年淹了，我要饭去了，向河东要饭去了，要饭那年我 11（岁）。

民国 32 年，下过大雨，连下好几天，有七天七夜，漏房子，打窝棚，忘了自己那会儿大小，那时我没结婚，我是 18 岁结的婚。地里有水，向湾里淌，村淹了。向西南淹的，水是河里淹，开口子了，鼓开的，东边大河来的水，村里人向西北拾东西去，水有半腿深，村里被水淹了，用土打堰。喝井水，现在有深井，东边有一个井，南边我记得有个井，都吃东边的，那是甜水井，挑水喝。

那年旱，闹蚂蚱，用鞋底打，蚂蚱多。从北边来的，几月份忘了，挨饿吃不上饭。

我 11 岁和我娘到河东要饭去了，回家的时候忘了那时几岁，好了就回来了，啥时候好的忘了。我娘爹都已经死了，小时候有父母亲，母亲和我逃荒去了，父亲也去了，老了就回来了。其他人逃我想不起来，回来以后大人种了地。

那年有霍乱，上吐下泻，又吐又拉，咱村有过，忘了自己多大，得了病没医院，有死了的，没有好法。他爷爷，用针扎，不知道挑哪。我有两个哥哥是扛活的，死了，发疟子，冷、热，是得这个病死的，待了就几天，死了，一个十九（岁），一个二十几（岁），就没了。其他病不知道，瘟疫想不起来。

这里有日本人、皇协军，我见过皇协军，那时候小。鬼子不在下边，在油坊有炮楼，皇协（军）领着来这扫荡，抢东西，八路军都是一个两个的，藏起来了。

采访时间：2009年1月21日

采访地点：清河县油坊镇赵店工作站赵店村

采访人：张吉星　赵怡楠　赵曼曼

被采访人：滕富贵（男　81岁　属龙）

滕富贵

　　我叫滕富贵，81岁，属大龙的，念了几天书，上的私塾，家穷，姊妹八个，我排行老七，下边还有兄弟，现在死得剩两个，那个在本溪。民国32年我16岁上了东北，待了两年回来的，我是赵店人，在本溪待了几十年，在公司里工作。

　　我16（岁）以前在家种地的，兄弟有七八个呢，大的干活，小的就玩呗，小时候上学了，年头不好，大的给人家扛活去，小的在家里，在家里有二亩地，能干活就干活，还少俺吗？六月前发的大水，淹的那一年我十六七岁，民国32年，在家里，水还没来就走了，1943年的八月二十二日，那一年我去东北了，还能管家里事呢？

　　民国32年是灾荒年，大旱，八月二十二才下雨，一春天一点儿雨不下，也不能是一年不下，八月二十二种地啦，种的大田、苞米，现在有两茬了，过去就一茬，现在改革了，开放了，创新，现在种两茬。家里没吃的，那时候叫盲流下东北，混饭吃，那是旧社会，这要分清，那时候没解放，小日本侵略咱中国，哪有法吃就上哪走，东北有工厂，就向那去了。在那里待了两年，等小日本倒台了，工厂也闭火了，咱也没处挣钱了，不能饿死在那，就回家呗。

　　那时候就一茬庄稼，刚要上粮食来大水了，六月发的大水。发大水，挡不住，黄河来的水，人就去打堰，打堰也挡不住，不打也进水，街里高，不淹。来了大水，死人扔到水里去，不能让他在家里啊。淹了吃什么？等不下雨了，水才下去了，多长时间那谁知道，庄稼烂地里了，什么也吃不着了，什么也没有了，没粮食吃。那年我走了，我是淹之前走的，到以后听说，家里下了雨，淹了，黑天白天地下，下了好几天，我没在家，听人说了，不记得下了几天，一般老百姓记不得。井在里面，淹不着，咱们常吃的井，两口井，出了门口往东，两口井挨着，饮牲口。也不喝，现在水不好喝了，两口井都在咱门口东南。

这里是三年旱两年淹，那一年又招了蚂蚱，水还没有退下去，蚂蚱就上来了，啥也吃，吃得光剩下秆，也不长穗了，吃得光杆了。向哪逃啊，我往东北了，不代表大家，有去东北的，去的人不多，去的人现在都死了，向别处逃的就不知道了，就和要饭吃的一样，没啥吃，吃树叶子，饿得打晃晃。

咱村得霍乱，瘟疫，得这个病，一家一家死，咱村也摊上了，说谁也别上谁家串门去，说串门去就像感冒一样，都不开门，锁着门。大伙都看着啊，谁也别叫他上你家串门去，谁也别朝他家去，治不过来，得了（霍乱）就死。各人家里，说来毛病就急的，这病快，霍乱病啊，瘟疫。啥模样咱也不知道，那时候也不能照相，这是我听说的，死人了，反正那时候有病没人治，哪像现在有人治，治得及时。当时没药，就死人。像这时候住院上哪儿住，都上大医院。这些都是我听人家说的，家里不告诉我吗，家里通信。

听说过日本人抓劳工，那时候人家掌权，人家当家，谁有权谁说了算啊。日本人没在这开口子，日本人在东北，向这来，他站不住，他盖的炮楼子，要你修炮楼去，石家庄、油坊都有炮楼子，炮楼是站岗的，岗楼。中国人给盖的，你不给盖行吗？他削你，揍你，叫你干活。哪个村都要去，抓人抓得没人了，人家叫去就得去，日本人打你，还给什么饭吃啊？日本人在时我没在这，我16（岁）出去，18（岁）回来的。

日本人抓劳工，在外头有当工人的，当着当着，叫他们抓走了，抓走去当劳工。被抓了劳工你就要卖大力气，不挣钱，白叫你干活，他有狼狗，不干活让狼狗吃了你，有病不给治，吃高粱、糜子。

咱村我不了解，咱村上招土匪，一到晚上，关门闭户，就睡觉。这边在喊"快点、快点，招贼了"，他就是撵贼了，他又跑到西边去，"在这在这，抓贼了"，又跑这儿来了。那时候绑票的多，现在还有。

采访时间： 2009 年 1 月 20 日

采访地点： 清河县油坊镇赵店工作站赵店村

采 访 人： 谢学说　贺西淦　矫志欢

被采访人： 滕志斌（男　76 岁　属鸡）

滕志斌

　　我叫滕志斌，1932 年出生，76 岁，属鸡。小学毕业，认识字，那会我念的都是村里学校，解放以后都办了小学，建国后的小学。我是党员，1956 年入的党。我以前在供销社工作，一去了当营业员，到后来是会计，光管账，1984 年退休，在赵店工作站待了 18 年，在这里待了 18 年。

　　我记得民国 32 年的事，1943 年那时候人很艰苦，没吃没喝的，地里不收，靠天吃饭。闹了病，没法治，那时感冒都没人治，感冒都吃中药能好，喝了姜水糖水，用被盖住，盖被子能捂出汗，不像现在医疗条件这么好。那会儿也没这事，得病谁也不琢磨这事，这脑子那会儿不清，那会儿得病，没这会儿科技好。

　　庄稼那时候都收不了，都招蚂蚱，有蝗虫，那时候谷子成熟以后，蝗虫把粮食叶子都吃了，吃了谷子就干了，收不了，一闹蝗灾我就走了。

　　民国 32 年我 11 岁，家里有两口人，一年一年的旱，反正年年有旱，它不是一旱几年，今年旱，那么明年不旱。淹之前也旱，民国 32 年是先旱后淹，七八月份开始淹，那会儿小，不记事的，距现在 66 年了，再好的记忆力也不行。

　　就是打枣以前，枣没打时，刚结枣的时候，阴历七八月份，下了五六天雨，雨说不深，下的满雨，下得房倒屋塌，它这个土房子，下得它一染湿就完，不如这个砖房子，没房子倒了砸死人的，看着不行就早出来了。下了雨就来河水了，都在小庙里听说下雨了，都是家里报信了，赶紧拾掇拾掇东西，都是听说了，那会儿没有电话，都说那里开口子了，知道了，各人就收拾各人的事。

那年发了水，是有人故意扒的，日本鬼子扒的，沿着河沿，指使皇协（军）扒的，在临清扒的，山东临清在这的南边。雨下的天数不少，一开始很大，到后来就连着阴天，那时候下起来没止，都靠自然。下雨期间扒的口子，那会儿各家下雨漏房子，那会儿南边有梁，有梁的那屋子瓦房，不漏，坐着坐着，有人回来说，临清运河给扒开口子了，那会临清都有皇协（军），皇协（军）扒开了运河，各家的就去打护庄堰，村里打了堰，不打都淹村里了，矮点的房子没法住了，就拆房子，打堰。各地下得都漏房子，没地住，都上庙里住去，洪水有一人多深。

有蝗灾，这个蚂蚱过来以后，这一片谷子，过去就给你吃光了，吃光了就没叶了，庄稼没叶它就死了。反正是小麦就跟没收的一样，都没吃没喝的，1943 年到 1946 年都是灾荒。

逃荒的人有，出去了一部分，差不多一半走了，家里没吃的，都逃到山东枣庄那里。

村上那会儿就开始打堰了，那会儿各家都去打，那会儿村里有村长，那会儿由村长看水，水涨就打，不涨就不打，按着水位，它那么一下子就打住了吗？其实就是水慢涨的，可以容许村民有时间打堰，慢慢涨的，一天涨多高，一天涨多高，不是说一下子涨那么高，像电视上那样，直到天津那里了，到那里了，那会儿没有这些水利工程，你可以随便搞，不是这样的，水从西南来，有一个多月，顶两个月吧，还没構上麦子。

现在南边有岳城水库，岳城水库能把洪水控制起来，要是没控制，它就随便下了，涨河就涨这里来了。岳城水库控制住了，国家修的岳城水库，大工程啊，多少年了，建国之后修的，灾荒年发大水那一时期还没有它。

看着家里房子水不下去了，又没吃没喝的，这个时候就出去了，要饭，哪里好去哪里，那会儿逃，一逃就去山东，山东济宁那块儿。那会儿说直接饿死的不多，都是饿着得毛病了就死了，旁边人都是咱叔伯哥哥，他那会儿没法治死了，忘名了，滕松彬，没么吃的，给饿死了。

逃难有的是挽儿挽女，有带小孩子去的，闺女大了就嫁那儿了。逃荒去哪儿的都有，有去山东这一带，东北的。咱家没走，逃荒那时咱家人少，凑合着就过来了，那会儿家里有两口人，我和父亲两个人，我那会儿小，家里条件不行。人吃不上粮食，比我胖的都饿死了。

树叶、蚂蚁、野菜，那时候都吃这个充饥，地里不出粮食，人根本就没粮食吃，吃菜充饥，自己能活着就不错了，我自家没饿死的。人挨饿没有粮食吃，不吃粮食，吃菜喝水就得浮肿，得浮肿病引起其他病就死了。得浮肿，人就胖，看起来胖得了不得的都死了。人没有粮食活不了，现在都种粮食了。那会儿这个村人少，有七八百人，饿死的，很多，都是饿了没吃的得了病，都是借着有毛病死的，没粮食吃它就有毛病啊，咱这儿没听说霍乱。

灾荒前日本人早就来了，在油坊，这个村没有，东边那里有个炮楼，咱这个村里日本鬼子来了，打算在这个村修炮楼，没修，到油坊修去了。日本人来了，有抓本村人去修的，那会儿打的都不敢不去，有的人都打死在那了，这个村里没打死人的。打起来，把人撂地下不给你吃不给你喝。劳工修炮楼修墙的不让你回来，让你家里拿东西去，拿东西去赎回来，村里没东西，他就不让你回来了。

到后来，能通过假释，出来以后都病了，都是给折磨的，都没水喝，在那里面都各人喝各人的尿，别人的不能喝，你喝你的，这一拨都出来了。这个村倒没死人，皇协（军）倒没打死人。咱家去修过，我那会儿十几岁，那会儿打的都不敢去了。我去过，前边的事都是这个村子里的人回来告诉我的。那个日本鬼子，跟现在（电视上）的日本鬼子一样，穿着衣服戴着帽子，戴着大盖帽。皇协军都戴大盖帽，穿黄衣服，帽子不一样。没有听说穿白大褂的，被抓去日本当劳工的都回来了，日本一投降就都回来了。

日本人在油坊，顶多有一个班，有十几个人，抓人修炮楼的是皇协（军），都是汉奸。我在那里没干什么活，去了以后，叫你去送东西，不送东西不让回来，我去了一天就回来了，我在炮楼见到了日本人，那个炮楼里光是日本人。上他那去，外面挖了一圈坑，有吊桥，放下那个吊桥能进去，不放吊桥过不去，进去之前问咱们干什么的，修工的。在炮楼里谁管饭啊。

那时候有日本飞机，常飞，那时候都是日本飞机，没有从飞机上扔过东西。

光这儿就两口井，这两口井离的六七米，咱吃那个大口的井，其他地方也有井，东边。这个村里水不好吃，都深打的，小时候是砖井，东边有一个，西边也有，北边也有，一共五口井，咱井有十几米深，那会儿水位高，天旱了，在地里挖土都浇水怎么的。现在动不动这头水没了，南边没有河，北边没河，这个大运河隋朝就有，那河太长，以河为界那边是山东这边是河北。

那时候不一定喝生水还是加热后的水，不吃饭，没么吃，喝开水，都是这情况。那时候有卖水的小铺，买开水要拿着钱，不定拿多少钱，咱买壶热水回来喝，泡干粮吃，喝着热水吃干粮，和着吃。

采访时间： 2009 年 1 月 21 日
采访地点： 清河县油坊镇赵店办事处赵店村
采 访 人： 刘　欢　赵　盼　孙海圣
被采访人： 王维玉（女　82 岁　属虎）

王维玉

俺叫王维玉，到年 83 岁，属虎。小时候是咱村里人，家里姊妹四个，仨哥哥，现在都没有了。现在种地叫分身地，一人有亩把地，当时是租的。小的时候的事情我记不清了，我没念过书不识字。民国 32 年先旱后淹，春天里没雨，下雨大了淹了。

春天里不下雨地里旱，那会儿靠天吃饭，不下雨就不收。秋天下大雨了，阴历六月份河里涨水，开了口子，是自然冲开的，越开口子水越大，在城南开的，也就是临清那块地方。咱庄打的护庄堰，堰打得有一尺半，在街口打了堰，水进不了咱院，地里得有一人多深的水。地里淹得没有庄稼了，高粱还没成熟就给淹了。光记得挨饿，没吃的，绿豆和棒子都淹烂了，都在水里泡着，高粱、棒子都收不着，挨饿。

人都逃难的逃难，到哪去的都有，有上东北的，有上河南的，哪里好就上哪里去。那时嘛也没收，高粱就露着高粱穗，没拱粒，高粱淹了就是六月底了。水多长时间下去的我倒记不清了，九月里才能下地里去，才没水了。当年我拉扯着四个小孩没去逃荒，孩子小还能上哪去。逃荒的人几月份出去的都有，谁在家里穷着饿着。地里没收着粮食就拔野菜，过了麦的时候又招的蚂蚱。

有个 60 岁的老头和我说他得了霍乱上吐下泻，得这个病不分时候；得这个病的哪年都有，那时候也没医院也没先生，就算得了霍乱也不知道，反正上吐下泻就是霍乱。我见倒是没见过，得那个病的咱村就有。那时候光知道霍乱不知道啥病，得那个病的有多的也有少的。

日本人我没怎么见过，日本人在西南上这边来，跟八路军打仗。日本人常常跑来，八路军在哪我不知道，反正是有。鬼子我见过一回，进家来见着什么拿什么，有鸡抓鸡，那时候谁敢看。见日本人那年我十六七岁，已经嫁过来了，那时我奶奶还活着。我们年轻的不敢看他，谁见了鬼子不害怕啊。那时既来日本人，也来皇协军，日本人没多少，皇协军都穿黑色的军装，鬼子就和电视上演的一样，皇协军如果干得行也能捞着大皮鞋穿。那时没见过日本飞机，他们打人谁敢吱声，那时候男的都跑了，光剩下妇女，年轻的妇女能跑的就跑了，等日本人走了就回来了。没见过穿白大褂子的日本人。

采访时间： 2009 年 1 月 19 日

采访地点： 清河县油坊镇赵店办事处赵店村

采访人： 刘　欢　赵　盼　孙海圣
被采访人： 魏富贵（男　73岁　属鼠）

魏富贵

　　俺叫魏富贵，73（岁）了，属鼠的，几月里生的不知道了，四岁没娘，八岁没了俺爹。四岁娘老（死）了，跟俺爹过，爹又老了，没法过了。

　　刚到八岁，日子不行了，收点嘛也给偷走了，到了山西，待亲戚家里待不住，待在家里不行，收点嘛也给偷走了。家里有十二亩地，俺有弟兄仨，没分，俺一直种着，八布袋谷子，又让人偷没了，那时候老被偷，俺爹那时老实，厨屋里哗哗响，到露明，谷子都没了，旁人也有被偷的，那时候十二亩地收了八布袋谷子虽然不够吃的，年景不好，收这些就不少，不知道是谁偷的。

　　娘月子里病死了，八岁那年不知道是民国多少年，爹到本溪去找二大爷了，出去坐不上车，爹又病了，等两天死外头了。爹的尸体弄点柴火烧了，架着抬山坡上去了，用石头压压，没带回家里来。家里东西挂挂（惦记着），就想着回来吧，等两天都回来了，把房子都拆了，东西都卖了，就剩点谷子，不知道哪一年，跟俺姐回来了，卖了场院。好家伙，你这一卖不要紧，村里队长都找，这该（欠）我这个那个的跟我要，又没卖成，不够他们分的，回来以后俺和俺姐都没走，俺姐那时二十多岁了。

　　民国32年，西边来的水，水进不去村，当院里没水，地里有水，谁知道是几月份。那一年没收东西，头前没开口子，收的八布袋粮食。场院里有几棵大杨树，别人家里给我做了一条棉裤，还给了我半斤桃子。怎么着，走吧，我就把那棵杨树兑给他了，他做个船下了水，把俺和俺姐姐送出去了。那是西边来水，三伏天来的水，几月份不知道，我不记那个。那一年来水，吃糠咽菜，吃嘛没有，现在七家姐姐都没有了，都不在了。

那时靠天吃饭，旱，收不着嘛，挨饿，挨饿挨不死，吃花种皮能吃死人，排泄物在肚子里走不下来，忔干了，有的人得病死了。那时候蚂蚱挺多，十来岁来的蚂蚱。

那时候俺还没跟俺爹出去，不记得有病没有，逃荒的多，我算逃得晚的，天冷了，又逃了。没一堆去，别人去哪不知道，只记得来过水。

我见过皇协军，听说过有个东北西南道，修了一个炮楼，都是土堆的，我去过那个道上，皇协军在里面住着。没见过日本人，他们穿着黄马褂子，跟东北大军，皇协军过来了，人都吓得朝南去了，他们打人也抢东西。我只是听说过，没见过。老些人牵着牛、马、驴，驮着东西，朝南向山东那边去了，我不知道他们皇协（军）是哪国人！

咱村民兵不民兵的我不知道，那时我十来岁，没待在这村，在后卫，在这落户了。我上本溪见着鬼子了，他们穿军装，挎的抢，逮着贩私的，拿枪刺就刺死他，戴着钢盔，钢盔上印什么花我不知道。那时上火车有个妇女抱着孩子，腰肋里有块猪肉，叫日军抢走了，把孩子扔在火车道上了。那时我没见过飞机。

赵春桂

采访时间： 2009 年 1 月 20 日
采访地点： 清河县油坊镇赵店工作站赵店村
采 访 人： 张吉星　赵怡楠　赵曼曼
被采访人： 赵春桂（男　80 岁　属蛇）

我叫赵春桂，80 岁，属小龙，没上学。俺 11 岁没了父亲，再回来也没上学，我在陕西洪洞，待到 12 岁回来的。

民国 32 年，我在家。那时候生活不行，闹虫灾，不是旱就是淹。那年地里不收么，收成不行，那时候靠天吃饭，要是雨水好就能多收，雨水不好就少收，从种麦子到现在没落雨，搁那时候麦子就收不了了。那时（收）300斤就算好麦子，这时候都收1000多斤，民国32年也就二百来斤。那时旱，土能卷成蛋，旱，这一年收成就不行了。种上麦子以后就不落雨，过了年就到麦季，有时下点有时不下，就不行了。

头一年种上麦子到第二年就不下雨，（后来）下了七天七夜，房倒屋塌，房那时是坏的，也漏、塌倒。东边的河满了，朝外流，一流就有一房深的水。河水大了，向北流不了了，这就憋开口子，东边河沿多高啊，在上头漫了过来，现在堤得有房子两栋高，那水朝这灌。听老人说淹了之后，淹得什么庄稼都不见，庄稼一淹就泡烂了。现在要让它淹河东不淹河西，淹河西北京就保不住了，淹了河东呢，河东有河。没听说日本人开口子。1963年的水是从南边水库来的，现在武城不淹了，打河灌水时我不小了，到五六十年代，解放以后才修的岳城水库。

那时候好户家收了一年，能吃个三年两年的。穷人给人家扛活，在这混饭吃，再不就向本溪、哈尔滨逃难去，都出去了，这个村里在本溪的还不少。

逃难也就是民国32年往后，过秋以后不见东西了，家里吃的不行了，出去了一部分人。我没出去，在村里。那时候也就是十三四岁吧，回来以后，就蒸馒头，跟着南头我的一个舅舅在一起过，回来以后没父亲了，跟着母亲蒸馒头卖。那时有人买，用麦子换，去赶集，卖白面馒头。那时候穷，咱吃的还是红饼子，馒头都卖给做小买卖的，要个仨俩的，喝碗老豆腐，跟舅舅帮忙。民国32年出去人也不少，在家里我母亲领着我要饭。那几年都差不多，都出去了，在外头混了一年，家里到第二年收成够吃的就回来了。那时候我反正要饭去了，那时候要饭也就七八岁吧，在那里混不好就回来呗。

民国32年咱这有出去打工的，有的兄弟多的不行，出去扛活，给人家干活，混饭吃。民国32年村里有饿死的，饿死的人不多。现在有挣钱的，有不挣钱的，混得好的，吃得好，不行的，吃得差，那时候跟这时候是一样的。人多，嘛也不会，就在家里靠，要饭去走不动了，人就拉倒了。民国 32 年也不算多旱，旱得严重也就是我十四五岁的时候。二亩地，八口人，再加上两碗麦子，那一年没收么，二亩地就落了一碗麦子，从种麦子算到割麦子没下雨，麦子死的死，到第二年就没事了。割麦子没下雨，阴历六月份下了，下雨也不大，种上抽出苗来，那年收的也不行。

主要是招蝗虫，跟别的虫子，连庄稼一吃，地里就不见点么了。挖个壕，一收就是一布袋，在地上掘壕赶去，在里头往这赶，弄到壕里去，弄家来炒炒吃，民国 32 年解放前可厉害，有儿歌。（解放后）闹蝗虫厉害了以后，咱清河这有飞机场，飞机撒药，DDT、"1605"、"666" 兑成一块。

霍乱病那时候也没有，死了就算霍乱病，都是老人，没医生，没人看，号脉的先生，吃他几服药，不退热就是霍乱，人就死亡了。人闹肚子，闹肚子就是上吐下泻。扎针得分什么毛病，上吐下泻没扎针，扎针闹别的毛病，这疼那疼给扎扎针，拔拔罐子。

小时得病不就是感冒，没医院，出不好汗，没药，那时候小孩老人不行就死，一个老一个小，一般年轻的很少。模样还好看得了啊？瘦、发黄，再没别的病，现在有脑血栓、脑溢血啊，那时候没有，没仪器，照不出来，现在有仪器，就知道了。那时候不知道，没医院，没医生，就号脉，吃中药，要是真正有别的病，这人就不行了，看不好就死，上吐下泻倒没有，扎针拔罐这个倒听说过，扎针出黑血没听说过。

我见过日本人，日本人过来我就十几岁，一过来时，咱这一带没有。（日本人）过来在城市、县城有，就像现在它一来，北京上海，去占大地方，占了以后再往小地方分，中国人也跟日本人一起，汉奸越带越多。想不起来啥时候，那时候在油坊修的炮楼，以后，过东北大军，这就算解放了。

打太原解放了，就过东北大军，过了有半月二十天的，向南去。八路逮鬼子，从那往后鬼子没有了。

鬼子在时进村，扫荡，有么拿么，没有就打人。枪上有刺刀，我跟着俺舅舅，舅舅冬天穿袍子，日本人挑了他一下，挑差了，没戳着肉。从油坊上咱村这来扫荡，别的事还短得了啊！各村扫荡，八路军暂时不敢打，咱人少，人家人多。抓人干活，盖房子，修炮楼，挖河，挖道。咱村没抓过，那年连我也给赶到油坊了，嘛也没干，抓到油坊，捆在那，他占了油坊，赶庄稼人，向那赶，有多少算多少，向那集中。去时，咱村也不少，几十口人让人逮走了，后来回来了是回来了，我在那里。大湾那边是个很大的地方，那些人都站着，坐也没坐的地方，挤着，人家机关枪一举，查人数，准备扫荡了，人们一看，说毁了，今儿就死在这坑里。那些人没死，没打，就叫迁走了，有到了葛家庄，有上谢灶的，也有上黄金庄那去的，后来就叫回来了。八路军那时候还不行，没根据地，人家占油坊、谢灶、葛家庄，这些净是人家的地方。

采访时间：2009 年 1 月 20 日
采访地点：清河县油坊镇赵店办事处赵店村
采访人：刘 欢 赵 盼 孙海圣
被采访人：赵得山（男 76 岁 属鸡）

赵得山

俺叫赵德山，今年 76 岁，属鸡的，俺家当时有四口人，俺爹，俺娘，还有一个妹。

民国 32 年俺母亲和俺一块生活，那时我才 11 岁。那会儿旱，不旱就淹，连淹两三年，高粱刚收穗，淹了，没收嘛。农历七月里，光淹，人就逃了。差不多南北街逃得都没人了，全村那时九百来人，人都逃荒去了，去本溪了。

当时连淹两年开口子，记不清什么时候开口子了，民国 32 年前后一两年开的，那一年开了两次，都是在城南，俺这里叫尖庄。当时堤没这么高，用手指头一抠就开了。当时南边水大开的口子，南边河宽这边窄，洪水来这边受不了了，两次开口子都是从那边开的，连着开两年，我那年十一二岁，就是高粱刚收齐穗。我那时小，村里打的护庄堰，使土屯住，光堵住街口就行了，咱村没进水。地里的水七八尺深，那时高粱刚露出穗，越开口子越下雨，是先开的口子再下的雨。那几年雨水勤，光下雨，进不去地，麦子都淹了，到了阴历九月份水就下去了。

那时候穷啊，地里不长麦子，那时候好麦子才收百十来斤，原因是没肥料，上不起肥。那几年淹了以后又旱，旱了以后又招蚂蚱，招蜜虫子，不收嘛，到我十五六岁那年光招那个。

春天旱，麦子没有一尺高，一亩地收两布袋，打成糊也不够喝的。招蚂蚱，叶子吃的光剩下筋，蚂蚱爬的满地都是，很厚，一袋子能装很多，蚂蚱过去啥都没有。那时也招蜜虫子，高粱都没筋骨了，一碰就烂。

饿死的人多，光北边就有六七个，家里都没人了，村里当时有900人，走的人多，街上的草长得很深，没人在街上走了！俺村大概走了三分之一还多，家里也没东西，撇下家就走了。咱村都上关外了，去的本溪，奔着北边去，要着饭走的，往本溪去的多，有往山西的，推着磨子，推着他娘去山西，没回来。咱村人多数都是民国32年走的，招蚂蚱那就晚了，在我十七八岁的时候。我在村里是民兵，那一天就走了十好几口子。咱不能饿着，老人留在家里，春天有走的，冬天有走的，零碎着走，都一堆走，逃活命去了。

那会儿，人都是饿死的，病人不愿吃饭，那时树叶子在锅里炸炸就吃了，人都不愿意吃。俺村里一天死好几口，像我这么大的老人走着走着就死了。霍乱那时也有，那时就说得病死了。听说霍乱是在十三四岁的时候，感染上霍乱的都不叫出门，那是传染病，是听老人说的，有一户得了霍乱，村里把水提溜到家门口，不让他出来，他自己再提进去。得这病咋样我也闹不清，咱村里就几家，很少，十三四岁以后就没有了。

那时有皇协军、鬼子，皇协军净本地当兵的，鬼子就是日本人。日本人是矮个子，我见过日本人，离这儿十二里地油坊有炮楼，田庄、牛庄在一条公路上有三个炮楼，有东西就抢，都是皇协（军）抢，有个布面线的都拆下来。皇协（军）抢东西，日本人来抢鸡，光知道吃，日本人给东西都不敢吃，日本人愿意吃甜的，"mi xi mi xi"（音），咱都不敢吃，我那时八九岁。鬼子不打小孩，他给过我鱼罐头，咱害怕他，不敢吃。日本人说是甜的，"mi xi mi xi"，日本人待见小孩。

当时穿黄褂子的是皇协军，日本人穿的黄呢子。日本人戴的帽子是砂锅子，拿的枪都带刺刀，日本人进中国忘记是几几年了，他们人少，皇协军多。穿白大褂的没见过，他们穿大靴子，挎着东洋刀，拿着枪，那会儿飞机咱没见过。

日本人抓过人，跟皇协军一块抓，那时我10岁，他进中国。他说给他做工去，我父亲去干了，人排起队来七八十米长，不要小孩，都去油坊，安上机枪吓唬你，把你赶到湾里去，那会跑了逮不住没事。日本人不叫你回来，就掘个坑，把人弄进去，用石头盖住你，老实的不跑的，俺村十二个，家里天天送饭去。待了半个月才放出来，在里边光哭，不给你水喝，光喝尿，不让见家人，跟现在坐监一样，在那里饿着你，到半月就放你出来了。鬼子、皇协军占着油坊，反正抓人干，炮楼都是土坯的，鬼子、皇协军就住在炮楼里。

抓到外头的有跑回来的，赵寅奎是八路，抓到外国去了，过了三四年回来了，回来之后又参加了八路军。我见过游击队，游击队不在村里，那是以后，八路军都解放了，八路军均地。

日本人在这粮食不够吃的，要么下雨要么旱，不是在荒年也不够吃的，俺村西南角是洼地，没断过水，这里碱，不长嘛，也不够吃的。灾荒年那几年厉害，树叶子都吃光了，那时候没头，没想过会有今天，我十一岁到十六七岁这几年不行了。

采访时间：2009 年 1 月 19 日
采访地点：清河县油坊镇赵店工作站赵店村
采 访 人：谢学说　贺西淦　矫志欢
被采访人：赵国栋（男　83 岁　属虎）

我今年虚岁 83（岁），属老虎的，在赵店村干了 57 年的村书记，我在邢台学了半年字。

赵国栋

灾荒年那年俺去夏津了，去夏津毛巾厂织毛巾去了，不到一年到麦里我就回来了，过了秋八九月里去的，民国 32 年麦里回来的，我和一个老头去的，那时不记工钱，管饭吃，那时就是混饭吃。俺村里有一个老头在那里做饭，把俺介绍去了，在那里管饭吃，家里人俺也顾不上了，家里人吃糠咽菜，凑合着过呗。

山东和河北不是共用一个河的吗？河这边是河北，河那边是山东，这不是把临清县划一个临西和河东，临西这是咱共产党掌权以后划过来的，这是个临西县，那边划的临清县，临清大。

民国 32 年是灾荒年，上半年旱下半年涝，地里都没怎么收，死人不少，麦子没怎么收，到麦口都没下雨，没耩上春苗，麦子也收得稀松。到下半年就开始淹，阴历六七月份下大雨淹了，雨下了七八天。有个民谣："民国 32 年，灾荒真可怜，接接连连下了七八天，水大受了潮湿，人人得霍乱"，共产党来了以后编了这歌谣，地里都像这么深的水（用手比画到膝盖），房子也没好房子，村里没水，村里的水都淌了，房子有塌的，塌的不少。那年我不在村里，我回家了一回，没别的，光下雨，下得房子都漏了。

你看我民国 32 年出去的，收麦了又回来了，俺这六口人，到秋了又淹了，俺听说的，鬼子扒的口子，在村南，听说在尖庄开的口子。尖庄开口子淹了，清河没路走，开口子是秋天，都打护庄堰，我那会儿才十来岁，十六七（岁）。

逃荒，这个村里有八百来人，这会儿到了 2000 多人。我家里原来有 6 口，奶奶、妹、爹娘、俺两口子，那时俺有媳妇了。我出去了，我在夏津待了一年，在工厂里，德州的夏津，一看麦子没收，我就出去了，到了第二年麦里回来了。夏津离这儿40里地，都下雨。下雨时间一样，人家那里比咱这儿强，人家那里下雨不淹，地高。日本来了就打仗，这是八路军根据地，共产党来了，打他一会儿。咱这威县、南宫、清河都没灾。夏津也是旱，人那儿比咱这儿强，怎么比咱这儿强？旱点儿也问题不大，人那儿都是地，但都是坡地。

夏津和山东让鬼子占了，咱这里根本没让他们占住，他待在这里就是见天打。油坊镇有十来个鬼子，王官庄是个县城，那里鬼子多。这里有一个班的鬼子，三四百皇协军。油坊镇你没去过，油坊镇他挖了四五丈深的宽壕，没人能过，有狼狗有机枪，就他那十几个人在那里，皇协军都待在这里。鬼子在院子里又修了个炮楼，也是老深的壕，黑了就把吊桥拉上来。

临清是个大据点，那里有坦克车，"四二九"合围，鬼子上咱这边来了，河对面的鬼子就上咱这边来。鬼子来抢我见过，穿黄衣裳，头一回不那么狠，鬼子过来，都带着刺刀，撵鸡，抓鸡，拿蛋的，抢了一会儿。来了几回，把我的被子和俺家织的布都给掠走了。

民国32年以后，我在家里，鬼子来了，青年都被带走去修炮楼。油坊镇有鬼子，都让去干活去，不让你吃饭，家里送点儿去也吃不饱，干活都跑啊，有的都跑了。剩下几个，有十一二个人，我数数，都死了，有滕华、刘孟玲、韩考任，跑的跑，剩下几个人，鬼子都弄炮楼里去了。

村里那会儿都实行保甲长制，十甲一甲长，一百甲一保长，咱村有三个保长：二十五保，二十六保，二十七保。得给鬼子送粮食，送皮带，不送把人弄里边去，在那儿渴着，弄里边去都不让吃饭，渴得喝尿。到后来，送粮食皮带，我回来了，渴得喝了几回尿。赵记顺比我大，他去日本国了，解放后回来的，都没人了，他孩子在本溪，他家的头几天死了。没见过穿白大褂的日本人，一律军装，都是那个，鬼子来都穿军衣，穿大皮鞋。

霍乱就是人受潮湿，都得霍乱病，治不好就死了，急病，咱村死的人不少。那时候咱小不注意这个，光记着一个二当官（音），他死了，其他的咱弄不太清楚。咱家里没有，得霍乱都跟鸡瘟一样，都跟那个一样，没么吃，都饿死了，然后又没人救济，没人管。霍乱病，就跟那禽流感一样，上吐下泻，又没医生。咱村里有个地主，他开药铺，死了。那时，各人管各人，没人打过针。

得霍乱肚子疼，我见过了，现在我说这个，死的死了，没人了，想我当时才多大，也没统计死多少人，反正死得不少。我知道的就是，赵生春得霍乱病死的，二当官（音）他们都有六十（岁）了，刚开始也没有什么预兆，到后来，就是上吐下泻治不了，前个人霍乱死了，去埋的人还没回来，半道也死了，咱也没经受过那个。得霍乱发疟子，我也发过，得霍乱病就等死吧。俺村里有地主家里有个医生叫陈廉元，他就是地主家的，他就是个医生，比我大，开药铺，拿钱就给穷人治病。得霍乱就吃中药，用汤药治，那时这霍乱病是治不了。咱村得死了百八十口子，要不是鬼子闹，死的人还少些。

日本人有一个班在这儿，光皇协军就有 500 人，人家在这个油坊镇修了一个大围子，有五六米宽，五六米的土都到这边，沟里放上水，二鬼子他就在里边，鬼子就在油坊镇，那里就有吊桥，不叫皇协军过，我在里边待了两天。吊桥那里有站岗的，不管你是干吗的，上哪里去都得把帽子摘了，和那个老头示意点点头，你说是要干吗他才让你进去，要不是我待在里面去过咋会知道？亡国奴是真不容易，真不容易，就那样，你就得施礼，不施礼，他上去就扇，上去就打咱们。那会儿鬼子在这发了良民证，我也有，但没留着。

我在夏津没见过穿白大褂的，没有扎针的，没有检查身体，没有查大便，日本飞机常上这儿来，没扔东西，飞得低，没有扔过像罐头盒子的东西。

临清尖庄、南宫、清河都淹了，淹了以后上天津了，入海了，淹了有半个月，都泡毁了。一提老事心里就难受，那时候难啊！咱才十七（岁）还是十八（岁），多难啊！吃花种片、野菜，吃了解不了手，都带的那皮，吃糠也没有。那时候主要是种高粱，种一季麦子，高粱是一年收一季，收了高粱再耩麦子，耩了麦子再种豆子，收两季。割了麦子，耩了豆子收两季。收一季呢，就收高粱，咱这都种高粱，它离井远，种别的收不了。就是旱，民国32年，到了民国33年，收了不到300斤麦子。蚂蚱那年滚成蛋全跳，掉壕里埋了它，蚂蚱过去地里就平了，地里庄稼全都吃平了。

饿死的人多了去了，饿死的都是老人，青年都上了本溪了，老人饿死的有百十口。我就说这个叫赵生春，这个赵生春他饿死了，他家里的带着孩子上河东了，人家河东就比咱这里强，临清和河东都比咱这里强。人家为啥比咱这里强呢？他鬼子不抢，能收点，咱这边鬼子一来就瞎跑。还有一个小名叫二当官（音）的，姓韩，那是小名，大名咱闹不清了。赵生春有五十来岁，二当官（音）有六十来岁，赵生春他家里有一个小孩，他们去河东了，过去河就是夏津。反正这个记得，具体很详细的咱闹不清。

1945年鬼子投降，1944年我当民兵，又没枪，挎个手榴弹就向西边那地里跑，跑了好几里，等鬼子走了再回来，都走不动了。咱村里有12个民兵，豁出去了来抢，每个人都挎这个手榴弹和包，皇协军一来就跑，也不敢抵抗。抵挡不住，人家有机枪。

咱也不是说看不惯地主，是看不惯整人的地主，他们是皇协军使唤的。其实油坊镇这七八十个村只有十来个鬼子，日本人不来闹，都是皇协军来闹，抢东西杀人都是皇协军，日本人十来个人咱们好几十万，要是打，他们也打不过咱，都是皇协军，当年皇协军叫什么？皇协军叫自卫团，都跟日本人一招。咱村里有4个当皇协军的，叫咱政府镇压了几个，尚仁密、韩三品、韩景卫、韩景守。他们韩家穷，他们闹一点，当皇协军为吃点饭，报告一个八路军在这儿住着在谁家住啦，他要报告就给多少钱，光为吃点饭，韩京守在临清当皇协军，韩景卫没带走，到后来都死在家里了，还有个没死呢，后来，皇协军一个都不叫他活。那时候河东有个张八师，张八师是国民党军队的残余，国民党军队走了他没走，他在河北又组了别的党，和日本鬼子打，没法了就和老百姓要吃的。

这个村有三口井，南边一个、西边一个，东边一个现在看不见了，庄外有一个，现在不用了。那时就吃这三口井的水，晚上不盖井。那时候喝凉的多，就一直喝井水。

我那时候就是民兵，1945 年鬼子投的降，我 1946 年入的党，我是建国前，不是抗战前，我要是再早半年就每个月 120 元，现在才是每个月 80 元，现在全国统一都是 80 块钱。

（附：赵国栋，1944 年当民兵，1946 年入党，1947 年当民兵队长，1949 年当中队长，1953 年在油坊镇当镇委书记，1955 年在赵店乡当副总支部书记，因没文化于 1956 年回村任支部书记，1960 年调前孙庄任支部书记，1960 年回赵店任支部书记至 1966 年"文化大革命"，"文革"中任生产队队长 5 年，1971 年任支部书记至 2002 年。）

采访时间：2009 年 1 月 19 日
采访地点：清河县油坊镇赵店工作站赵店村
采访人：张吉星　赵怡楠　赵曼曼
被采访人：赵庆文（男　74 岁　属猪）

赵庆文

我叫赵庆文，74 岁，属猪。那会儿大人光叫干活去，割草去，没上学。民国 32 年，那会儿编的歌"想想民国 32 年，可怜又可怜。吃糠咽菜，卖老婆卖孩子"。

那时天旱，不下雨，旱的时间很长，靠天吃饭，种麦子，高粱长得一人多高。弄不清啥时候下雨，秋后下了雨，下了七天七夜，房倒屋塌，啥房也搁不住这么下，雨可不小，那时候我不大记事，这是听老人说的。发大水了，开口子，咱村里老人说，民国 32 年的时候开口子，老县长、下边书记一看这个水止不住了，扑通跳下去了，一边一个。离东运河三里地，使炮弹搣开的，日本鬼子干的。淹着了，连庄稼都淹了。

　　闹过蝗虫，五六月份，谷子刚上粮食，一宿就吃光了，蚂蚱在地头上，在中间，两头挖壕，两头轰。蚂蚱说没就没了，反正吃光了就走了，最多一个月。往地里抓蚂蚱，晒干蚂蚱。俺家有老人，吃花生仁，少年们吃花生皮子。民国32年饿死的不少，光北头这边就死六口子。都逃荒了，在山西落了户，灾荒年出去的，都逃到山西、本溪。我没逃荒，我当时家里有六口人，祖父、父母、哥、我、弟弟。姥爷做买卖，没出去逃荒。

　　得病死的弄不清，霍乱传染，听说过，有得霍乱死的，都闹霍乱病，夏天闹传染病，扎针，扎脊梁骨，有扎好的，厉害的就扎不过来了。难受，浑身发烧，作冷作热，冷得抖，浑身抖，浑身烧。相应情况有上吐下泻，扎嗓子，下泻就扎下边。长鼻瘊，好像花生粒，穿不动，穿破就好了，可以看见血珠，叫会扎的人穿，穿破了，一见血就好了。

　　日本人那时候可在这儿，西边田庄有一个炮楼，解庄，离这十八里有一个，油坊街头有炮楼，日本鬼子三天有两天来。那时都十四五个日本人，弄了秫秸，逮住鸡，没毛了，烤了吃。日本人穿黄军装，不是一个中队就是一个小队，30多口子到四五十人，中队有百十口子，大官都挎着刀，都打跑了。日本人给小孩糖吃，说"小鬼，不怕的，回来回来，给你装兜里"，我就跑。这边王一毛（音）最坏了，油坊以南、以北的人都恨他，他给鬼子办事。

　　有八路、游击队，白天只有皇协（军）、鬼子，天黑游击队出来了。那时我也不小了，十六七（岁）了。再早有一个王政委，是游击队的头头，正北边的一个松林里鬼子吃烧鸡，他一看鬼子烤火、要鸡鸭，背着粪篓子，化装成老头，粘上胡子，扎着腰带，手枪在粪筐里藏着，在松林里当当和鬼子打，当时八路军对抗日本人，手枪还在腰里掖着。

　　那时候喝砖井水，附近也就四口井，东南角一个，房后一个，西村一个。

采访时间：2009 年 1 月 21 日
采访地点：清河县油坊镇赵店工作站赵店村

采 访 人：张吉星　赵怡楠　赵曼曼
被采访人：赵志合（男　80岁　属蛇）

赵志合

我叫赵志合，80岁，属小龙，念不起书。

记得灾荒年，民国32年闹灾荒，鬼子在这，老百姓要么没么，光抢，那时候上级没人管，国民党和鬼子掌握着，没人管。

那年旱，地里什么也收不了，种地没收的，春天就旱了，麦子嘛也没见，到后来共产党一来，才呼呼地改变了。

天光下雨，下了十几天，八月下的，下得可不小，民国32年。庄里各处净是水，鬼子把运河扒开了，七月份扒的，淹的咱这边。

口子是日本鬼子扒的，在城里扒开的，南边他给扒开了，淹得地里没个嘛。各庄进了水，那时谁管你啊，水平地里有一人多深，咱村人没处待，水下不去，都逃荒去了，一人没剩。

庄里各处没人了，逃荒去了，上河南、东北，我那时逃荒去了，不记得几月份走的，上东北了。在庄里不行，再不走就走不了了，那时候我十六七岁，我上东北了，带着闺女去的，聘那了，多半年才回来，哪一年回来的记不清了，十五六岁回来的，家里顾不住，找个地方活命，拾俩钱顾嘴。

民国32年，不记得几月份，要么没么，连盖的都没有，有也让鬼子抢走了。得霍乱，受潮湿，不少人得这个病都死了。都饿得不能动，都快饿死了，现在闹不清人名，人数不少，没医生，没人管，就是上吐下泻，得霍乱，受潮。我没经过那个，那时没在家，逃荒走了，我光听他们说的，庄里都这么说，饿的得霍乱，有上吐下泻的，反正咱村死的不少，都这样。

也闹蚂蚱，蚂蚱过来把庄稼给吃平了，嘛也见不着，我见过闹蚂蚱，一层，那时我十五六岁，闹不清哪一年。谷子刚收齐，七月份吧，蚂蚱过来了，光蚂蚱，人都吃蚂蚱，到后来一看不行，共产党领着打。

解放前共产党在这，日本鬼子也在这，各地都是炮楼，坡里好几个炮楼，你打我，他用枪打你，拿机关枪嘟噜，炮楼好几个，田庄、潘庄、油坊有炮楼。日本人见天来扫荡，没歇过三天，都来扫荡你，见嘛拿嘛。日本人那时候在东北，后来进关里，这样上这边来了，日本人来时候我十四五岁，待了七八年才走，各处都杀，连抢带杀。

我见过日本鬼子，穿黄呢子的，白大褂没见过。日本人可是抓人，要钱，抓人做工去，修火车道，光抓人。我见过抓人，都跑了，哪个不跑，人死了一大半，吃不饱，站着岗，累死了，他们不可怜中国人。

我小时候见过飞机，见过飞机过来轰炸，撒农药，药死你，药死老百姓。可是见过撒药，在坡里撒的，潘庄撒的，见过撒药死的人，撒了药待几天就死了，没人管，见过中毒的，死了。日本人七七事变后才过来的。

那时候没机井，喝砖井里的水，井俺这一个，村东一个，一个连着的砖井。要么没么，柴火棒都没有，别提烧开水喝。喝生水没人管，要吃的没吃的，光下雨，潮湿。得霍乱的人不成模样，要吃的没吃的，家里死了两个，老的都死了，得这个病死的。连拉带吐，我父亲就这样，那时候我父亲才五十来岁。我那时候逃荒走了，没见父亲死，父亲走不了了，得病走不了，五六月份就得了病，那时候我走了，谁也管不了谁，他没走，买票都没钱，他叫我把闺女带走了。我闺女，现在60多岁了，我亲闺女，我带着上东北了，到后来就大了。我上东北都有20多岁了，我父亲50多岁，母亲早死了。我那时二十来岁，父亲饿死的，没得啥病，咱村得病死的，闹不清，我没在家，他们都说你幸亏走了，要是待这你活不了。

各庄净是这个病，连吐带拉、传染，顶多两三天就死，连医生也没有，没有扎针的。我出去两回，头一回小，第二回大了，头一回出去的时候十三四（岁），后来就大了，二三十（岁），找俺闺女去了。第一回小，记不清，我跟着这一帮子走的，俺家里没人了，我跟大闺女走的，我是20岁结的婚。

采访时间：2008 年 1 月 25 日

采访地点：清河县油坊镇赵店村

采 访 人：栗峻峰　郝素玉　宋俊峰

被采访人：陈玉贵（男　88 岁　属猴）

陈玉贵

　　我叫陈玉贵，今年 88（岁），没上过学。民国 32 年记得稀松了，那是大贱年，那年饿死的人多，人都吃红高粱，有红高粱、白高粱，现在不敢想象。那年天旱、水淹都经过，旱了一两年，下雨是下，下得小。我十八九岁时发过大水，是民国 32 年农历六七月，大水从西边过来的，邯郸、卫河发过水，当时日本人在这。

　　我那时还小，西边坡里年年淹，连着下了好几天的雨，水要两三人深，不会水的不敢进，地里没淹。日本人在这里开过运河口子，临西县的李元村离这儿十多里路，日本人炸了堤。

　　日本人穿黄色衣服，没见过日本人穿白色衣服，日本人来村里要粮食，要钱。也有抓劳工到日本的，一投降就回国了，据说是在那挑土篮，就是这个村的，就知道他自己。也有抢女人的，哪村都有。这村没有炮楼，炮楼在油坊，田庄有。

　　那年，我在邵庄打工，日本人没在这打死过人。有得霍乱的，听说过，得霍乱的不多。有土匪，他们抢劫绑架。见过飞机，向南飞的，没有往下面扔东西。

采访时间：2008 年 1 月 25 日

采访地点：清河县油坊镇赵店村

采 访 人：栗峻峰　郝素玉　宋俊峰

被采访人：陈玉柱（男　83 岁　属虎）

我没上过学，那时候没法上学。我记得那年我 18 岁，灾荒人都饿死了，连阴天下雨，下了有七八天，房子漏，也没吃的。

那年先是旱，春天种不上地，收不成麦子。麦子不高的时候开始下雨，我们下雨之前逃的荒，到了关外本溪，那里老乡多，那时村里有 1000 多口人，都是各奔前程。

我 14 岁时鬼子来的，油坊镇住着日本人，他们抓人打人，那时候闹不清有强奸妇女的。我村没有被打死的，也没听说过抓人去外地，不过是干点活，修公路什么的。

陈玉柱

那年的水很大，比人都深，那年俺村最多一天死过五个人。日本人用炮轰开了大堤，淹了整个清河县，这是我听说的。俺村挡了堰，围着村有六七尺高，是八路军组织的。我没参过军，没入过党。

那年连病加饿死了好多人，那时候有霍乱，我只听说过，我是回来听说的，那年我 21（岁），回来听说得霍乱的挺多的，俺家人没得病的，逃荒回来后，家里人还全。

采访时间： 2008 年 1 月 25 日

采访地点： 清河县油坊镇赵店村

采 访 人： 粟峻峰　宋俊峰　郝素玉

被采访人： 赵国栋（男　82 岁　属虎）

我是老村长，是老党员，民国 32 年还记得，那年 17（岁）了，"民国 32 年，灾荒同霍乱，接接连连昼夜不停下了七八天，水大受潮人人得霍乱"。

赵国栋

那年，头里旱后面淹，哪天下雨记不清了，农历六月下的大雨，地里长草家里没人，逃难了，我去了夏津，在工厂里做工人，是七八月走的。

下完雨发水，雨下了七八天，河里发了大水。那时候日本人在这，这边是根据地，多数是八路军。民国 32 年下了雨，在临清开了口子，日本人崩开的。俺看到的河水，淹得不轻，水一直到天井，有一人多深，我那时十五六（岁）了。村里家里基本上都没人了，本来有 800 多人，逃走了有一半，地主、富农家里有东西的不逃。咱村死了不少人，饿死的一天有好几个，那年死了好几十口，人潮湿，有瘟疫，是霍乱传染，没人治，都死了。上吐下泻，肚子疼，很快。那年我不在家，这是听说的。回来时咱家里人还全，没得病的。这几个村都有得霍乱的，老的小的都得。

日本人在村里杀人放火，我知道二哥营杀死过两个共产党，是那年之后杀的。日本人平时住在王官庄，油坊有一个大炮楼，有鬼子，住的都是皇协军。他们抢东西、抓劳工、修炮楼。咱村的孙文芳，他是八路，被俘虏了，被抓到了本溪。赵继顺去过日本，后来回来了，据说在那边干了存煤的活。没听说过强奸妇女的，一般都跑了。大家都不大说这个，不好露脸。

1943年清河县雨、洪水、霍乱调查结果

清河县乡镇总数：6个；调查乡镇总数：6个

村庄总数：320个；调查村庄总数：95个

乡 镇	雨				洪水				霍乱				采访村庄总数
	有	无	记不清	未提及	有	无	记不清	未提及	有	无	记不清	未提及	
坝营镇	6	2	0	4	11	0	0	1	11	1	0	0	12
葛仙庄镇	19	0	0	2	12	4	1	4	19	0	0	2	21
连庄镇	9	1	0	5	12	2	0	1	11	0	1	3	15
王官庄镇	15	2	0	0	11	4	0	2	17	0	0	0	17
谢炉镇	6	3	2	2	9	3	0	1	11	1	0	1	13
油坊镇	12	4	0	1	12	4	0	1	12	3	1	1	17
合 计	67	12	2	14	67	17	1	10	81	5	2	7	95

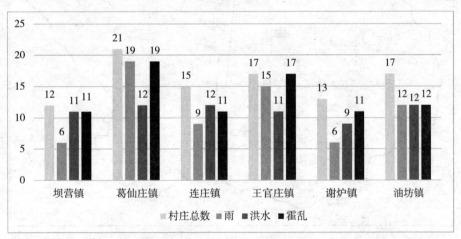

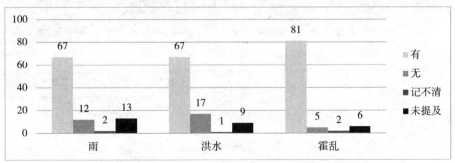

河北省清河县 1943 年霍乱流行示意图

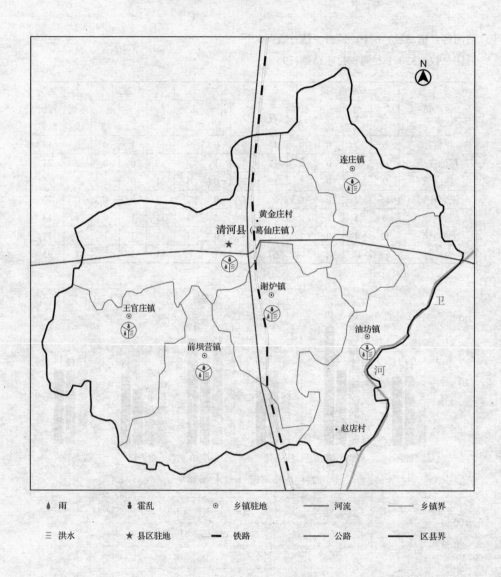

山东大学鲁西细菌战历史真相调查会制
调查时间：2008 年 1 月

1943年清河县坝营镇雨、洪水、霍乱调查结果

调查村庄总数：12

	雨	洪水	霍乱
有	6	11	11
无	2	0	1
记不清	0	0	0
未提及	4	1	0

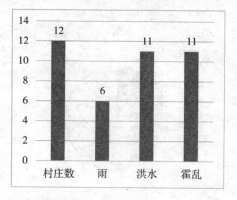

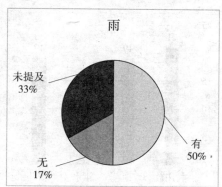

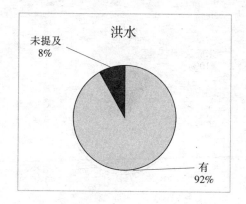

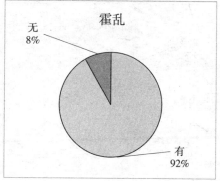

1943 年清河县葛仙庄镇雨、洪水、霍乱调查结果

调查村庄总数：21

	雨	洪水	霍乱
有	19	12	19
无	0	4	0
记不清	0	1	0
未提及	2	4	2

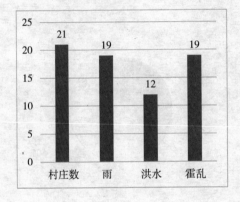
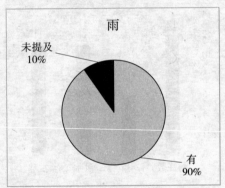
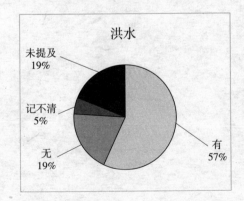
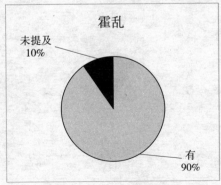

1943 年清河县连庄镇雨、洪水、霍乱调查结果

调查村庄总数：15

	雨	洪水	霍乱
有	9	12	11
无	1	2	0
记不清	0	0	1
未提及	5	1	3

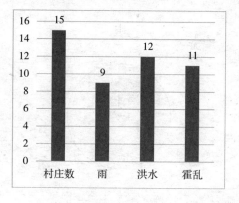

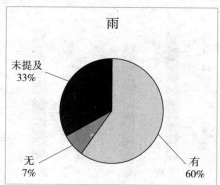

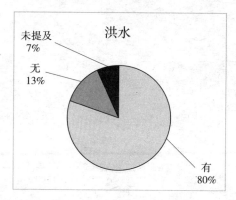

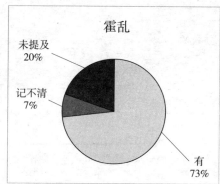

1943 年清河县王官庄镇雨、洪水、霍乱调查结果

调查村庄总数：17

	雨	洪水	霍乱
有	15	11	17
无	2	4	0
记不清	0	0	0
未提及	0	2	0

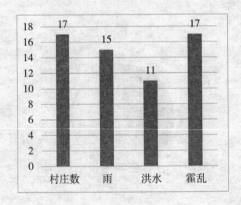

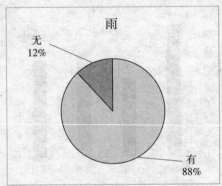

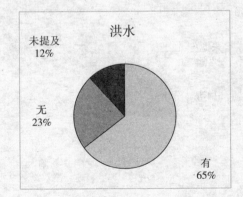

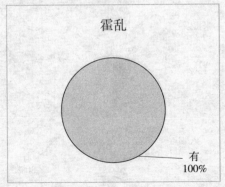

1943 年清河县谢炉镇雨、洪水、霍乱调查结果

调查村庄总数：13

	雨	洪水	霍乱
有	6	9	11
无	3	3	1
记不清	2	0	0
未提及	2	1	1

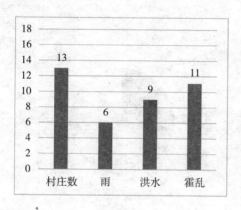

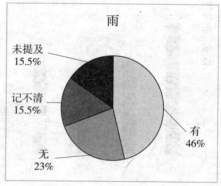

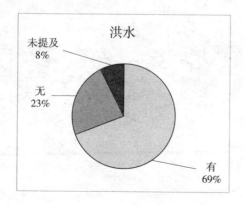

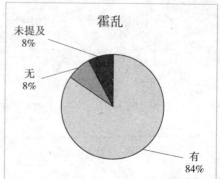

1943年清河县油坊镇雨、洪水、霍乱调查结果

调查村庄总数：17

	雨	洪水	霍乱
有	12	12	12
无	4	4	3
记不清	0	0	1
未提及	1	1	1

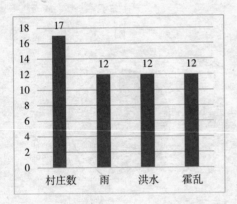

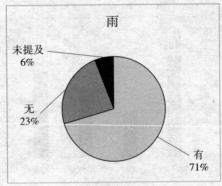

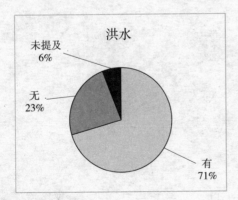

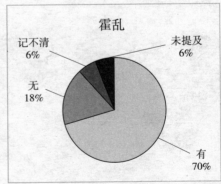